作者简介

李树贤，男，汉族，1940 年生，祖籍陕西省富平县。1963 年毕业于西北农学院，同年分配到新疆军区生产建设兵团农八师，任农工、连队技术员。1988 年被评授研究员职称，新疆遗传学会第 1、第 2、第 3 届理事会副理事长。曾任兵团农八师副师长、新疆农科院副院长、国家级石河子经济技术开发区管委会主任等职。从事蔬菜育种科研 50 多年，育成蔬菜及瓜类作物新品种 22 个；发表学术论文 50 余篇；获发明专利 7 项；获省部级科技进步奖 18 项，国家科技奖 1 项。出版发行学术专著三部：《糖甜菜的倍数性育种》（中国科学技术出版社，1999），《植物染色体与遗传育种》（科学出版社，2008），《植物（蔬菜）育种论文自选集》（知识产权出版社，2018）。

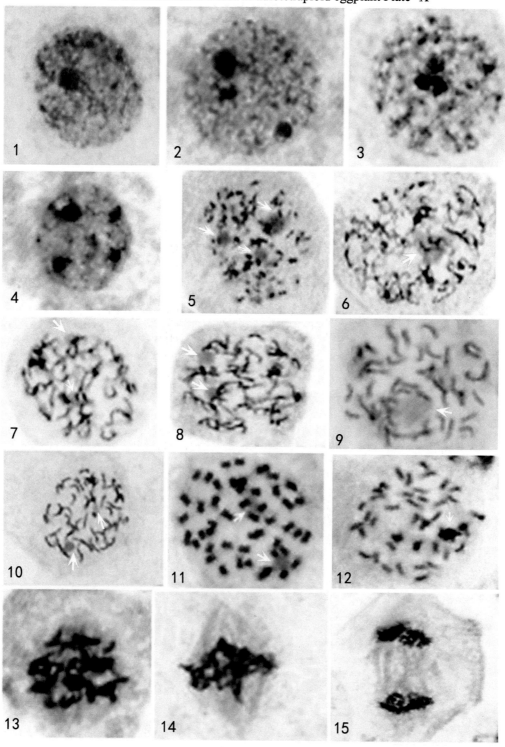

See explanation at the end of text

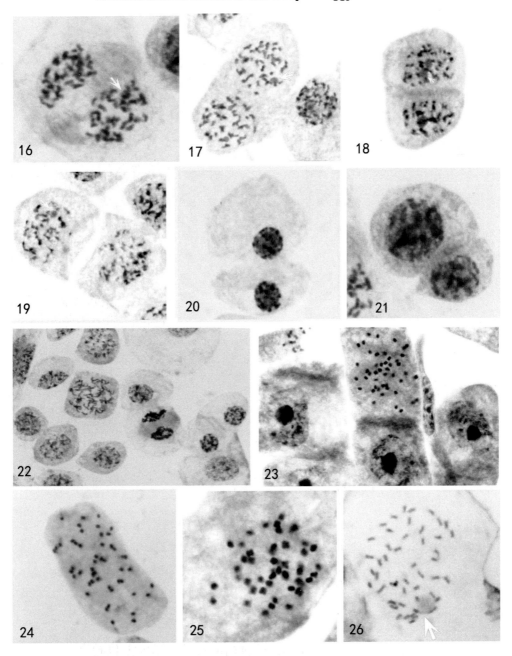

图版说明

1～4．分裂间期，细胞核分别有1～4个核仁；5．早前期，3个圆形、近圆形核仁；6．早前期，1个已变形的核仁；
7，8．中前期，2个变形、未变形核仁；9，10．晚前期，核仁变形与未变形；11，12．前中期，核仁变形、
未变形；13，14．中期，纺锤体出现；15．后期，位于中部的纺锤体和两极的牵引丝；16．后期，被拉向两极的
染色体及其近圆形核仁，牵引丝消失，纺锤体还在，2n=4x=48；17．末期，纺锤体已消失，两极均有近圆形核仁，
2n=4x=48；18．末期，两极各有1个和两个核仁，细胞板产生；19．细胞质割裂，产生两个子细胞，染色体及核
仁均清晰可见；20．先形成两个子细胞核，后细胞质割裂；21．产生两个子细胞，进入静止期；21．幼龄子房体
细胞；22．根尖分生组织细胞；23～25．根尖分生组织细胞分裂中期，未见核仁，2n=4x=48；26．幼龄叶
片分生组织细胞分裂中期，有近圆形核仁存在，2n=4x=48

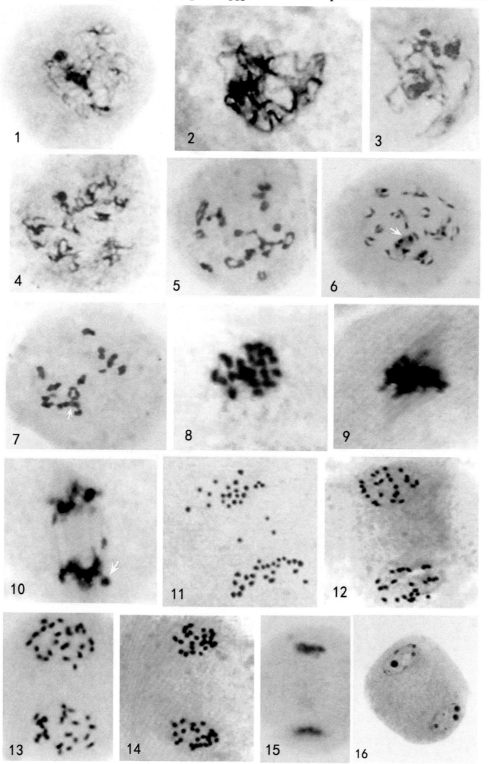

See explanation at the end of text（一）

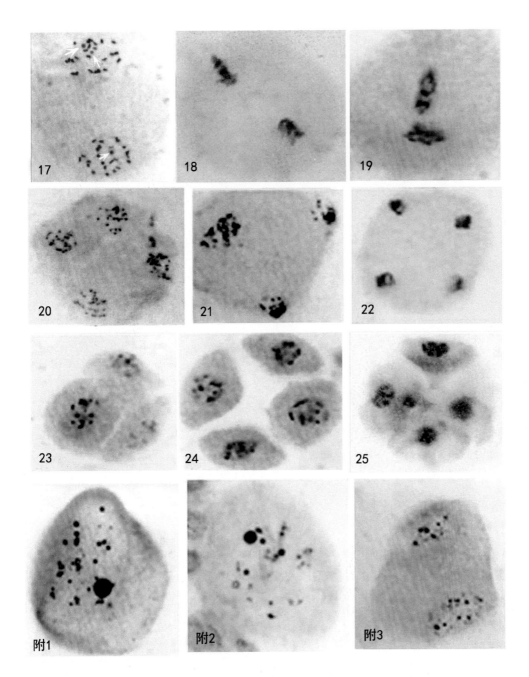

See explanation at the end of text（二）

图版说明

1．细线期；2．偶线期；3．晚粗线期；4．晚双线期；5．终变期：2n=4x=15Ⅱ+31Ⅳ+Ⅵ=48；6．终变期：2n=4x=24
Ⅱ=48；7．中期Ⅰ：2n=4x=1Ⅰ+18Ⅱ+Ⅲ+21Ⅳ=48；8．中期Ⅰ，染色体聚集在赤道板上；9．后期Ⅰ，纺锤体出现；
10．后期Ⅰ，有落后染色体，似有核仁存在（↙）；11．后期Ⅰ，染色体已达两极，有3个落后染色体，呈24：（21+3）
分布；12．后期Ⅰ，两极染色体呈24：24分布；13．后期Ⅰ，两极染色体呈25：23分布；14．后期Ⅰ，两极染色体
呈26：22分布；15．末期Ⅰ；16．减数分裂中两次分裂之间期；17．正常的前期Ⅱ（箭头指向核仁）；18．中期Ⅱ；
19．中期Ⅱ紊乱；20．后期Ⅱ，染色体分配为四分体，有个别染色体游离；21．后期Ⅱ，染色体不均等分配为三分体；
22．正常末期Ⅱ；23．四面体式四分孢子；24．二轴对称式四分孢子；25．多分孢子；
附1．四倍体黄瓜花粉母细胞减数分裂前期Ⅰ的多核仁现象；附2．四倍体甜瓜花粉母细胞减数分裂前期Ⅰ的多核仁
现象；附3．四倍体甜瓜花粉母细胞减数分裂前期Ⅱ的多核仁现象

陈远良，李树贤等：黄瓜两性花系 SHZ-H 选育及其应用的初步研究　图版XIX

Chen Yuanliang, Li Shuxian et al: The cucumber hermaphroditic lines SHZ-H preliminary study of breeding and application　Plate　XIX

图版说明

1．两性花系原始突变体；2．两性花系之两性花和节成性；3．两性花系 SHZ-H；

4．雌雄同株之普通黄瓜品种；5．雌性型杂种一代品种 "石黄瓜一号"

李树贤，吴志娟，茄子同源四倍体类病毒病变突变体的异倍性转育　　图版ⅩⅩ
Li Shuxian，Wu Zhijuan: Eggplant autotetraploid mimic virus lesion mutant
heteroploid transformation of breeding　　Plate　ⅩⅩ

图版说明
1．1个 2x 正常叶青果系 97-E-98-2-1；2．1个 2x 皱缩叶青果系 97-E′-98-1-8；3．1个 2x 皱缩叶白果系
97-B′-98-1-2；4．1个 2x 正常叶白果系 97-B-98-2-3；5．1个 2x 皱缩叶紫红果系 97-D-98-1-1；
6．1个 2x 皱缩叶红圆果系；7．体细胞染色体 2n=2x=24

Plate explanation
1．A 2x Normal leaf green fruit lines 97-E-98-2-1；2．A 2x shrink leaf green fruit lines 97-E′-98-1-8；3．A 2x shrink leaf
white fruit lines 97-B′-98-1-2；4．A 2x Normal leaf white fruit lines 97-B-98-2-3；5．A 2x shrink leaf Purplish
red fruit lines 97-D-98-1-1；6．A 2x shrink leaf red round fruit lines；7．Somatic chromosome 2n=2x=24

李树贤：关于甜瓜倍性育种的讨论　图版XXI

Li Shuxian: About discussion on melon ploidy breeding Plate　XXI

图版说明

1．石甜 401 多代后之植株；2．石甜 405 稳定株系；3．石甜 403（白兰瓜 4x）稳定株系；4．石甜 401 果实；
5．石甜 407 果实；6．有丝分裂中期染色体 2n=4x=48；7．石甜 413（"炮台红 4x"）株系；8．"炮台红"
雌性株，连坐 5 爪；9，10．减数分裂终变期，染色体有多价体构型；11．减数分裂中期Ⅰ，染色体构型 24Ⅱ；
12．减数分裂后期Ⅰ，两极各有 24 个染色体

李树贤等：同源四倍体茄子育种的选择Ⅰ.畸形僵果性状及植株结实力的选择　图版XXVⅢ

Li Shuxian et al: Autotetraploid eggplant selection of breeding, Ⅰ. Fruit deformity stiff character and plant fruit bearing capacity of the selection　Plate XXVⅢ

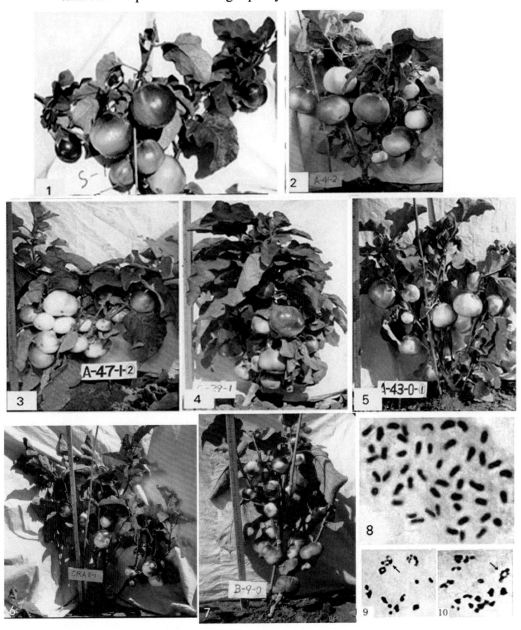

图版说明

1．正常的2层3分枝；2．2层4分枝；3．基本上为2分枝；4侧枝不发达，主枝发达；5．基部分枝多，但其生长势较弱；6．基部侧枝发达，近似"丛生型"；7．门茄以上形成6～8个分枝，角度小，通透性差；8．植株倍性，2n=48；9．减数分裂中期Ⅰ，染色体的8字构型（＼）；10．减数分裂中期Ⅰ，染色体交叉形成六价体构型（＼）

Plates explanation

1. Normal 3 layer 2 branch; 2. 2 layer 4 branch; 3. Basically 2 branch; 4. Side branch is weak, main stem developed;

5. Many branch of the base, but its growth potential is weak; 6. The base branch is developed,approximate "bunch type";

7. Door eggplant above formed 6~8 branches small angle. poor permeability; 8. Plant ploidy, 2n=48; 9. Meiosis metaphase Ⅰ.chromosome of the 8 word configuration (＼); 10. Meiosis metaphase Ⅰ, chromosome cross formation six valence configuration(＼)

1. 新茄 1 号种果成熟期植株群体；2. 新茄 1 号的植株；3. 新茄 1 号的果实及横剖面；

4. 新茄 1 号体细胞染色体数 2n=48，×330；5. 减数分裂后期，n=24，×330

1. Plant population in mature period of "cv. Xinqie No.1" 2. Plant of "cv. Xinqie No.1"; 3. The fruits of "cv. 'Xinqie 'No.1" and

their cross sections; 4. Somatic cell chromosomal number of "cv. Xinqie No1",

2n=40, ×330;5. Meiosis of anaphase 1,n=24, ×330

See explanation at the end of text

李树贤　吴志娟：秋水仙素诱导茄子的非倍性效应　　图版 XXXI

Li Shuxian, Wu Zhijuan: Colchicine induced non ploidy effect of eggplant　　Plate　XXXI

图版说明

1. 新茄 3 号；2. 新茄 3 号 4x-Ⅰ；3. 新茄 3 号 4x-Ⅱ；4. 新茄 3 号倍性嵌合体；5. 新茄 3 号 8x；6～8，非倍性变异 1-3；9～12，非倍性变异 4～7；13. 2n=2x=24；14. 2n=3x=36；15. 2n=4x=48；16. 2n=8x=96

植物(蔬菜)育种

论文自选集

李树贤　著

Self-selected Set
of
Plants (Vegetables)
Breeding Papers

知识产权出版社
全国百佳图书出版单位

图书在版编目（CIP）数据

植物（蔬菜）育种论文自选集 / 李树贤著.—北京 ：知识产权出版社，2018.6
ISBN 978-7-5130-3176-9

Ⅰ．①蔬… Ⅱ．①李… Ⅲ．①蔬菜－作物育种－文集 Ⅳ．①S630.3-53

中国版本图书馆 CIP 数据核字（2018）第 014458 号

内容提要

本论文集共收辑了作者独著和合著文稿 48 篇，分为综合论述、胚胎学观察、遗传资源研究、新品种选育、同源多倍体育种研究等五个单元。"胚胎学观察" 9 篇文稿，包括瓜类作物 5 篇，同源四倍体茄子 2 篇，体细胞胚胎学 2 篇。"遗传资源研究" 7 篇文稿，分别为西瓜"无权"性状、"一个雄性不育突变体"的遗传分析；黄瓜"芽黄" 突变体、长果型两性花系的遗传分析和应用；茄子四倍体类病变突变体的遗传分析及异倍体转育，利用同源四倍体花粉诱导无融合生殖获得二倍体纯系的初步实验。"新品种选育"收辑了 9 篇二倍体品种选育报告，所涉及的作物、在不同侧面具有一定的代表性。"同源多倍体育种研究" 27 篇，涉及多倍体的诱变、多倍体的遗传变异、多倍体的选育、多倍体及非倍性变异体的利用等。本"文集"论文以蔬菜和瓜类作物研究为主，"综合论述"的 3 篇倍性育种文稿则是针对植物育种整体而言。

责任编辑：彭喜英　　　　　　　　　　　　责任印制：孙婷婷

植物（蔬菜）育种论文自选集

ZHIWU (SHUCAI) YUZHONG LUNWEN ZIXUANJI

李树贤　著

出版发行：知识产权出版社有限责任公司　　　网　　址：http://www.ipph.cn
　　　　　　　　　　　　　　　　　　　　　　　　　　　　http://www.laichushu.com`
电　　话：010－82004826

社　　址：北京市海淀区气象路 50 号院　　　邮　　编：100081

责编电话：010-82000860 转 8539　　　　　　责编邮箱：pengxy@cnipr.com

发行电话：010-82000860 转 8101　　　　　　发行传真：010-82000893

印　　刷：北京中献拓方科技发展有限公司　　经　　销：各大网上书店、新华书店及相关专业书店

开　　本：880mm×1230mm　1/16　　　　　　印　　张：18

版　　次：2018 年 6 月第 1 版　　　　　　　印　　次：2018 年 6 月第 1 次印刷

字　　数：583 千字　　　　　　　　　　　　定　　价：98.00 元

ISBN 978-7-5130-3176-9

序 言

编辑出版《植物（蔬菜）育种论文自选集》于我而言是一种寄托，也是责任使然。

我 1963 年大学毕业，响应"到边疆去，到基层去，到最艰苦的地方去，到祖国最需要的地方去！"的号召，来到新疆生产建设兵团，这是出自内心的真实，但在思想深处却也有不便说出口的缘由，那就是追求"科学研究的自由"。

到兵团后，我被分配到农八师石河子总场的生产连队。在农场连队，风风雨雨 18 年，经历了灵与肉的磨炼，也奠定了我从事科学研究的基础。当时兵团第二政委张仲瀚（第一政委由中共新疆维吾尔自治区党委第一书记王恩茂兼任，兵团工作由张仲瀚主持）、司令员陶峙岳，从兵团到师团营连各级领导都是老一辈军垦人。他们许多人（特别是基层）虽然文化程度不高，但尊重知识，对科技人员的科技活动极少干涉，我得以自由地进行科学研究。

20 世纪 70 年代初，全国大部分高校和科研机关的科研工作都还处于停滞状态，我之所以能够较早地开展多倍体育种和相关细胞胚胎学研究，得益于当时中央派到兵团各师团担任主要领导职务的现役干部的支持。

1980 年，石河子蔬菜研究所组建成立，随即参加了国家"六五""七五"科技攻关。1983 年，我被任命为新疆兵团农八师副师长，科研条件得到进一步改善，科研工作也更加有了自主性。1988 年 9 月，中共新疆维吾尔自治区党委任命我为新疆农科院副院长，离开石河子到乌鲁木齐任职，脱离现有科研团队，意味着"科研生命"将从此终结。我找到时任自治区党委书记宋汉良，希望能专职从事科研工作。承蒙宋书记理解和支持，我得以继续完成国家"七五"攻关等课题的研究。1994 年 3 月初，我重回石河子任职，科研工作重新得以名正言顺地继续。

我无心仕途，痴迷于农业科研。几十年风云变幻，之所以能耕耘不断，一个重要原因是遇到了张仲瀚、陶峙岳、宋汉良、刘炳正［兵团副政委、石河子师（市）党委书记］、杨佐洪（兵团生产部部长、现役）、张伟（石河子总场政委、现役）等一大批好领导；另外还有各方面朋友的帮助。他们许多人都已仙逝，我以《植物（蔬菜）育种论文自选集》向他们汇报，略表感恩和思念之情。

整理出版论文自选集的第二个缘由，是笔者之前继专著《糖甜菜的倍数性育种》（中国科学技术出版社，1999）之后，还出版了《植物染色体与遗传育种》一书（科学出版社，2008）。在该书中，除引用了国内外大量文献之外，个人的一些研究成果也被收入，其中有发表过的，也有摘要发表过的，还有未成文发表过的。对这些未成文发表过的成果整理成文收入本文集发表，也算是对读者的一个交代。

出版本论文集的第三个缘由，是笔者虽身处边陲小城，且所积论著水平有限，但也不乏宣传个人观点、抛砖引玉之意。

本论文集共收辑了文稿 48 篇，分为综合论述、胚胎学观察、遗传资源研究、新品种选育、同源多倍体育种研究五个单元。

"综合论述"单元收辑了 4 篇论文，其中《秋冬萝卜生长发育的温度效应》，初次成文于 20 世纪 60 年代，1981 年曾于"中国园艺学会第二次代表大会暨学术讨论会"（浙江杭州）摘要发表。本文属于栽培生理研究，但生长发育也为遗传基因所控制，故而也将其收入本论文集中。"综合论述"单元的其他 3 篇文章，都是有关同源多倍体的，其中《植物同源多倍体育种的几个问题》一文，2002 年首次发表于中国园艺学会主持召开的"全国蔬菜遗传育种学术讨论会"（四川成都）。后经补充修改，2003 年又在《西北植物学报》发表，中国知网下载已超过 1000 人次。《多倍化、去多倍化，植物倍性操作育种的巨大潜力》 一文，2008 年摘要发表于中国园艺学会主持召开的"全国园艺植物染色体倍性操作与遗传改良学术讨论会"（河南郑州），2012 年全文发表于《中国农学通报》第 28 卷（增刊）。

"胚胎学观察"单元，收辑了 9 篇文稿。对胚胎学观察，笔者等主要对瓜类作物做了一些工作。其中《瓜类作物小孢子发生和发育的初步观察》一文，首次发表于 1979 年 11 月由中国园艺学会主持召开的"全国蔬菜育种新途径学术讨论会"（湖南湘潭），被"会议纪要"所记述。后又为《新疆农业科技》发表；《厚皮甜瓜大孢子发生和雌配子体形成》以及《厚皮甜瓜受精过程的初步观察》，1982 年 8 月 9 日首先在"全国西、甜瓜科研座谈会"（新疆乌鲁木齐）报告。有关厚皮甜瓜授粉和受精过程的研究观察，是笔者和中国工程院院士吴明珠女士合作完成的，论文之后分别发表于《中国农业科学》及《园艺学报》，产生了较大影响。《厚皮甜瓜大孢子发生和雌配子体形成》一直没有形成正式文稿，这次出版论文集也只收辑了 1982 年在"全国西、甜瓜科研座谈会"上的"报告稿"。

有关结球甘蓝下胚轴离体培养形态发生与愈伤组织维管组织及管状分子的观察，起初曾作为一篇文章拜请复旦大学张丕方教授审阅，后投稿子某学报，该学报审稿专家意见："维管组织节结中的管状分子是螺纹管胞，不可能是导管""什么叫导管，作者可能没有什么了解？""难以说明不定芽为外生源""如果真的如此，那过去和现在组培工作中的植物形态建成问题，都得重写"。接到该学报退稿后，笔者对原稿进行了进一步修改，并拆分为两篇，在《西北植物学报》上发表，被联合国粮食及农业组织《农业索引》（Food and Agriculture Organization of the United Nations, AGRINDEX）收录。

关于同源四倍体茄子体细胞的有丝分裂和花粉母细胞的减数分裂，没有正式成文，作为资料收入本论文集，仅供参考。

"遗传资源研究"单元收辑了 7 篇文章。涉及种质除"西瓜不分枝突变体（无杈西瓜）"为友人徐利元先生发现赠予以外，其余均为笔者等所发现。其中西瓜雄性不育体为国内最早发现，随后即将种子分赠给了众多同行。本文集收辑了《一个西瓜雄性不育突变体的初步观察》一文，曾于 1987 年 8 月在"新疆遗传学会第三次年会"上宣读。黄瓜雌性型和两性花型最近一次发现于 20 世纪 70 年代，经多代选育研究，获得了遗传性稳定的雌性系 SG-1、SG-2 和长果型两性花系 SHZ-H。在对其花性型遗传研究的基础上，创建了"以两性花系作为桥梁工具种进行黄瓜育种的方法"，被国家授予发明专利（专利号：ZL200510074412.0）。《黄瓜两性花系 SHZ-H 的选育及初步研究》一文，本论文集为首次发表。

茄子类病变突变体发现于同源四倍体中，其价值不仅限于发现了一个可供利用的种质资源，还在于其源于同源四倍体的单隐性基因突变，对人们全面了解同源四倍体遗传性的多样性有意义；茄子同源四倍体花粉诱导无融合生殖获得二倍体纯系，其成果已为拙著《植物染色体与遗传育种》一书收录，本论文集首次全文发表，一是对读者有个交代，同时也在于以同源四倍体花粉诱导无融合生殖，可能并不只局限于茄子，其他物种不妨也可以试验。

"新品种选育"的意义主要在于经济和社会效益。本单元收辑了 9 篇报告，其中制干辣椒育种 3 篇，茄子育种 2 篇。其他 4 篇。"石线一号"和"石线二号"的育成，结束了新疆无制干辣椒生产的历史，启动了新疆成为重要的辣椒产业基地的基础。"石线一号"和"石线二号"不仅长期成为新疆制干辣椒的主栽品种，而且作为极早熟（在无霜期 150 天左右的北疆，大面积机械化直播栽培，霜前全株红熟）核心种质，被广泛用于制干辣椒育种中。"新茄 3 号"是利用同源四倍体茄子花粉，诱导二倍体杂种无融合生殖，产生二倍体纯合株，而获得的耐低温性强、对黄萎病有较强抗性、极早熟（从定植到始收 30 天左右）的新品种。其余 4 篇也均有一定的代表性。

"同源多倍体育种研究"单元收辑了 19 篇文章，其中平面媒体发表 9 篇，学术会议发表 6 篇，本论文集首次全文发表 4 篇。就作物而言，在这 19 篇中，西瓜 1 篇，甜瓜 2 篇，黄瓜 4 篇，茄子12 篇。

人工同源多倍体育种研究，国内工作做得多的首当水稻。园艺作物，从事三倍体无籽西瓜育种的人较多。笔者探索蔬菜和瓜类作物同源多倍体育种数十年，深感难度很大。本文集所收论文涉及多倍体的诱变、多倍体的遗传变异、多倍体的选育、多倍体及非倍性变异体的利用等。在多倍体遗传变异研究方面，又涉及生殖特性、植物学性状、生物学特性以及非倍性变异的研究等。人工同源四倍体所引发的广泛遗传变异性，给育种造成困难，同时也带来机会。茄子的同源四倍体育种最突出的优势是结果能力增强，适应性增强，总产量提高，果实品质改善。最突出的问题是强的结果能力与果实的畸形僵化为连锁遗传；总产量增加但相对晚熟。同源四倍体的选择，堪称对品种的全面改良，笔者等采用多亲本半同胞轮回聚合选择，田间以趋向二倍体弱株型进行选择，获得了较好的效果，"同源四倍体茄子的育种方法"获国家发明专利（专利号：ZL99108203.6）。

人工同源多倍体育种成效没有预想的那么好，一个重要因素是对同源多倍体的遗传变异性认识不足，缺乏必要的心理准备和恰当的育种方法。多倍化、去多倍化双向育种，有可能给倍性育种带来巨大潜力。

倍性操作是植物育种的重要途径之一，笔者愿为我国植物倍性操作育种鼓与呼。

本文集送出版社前承蒙石河子科技局桑艳朋女士校对，特表谢忱。

李树贤

2018.1.8.23：03 于新疆石河子

目　录
Catalogue

综合论述　Comprehensive discussion

胚胎学观察　Embryology observation

遗传资源研究 Research of genetic resources

新品种选育 Breeding of new variety

同源多倍体育种研究 Autopolyploids Research of Breeding

综合论述

Comprehensive discussion

植物同源多倍体育种的几个问题*

李树贤

（新疆石河子蔬菜研究所）

摘 要：四倍体变异既来自染色体数量、结构的变异及基因突变、重组，而且与细胞核和细胞质、合子胚和胚乳之间协调关系的变化相关。其变异率显著高于二倍体。四倍体倍性纯合是一个相对平衡的系统，连续倍性选择是无效的。不同物种的四倍体表型变异有一定的差异，往往是既有有利突变，也有不利的变化，四倍体育种应采取风险规避，根据具体情况，选择适当的方法。减数分裂四倍体由二倍体的 2n 配子与经选择的四倍体的正常配子融合产生。避免了化学诱变的不利影响，可以更好地实现父母本的优良性状的互补，且相对容易稳定。四倍体可以直接育成稳定品种，也可以进行杂种优势的利用。利用多倍体作桥梁种，有利于促进种或种群间的基因交流。三倍体可能表现出强的杂种优势，也可能产生无籽果实，但并不是所有物种都能直接利用三倍体进行育种。对四倍体和二倍体物种以及人工四倍体的改良选择，利用双单倍体都具有重要意义。利用多倍体选育二倍体品种，进行非倍性诱变育种，是多倍体育种的重要组成部分。多倍体和无融合生殖相结合，利用多倍体创造新种质，进行遗传研究，也有重要价值。

关键词：同源四倍体；三倍体；遗传变异；育种

Plants Several Problems of Autopolyploid Breeding

Li Shuxian

(Xinjiang Shihezi Vegetable Research Institute,Shihezi, Xinjiang 832000,China)

Abstract: Tetraploid variation comes from chromosome number, structural variation and genetic mutation, recombination, As well as the nucleus and cytoplasm, zygote embryo and endosperm of the between coordinated relationship changes of related. The mutation rate was significantly higher than that of diploid. Autotetraploid ploidy homozygosity is a relatively balanced system, continuous ploidy selection is invalid. Different species of autotetraploid phenotypic variation has certain difference, is often not only beneficial mutations, also have adverse change, autotetraploid breeding should take risk aversion, according to the specific circumstances, select the appropriate method. Meiosis tetraploid be made up of diploid 2n gametes and tetraploid normal gametes fuse to produce.Avoid the negative impact of the chemical mutagenesis,Can better complementary the good traits of parents, and relatively easy to stabilize. autotetraploid can directly breeding stable varieties, can also be for the use of heterosis. The use of polyploid as bridge is conducive to the promotion of gene exchange between

* 本文发表于：西北植物学报，2003，23（10）：1829-1841。

species or populations.The triploid may exhibit strong heterosis, may also produce seedless fruit, but not all the species can be directly use triploid breeding.On tetraploid and diploid species and artificial tetraploid of improvement selection, use double haploid has the important meaning. Using polyploidy breeding diploid varieties, proceeding Non ploidy mutation breeding, is an important component of the polyploid breeding.The combination of polyploid and apomixis, using polyploid to create new germplasm, proceeding genetic research, also has important value.

Key words: Autotetraploid; Triploid; Genetic variation; Breeding

作为进化的产物，在自然界中有 70%～80%的植物为多倍体[1~3]。人工同源多倍体育种的成就是伟大的，但对更多的物种其成效却又不尽如人意。多倍体育种几起几落，困难重重，但又不乏生命力。在新一轮绿色革命中，多倍体的利用将再次为人们所关注。

1 四倍体的遗传变异

同源四倍体是由二倍体加倍产生的，加倍后的重复基因有三种可能的命运[4]：保持原有的功能；基因沉默（Gene silencing）；分化并执行新的功能。

三种命运不是孤立的，而是加倍后物种遗传特性的综合体现。其遗传变异主要涉及以下五个方面。

1.1 细胞核和细胞质之间的相互作用

染色体加倍，细胞核和细胞质之间原有的协调被破坏，胚和胚乳之间的比例也发生了变化，这些不仅会引发物种生理代谢机能的变化，而且会导致某些可遗传性状的变异。例如，同源四倍体普遍存在的自交亲和性的降低，某些物种还可能存在杂交不亲和等。在新的基础上重建核-质之间和谐、平衡的相互关系，提高兼容性水平，这是多倍体稳定和进化的一个重要基础。

1.2 纯合四倍体倍性的相对平衡

同源四倍体在倍性上不论如何纯合，都只能是一个相对平衡的系统，这是由四倍体减数分裂产生非整倍性配子所造成的。四倍体居群倍性的相对平衡，一方面表现为群体中经常出现一定比例的非整倍体，另一方面还表现为其非整倍体的类型往往也是比较恒定的。非整倍体的生活力和生产力较之正常的四倍体有明显变弱的趋势，其程度随着染色体数差异的增加而加强。但是对一个相对平衡的四倍体居群，由于非整倍体而造成的生产力下降却又并不很突出。例如，在四倍体糖甜菜中，一般认为不超过 5%，有报告认为对产量的影响很少超过 1%[5]。

对四倍体进行倍性选纯是必要的，但达到一定平衡状态后，再选择则将是无效的。

1.3 染色体结构变异

四倍体染色体结构变异的频率可以预料高于二倍体。染色体重排（Chromosomal rearrangement）是广泛存在的变异类型，在一些植物中，重排主要发生在同一染色体组内非同源染色体之间，对水稻四倍体花粉再生植株的减数分裂研究发现，粗线期出现染色体相互易位、倒位、疏松配对及缺失-重复环；终变期出现十字交叉及互锁染色体；中期出现染色体拖曳，核仁延迟消失；后期则有桥、落后染色体等[6]。在同源四倍体茄子的育种研究中发现，减数分裂中期不仅有四价体，还有六价体和八价体的染色体环，这显然是发生非同源染色体易位的特征[7]。对几乎所有异源多倍体的研究还发现，不同染色体组之间的相互易位（Reciprocal translocation）也都存在。通过 GISH 分析，在四倍体燕麦（*Avena*）中发现了 5 个基因组间的相互易位[8]；在六倍体燕麦中相互易位则多达 18 个[9]。对多倍体臂内倒位（Paracentric inversion）和臂间倒位（Pericentric inversion）的研究发现，这些染色体的结构变异，除可能影响优先配对外，主要意义还在于可能改变基因的平衡[10,11]。等臂染色体（Isochromosome）和假等臂染色体（Pseudoisochromosome）是植物中偶尔见到的一种染色体，被认为是畸形的，没有进化意义。但在四倍体里，因为有同源染色体，防止了等臂染色体的内部配对，于是有可能形成正常二价体，随后的分离也正常。同时，稳定的等臂染色体的形成意味着重复臂的存在，而重复基因则为突变的保留创造了条件，因而在同源四倍体的遗传研究中，等臂染色体作为一种染色体结构变异类型，不应该被忽视[12]。

1.4 B 染色体的作用

B 染色体对不同物种交叉的形成和基因重组发生着不同的影响，从而影响配子和子裔的变异性。在四倍体杂种中，当没有 B 染色体时，同源染色体配对，结果形成多价体；当有 B 染色体存在时，具有二倍化（Diploidization）的效应——抑制部分同源染色体配对，促进二价体的形成[13]。

1.5 突变和基因重组

同源多倍体的基因突变和基因重组，一般认为不像在二倍体中那样重要，特别是隐性突变频率较低，常常会被掩盖起来。但在实践中，同源四倍体的隐性突变有时却并不罕见。例如，在同源四倍体茄子的育种研究中，曾不止一次发现过一种叶片皱缩变厚、结果较少的突变类型，电镜检查并非病毒侵染，经遗传试验分析，为隐性突变体。现已将其转育到一些四倍体和二倍体中，并实现了和正常结果性状的基因重组，恢复了正常的结果能力（李树贤等，未发表）。

基因突变在物种进化，特别是多倍体物种进化中，具有重要作用。许多作者都认为，在不同染色体组内原是同源的基因，将会向着不同的方向突变，并且会逐渐变得不同而不再是等位基因了。这种分化最后把多倍体转变成这样一个物种，即其大多数基因在配子内只出现一次，在合子内出现两次，于是在效果上，染色体数目虽有改变，但却将恢复到二倍体的特性。因此，多倍体乃同时增加基因数目和基因种类的一种机制[14]。

导致多倍体重复基因遗传二倍性（Genetic diploidy）的因素，除染色体重排等大的结构变异外，由同源序列的相互作用和某种外遗传（Epigenetic）修饰而导致的基因沉默；由倍性变异而引发的 DNA 排除（DNA elimination）；由不同染色体的同源序列间可能发生的基因转换（Gene conversion）或相互重组（Reciprocal recombination）而导致位于不同染色体的 rDNA 序列的同质化等遗传现象都已为一些研究所证实[15~20]。新一轮多倍化过程可以在这种二倍化的多倍体基因组中再次发生，并伴随新一轮二倍化和进化趋势。这种重复（多倍化）和趋异的循环或许代表了多数被子植物基因组的进化历史[4]。

基因重组在同源四倍体中也经常发生，它一方面来源于染色体重排、基因组入侵（Genomic invasion）以及核-质之间的相互作用（Nuclear-cytoplasmic interaction）[21~24]，同时也来源于对四倍体的种质渗入（Introgression），这种渗入多是单向的，即由二倍体向四倍体渗入，由二倍体的 2n 配子和四倍体杂交，产生新的基因重组的四倍体；另外，也可以来自四倍体的二次杂交，即亲缘四倍体种或不同四倍体品种间的杂交和种质渗入。这些情况都已为许多事实所证实。

2 四倍体的选育

2.1 四倍体的表型变异

同源多倍体在表型上普遍具有巨大性，不同物种其具体表现有一定的差别，而且经常难以预料。例如，四倍体水稻茎秆增粗，千粒重增加，籽粒蛋白质增加，适口性较好；但穗数和每穗粒数减少，结实率下降，产量锐减。茄子的同源四倍体巨大性明显，分枝习性多由原来的伪双叉分枝变为不规则分枝，有的分枝不发达（或少分枝），有的分枝旺盛而近似丛生；授粉习性由自花常异交授粉变为高度自交不亲和及与二倍体杂交难以亲和；果实种子数大幅度下降；第一花节位升高，生育期推迟；结果能力普遍增强，但畸形僵果株率居高不下；果实营养成分普遍改善[7,25]。四倍体由于染色体加倍引发的变异，经常是有利性状和不利性状兼而有之，而且还常有不良连锁存在，因而能直接用于生产的可能性很小。

2.2　四倍体的分离

同源四倍体的等位基因有 4 个，存在按染色体随机分离、按染色单体随机分离和基因位点与着丝点间交换为 50%时的染色单体分离三种不同分离方式。在独立分配下，自交后代及双式杂合体与任一纯合亲本回交，其纯合速率都要较二倍体慢得多，所需要的分离群体也要较二倍体大得多。且在实践中，还常常是同一世代，甚至同一位点几种分离方式并存。这就构成了同源四倍体遗传的复杂性和选择的困难性。

同源四倍体的选择需要更大的群体和更多的世代，这说起来容易，做起来难。从严格意义上讲，再大的群体、再长的世代、再严格的人工选择，都将难以避免大量被遗漏的基因处于自然选择状态之下，异花授粉作物尤其是这样。从品种的要求和适应性以及育种的可能性等因素考虑，在同源四倍体育种中，将选育主要性状基本稳定的综合品种作为育种目标是必要的。

2.3　四倍体的选择

由于变异的广泛性和复杂性，同源四倍体的选择较之二倍体要困难得多。有价值的同源四倍体多为异花授粉。自交不亲和则为原本自花授粉的二倍体的同源四倍体利用异花授粉作物常用的选择方法提供了方便。

单株选择同样是四倍体最基本的选择方法。例如，四倍体糖甜菜自交不亲和，对于基础较好的四倍体系，即使在群体较小的情况下，采用母系单株选择法也能选出优良的后代[26]。在葡萄中，通过实生苗单株系谱选择育成了四倍体品种[27] 等。

四倍体的混合选择可分为授粉前与授粉后两种，授粉前混合选择较之授粉后选择烦琐，但选择效果将是授粉后选择的加倍[28]。

品种间杂交及回交是四倍体品种改良经常采用的方法，在西瓜、糖甜菜等许多作物中都有成功的报道。关于四倍体回交的适宜次数，研究认为，若只需改良某一特定性状，如杂合亲本选择得当，在理论上回交 4 代后不利基因频率即可下降到 3.13%，带有不利性状的植株比例也可下降到 12.42%。但在实际工作中，需要回交的次数可能较理论次数高一倍[29]。

轮回选择是同源四倍体行之有效而经常采用的选择方法。在苜蓿中，自交衰退严重，控制授粉也较困难，表型轮回选择在苜蓿的抗病育种中取得了很好的成就[30]。在糖甜菜的多倍体育种中，利用轮回选择不仅能有效地提高四倍体亲本系的经济产量和抗病性，而且还可同时进行不育系与 O 型保持系的改良[26]。水稻的同源四倍体育种难度很大，几个优良的 4x 系的获得，所利用的亲本数与轮回选择次数最多的达 11 个亲本 4 次轮回[31]。同源四倍体茄子品种新茄 1 号则是利用 3 个原始二倍体的多个优良四倍体系，历经 20 年轮回聚合选育而成[32]。

3　四倍体的利用

3.1　一般原则

利用多倍体改良植物品种，有一些众所周知的基本原则，包括染色体数目较少、以收获营养体为主、异花授粉、多年生习性和无性繁殖等。但这并不是绝对的。例如，不少果树植物染色体基数都较高，但却还有再次加倍利用的余地；一些以收获籽粒为目的的禾谷类作物，如水稻、大麦、高粱等也在进行多倍体育种。以籽粒为收获物的粮食作物进行四倍体育种，一方面是出于品质改良的考虑，另一方面也与常规二倍体育种种质资源不足及某些特殊育种目标有关。这些例子说明，在同源多倍体育种中，除了注意一般原则外，还应考虑互补和不可替代原则。

3.2　综合育种技术的应用

选择对同源多倍体育种具有重要意义，但选择效果并不是无限的。在水稻中某些高代四倍体系的平均结实率很难通过株选的办法再提高[31]。本文作者在茄子的同源四倍体育种研究中，通过对株高、叶形指数、结果数、单果重、单果种子数等一系列性状系谱选择的研究发现，随着品种趋于稳定，继续增效将非常困难。这些都证明，在同源四倍体育种中可能存在选择极限的问题。为了提高倍性育种效率，拓展诱变材料、扩大诱变谱，加大选择群体是必不可少的。此外，在选择的过程中，还应考虑采用新的有效措施不断创造新的变异，促进更有效的基因重组。为此经常采用：①四倍体水平上的多次杂交；②辐射诱变；③无性系选育及其他生物技术的运用等。

在同源四倍体水稻育种中，利用多亲本多次轮回杂交，育成了优良的 4x 系，后又经无性系选择，已获得了几个优良的 4x 无性系，其产量水平已达到或略高于最好的二倍体对照品种[31, 33]。在二倍体大麦的未成熟胚培养中，从品种 85-114 的再生植株中检出 3 株同源四倍体，其中 1 株表现较好，经 6 代选择结实率达到 82.1%±0.6%[34]。后又对其（四倍体）进行花药培养，在再生植株（R_1）中，获得了 1 个结实率为 84.4%、分蘖力也优于供体四倍体的变异体。这个无性系变异体来自雄配子体的加倍，其基因型应该是纯合的[55]。另外，也还有报道通过聚合杂交结合辐射诱变，加速了四倍体大麦的二倍化进程。

3.3　减数分裂四倍体的利用

在倍性育种中，对减数分裂四倍体的利用应给予足够的重视。所谓减数分裂四倍体，是相对于有丝分裂过程染色体加倍而言的。其途径是 2x 种群（品种）减数分裂紊乱产生 2n 配子参与受精而形成四倍体。减数分裂四倍体可以通过 4x×2x、2x×4x、3x×2x 等途径而获得。3x×3x、3x×4x 也能够获得四倍体。减数分裂四倍体由四倍体和二倍体杂交而产生，所用四倍体一般多为已经多代选择、一些突出的不良性状已在很大程度上得到克服的优良四倍体系；二倍体也可择优采用，且其参与受精的 2n 配子在遗传上为纯系，这样两种雌雄配子融合所产生的四倍体为双亲遗传基因的重组，免除了化学诱导常出现的一些不良变异，容易选纯稳定。特别是四倍体一经获得，其倍性就是纯合的，这在化学诱变中是少有的。

在缩短育种时间、提高育种效率上，利用减数分裂四倍体也有好处。例如，茄子同源四倍体品种新茄 1 号的育成前后花费了 20 年，而以新茄 1 号的原 4x 系作为母本与优良的 2x 材料杂交，则仅用了 7～8 年（世代）就已选得了 2 个优良的 4x 选系，且都未出现有丝分裂四倍体所出现过的植株分枝性状的疯狂分离及居高不下的畸形僵果株率。其他如株高、茎粗、叶形指数、果形指数、第一花节位、植株结果数、单果重、单果种子数等性状，7～8 代的选择效果就达到或超过有丝分裂四倍体 20～25 代的选择效果。2 个减数分裂四倍体系不仅综合了双亲的优良遗传性状，而且还出现了原父母本所没有（或未能表现）的优良超亲性状。在厚皮甜瓜及黄瓜的四倍体育种中，通过 4x×2x 和 2x×4x 也都获得了四倍体，在甜瓜上其瓜个大小明显优于有丝分裂四倍体；在黄瓜上单瓜种子数明显多于有丝分裂四倍体。单瓜种子数少是黄瓜同源多倍体存在的主要问题；瓜外形变小是大果型厚皮甜瓜四倍体存在的缺点之一[35~37]。在大白菜上，通过 4x×2x 和 2x×4x 都获得了四倍体，其结球性、抗病性良好[38]。在糖甜菜及一些果树植物上，减数分裂四倍体的价值也早已被肯定。

3.4　利用四倍体培育新品种

利用四倍体可以直接育成稳定品种，也可以在四倍体水平上进行杂种优势育种。

同源四倍体育种，在禾谷类作物中已有四倍体黑麦、四倍体荞麦、四倍体水稻品种（系）的育成与推广[31,39~41]。在饲草作物中，四倍体黑麦草、四倍体三叶草及四倍体饲用玉米等已在一些国家和地区得以推广应用。在果树植物中，四倍体"巨峰"系列葡萄品种的培育和利用最具代表性[42]。此外，梨也有优良四倍体的报道[43]。一些著名的美味猕猴桃（*Actinidia deliciosa*）品种均是六倍体（2n=6x=174）；草莓的大果型品种都是八倍体（2n=8x=56）；1 个果大、果型端正、高桩、色泽鲜艳、丰产性好的无核自然突变椪柑品种"桂林良丰"为 4x 与 2x 的混倍体[44]，等等。在蔬菜作物中已有芦笋[45]、大白菜[38,46,47]、茄子[32]、金针菜[48]等四倍体品种育成。作为以营养器官为收获物、改善品质、多年生或无性繁殖植物品种改良的手段之一，同源四倍体的利用可能有比较广阔的前景。

四倍体水平上的杂优育种，目前研究得还不够充分。以下情况可供参考。

（1）植物的杂种优势与其授粉习性、倍性水平有密切的关系。物种自身基因杂合性（内源优势）越大，双亲杂交杂合性（外源优势）就越小；杂种优势为异花作物＞自花作物，二倍体＞四倍体。

（2）四倍体杂种优势的利用，亲本的选纯及配合力测验仍然是最基本的。例如，糖甜菜块根产量和含糖率具有不同的遗传结构，可通过亲本选配达到二者都有较高的优势[26]。

（3）雄性不育系、自交不亲和系等育性基因的利用，在四倍体杂种优势育种中同样重要。在高粱、水稻四倍体杂交种选育中，细胞质雄性不育系已有三系配套的报道[49, 50]；在糖甜菜中，四倍体单交种已被成功地用于双交种三倍体品种的选育中，其四倍体单交种是利用两个自交不亲和系配制的，二倍体单交种是利用雄性不育系和异型保持系配制的[26]。

（4）标志性状在四倍体杂交种中的利用。在糖甜菜中以下胚轴颜色作标志性状已被采用；在西瓜中，黄叶脉、无权等标志性状已有利用。

（5）四倍体杂交种的杂种优势在 F_2、 F_3 和 F_4 都能保持较高的水平，甚至可能有所增加，这在糖甜菜中已得到证实，被认为是四倍体水平的独有特性。四倍体杂交种有可能连续使用几代，这对降低种子成本有积极作用[5]。

3.5　利用多倍体作桥梁种

人工多倍体作为媒介可能发挥重要作用：①提高两个种间的可杂交性；②促进同源多倍体种群之间的基因流动；③提高育种效率。

在蔬菜作物中，利用桥梁种将野生种有利基因引入栽培种，做工作多的是马铃薯。在马铃薯的品种改良中，被广泛利用的野生种有 2x、3x、4x、5x 和 6x 等材料。除少数例外，这些野生种与栽培种杂交大都难以成功。但通过一些不同倍性的桥梁种，则可实现其与栽培种的杂交。其中对二倍体野生种的利用，常以一个四倍体野生种 S.acaule 作为桥梁种，获得三倍体以后再加倍为六倍体，再与二倍体或四倍体栽培种杂交，可以获得四倍体、五倍体和七倍体等不同倍性类型，供进一步育种利用[51]。

甘薯为同源六倍体，其近缘野生种 I.trifida 是由二倍体、三倍体、四倍体、六倍体组成的复合种，具有多种病虫害的抗性基因和其他有利基因，能够和栽培种甘薯杂交，是目前甘薯育种中研究和利用最多的野生种。缺点是其贮藏根几乎不能膨大。以其三倍体系统 K222 的不同株系作桥梁种进行杂交，再与六倍体栽培种杂交，再将该杂种同二倍体的 K221 杂交，经几代选择得到栽培性状可与六倍体栽培种匹敌，其他性状优于六倍体栽培种的四倍体栽培种。该四倍体种不仅可直接用于农业生产，而且还可与其他不同倍性的近缘野生种杂交[52]。

在水稻中，李氏禾属（Leersia）中的假稻（L.hexandra）有许多可供利用的遗传性状，但不能与二倍体杂交。后通过同源四倍体水稻与之杂交获得了成功[53]。

在高粱育种中，约翰逊草（S.halepense L.pers.2n=40）具有很多可利用的性状，但与二倍体栽培高粱存在遗传障碍，通过栽培高粱的同源四倍体与之杂交获得了成功[54]。在苜蓿育种中，Medicagosativa-falcata 种群已建立了从 1x 到 8x 的全套同源多倍体系列，供育种学家在任何倍性水平间转移基因。冰草属 Agropyron 二倍体的 A.cristatum 与 A.spicatum 杂交很难成功，只有其中之一或两者都加倍为同源四倍体时杂交才能成功。与此相似，把二倍体 A. spicatum 或二倍体 A. stipifolium 与六倍体 A. repens 杂交，也未能成功，但利用同源四倍体杂交就容易成功。另外，在野芝麻属 Lamium、三叶草属 Trifolium、草莓属 Fragaria、烟草属 N.icotiana 的许多作物上，也都得到了相似的结果[30]。

3.6　创造种质材料

通过各种途径获得的四倍体，对于育种工作都是种质材料，由于染色体结构和数量变异及基因突变，其原始四倍体在若干世代都将产生分离，这些分离出的不同类型也是重要的种质材料。通过无性系诱导，还常能出现更多的变异类型，如在水稻、大麦、大白菜的四倍体花药培养中都曾获得过各种不同的倍数体。在大麦中，所获得的双单倍体系成熟期相差 1 个月左右，株高、穗长、分蘖力、成熟期、结实率等方面都有较大差异，特别是结实率有高达 84.4%的，千粒重大幅度增加（38.48～55.5g，亲本平均 39.3g），籽粒蛋白质含量保持了四倍体的水平[55]。在水稻中，中国农业科学院作物所已将大约 150 个栽培品种转变成同源四倍体，通过杂交获得了数千份种质材料，这些种质材料既有类型丰富、性状突出的四倍体；也有四倍体孤雌生殖回复的二倍体，这种二倍体与亲本四倍体相比，分蘖增多，穗粒数增多，结实性变好，相当部分仍保持了四倍体蛋白质含量高的特性；后通过器官离体培养、无性系选择，又获得了很多有价值的种质材料，例如，已建立了 1 个高频率再生植株花粉无性系；获得了 1 个株高 30cm 的矮秆突变系，该突变系不仅矮秆，而且茎较粗、分蘖多、穗粒数多、剑叶短宽、株型紧凑，在水稻育种中可作为矮源加以利用；另外还获得了 1 个独秆变异体，1 个不育变异体；9 种类型的三体系，证明通过四倍体花药培养获得成套三体系将是可能的[56~58]。

在蔬菜和瓜类作物中，西瓜已获得了四倍体短秧系、四倍体无缺刻叶系、四倍体黄苗系、四倍体无权系、四倍体雄性不育系等种质材料。在甜瓜中，利用同源四倍体系"石甜 401"和薄皮甜瓜杂交，获得了新的不同倍数体的薄皮甜瓜、厚皮甜瓜及中间类型的种质材料[59]。在茄子中，已经对 20 多份二倍体材料进行了加倍，通过变异体的分离及不同倍数体的杂交，也已获得了一些有价值的四倍体和二倍体种质材料。

3.7 无融合生殖与多倍体

无融合生殖在植物育种中具有很高的利用价值。无融合生殖可以在二倍体中发生，但在多倍体中则更为常见。这既包括同源多倍体，也包括异源多倍体。例如，在世界上现存的 35 种苹果属植物中，已经发现至少 8 种具有无融合生殖特性。这 8 个种除三叶海棠（*Malus sieboldii*）和丽江山定子（*M.rockii*）2 个种含有二倍体类型（2n=34）外，其余 6 个种都为三倍体或四倍体。其中湖北海棠（*M.hupehensis*）等的三倍体类型的无融合生殖能力高于四倍体类型[60]。在禾本科植物中，已鉴定的 42 属 166 个具有无融合生殖特性的种中，除澳大利亚茅香（*Hierochloe australis*）和茅香（*H.odorata*）两个种是二倍体外，其余 164 个种都是同源多倍体或异源多倍体[61]。鸭茅状摩擦禾（*Tripsacum dactyloides*）的二倍体进行有性生殖，其四倍体则进行二倍性孢子生殖和假配合生殖，表现出兼性无融合生殖特性[62]。在大黍（*Panicum maximum*）中不存在无融合生殖的二倍体，四倍体大黍表现为兼性无融合生殖，在比四倍体更高的倍性水平上则只有无融合生殖[63]。银背委陵菜（*Potentilla argentea*）的一些类型是在二倍体就表现配子体无融合生殖特性的少数被子植物之一，在二倍体时，无融合生殖是兼性的；四倍体、五倍体、六倍体和八倍体则表现出很高程度的无融合生殖，并趋向专性[64]。

通过多倍体选育无融合生殖种质，在许多植物上已取得了很大进展。例如，通过同源三倍体筛选出了水稻的无融合生殖种质 TAR[65]。在甜菜中，以栽培甜菜（*B. vulgaris*）与野生种白花甜菜（*B. corolliflora Zoss*）进行种间杂交与回交，获得了异源三倍体甜菜（VVC，2n=27），并选出了高频率传递的无融合生殖系[66]。

将无融合生殖基因导入栽培种中，在许多物种中也都有成功的报道。例如，法国科学家与国际玉米、小麦改良中心从 1989 年起合作开展培育无融合生殖玉米的工作，已从摩擦禾属（*Tripsacum*）的各个种中收集了上千份材料，计划在不久的将来能获得无融合生殖的玉米种质[67]。在小麦上，已获得了普通小麦与具有专性无融合生殖特性的披碱草（*Elymus rectisetus*，2n=6x=42）的属间杂种 F$_1$（SSYYWWABD，2n=63）及回交后代，可望育成具有无融合生殖特性的小麦品种[68]。

我国水稻同源四倍体育种坚持进行了半个多世纪，取得了瞩目的成就，但仍然存在结实率偏低、稳定性较差等问题。目前我国已选育出多个水稻无融合生殖材料，有的材料已发现具有不定胚发生、无孢子生殖和二倍体孢子生殖的特性，为在多倍体育种中利用创造了条件。黎垣庆等利用无融合生殖水稻品系 PDER-2B 与美洲栽培稻品种进行四倍体及其杂种研究，其亲缘关系较远的亚种间四倍体杂种表现出强大的杂种优势，不仅穗大、粒大，而且结实率为 70.4%~85.9%，已完全达到正常结实水平[69]。为此提出了通过异源多倍化、无融合生殖、广亲和及 *ph* 基因的利用，解决水稻多倍体育种问题的策略，进行超级稻育种[70]。

4 三倍体的利用

同源三倍体的利用主要有 4 个方面：①三倍体杂种优势的利用；②三倍体无籽果实的利用；③通过异倍体杂交进行二倍体育种；④利用三倍体获得非整倍体系列。

4.1 三倍体杂种优势的利用

在多倍体系列中，三倍体被认为是营养生长最好的。三倍体杂种优势育种最成功的是三倍体糖甜菜品种的应用。在人工同源多倍体育种中，形成完整育种体系的大约也只有糖甜菜。一些欧洲国家在 20 世纪 70 年代以后，在生产中即已 100%采用了三倍体品种[26]。另外，由于细胞体积的增大所引起的巨大性，以及由于减数分裂紊乱而造成的不育性，三倍体成为无性繁殖和以获取材积为目标的林木育种的主要目标。在杨树中，三倍体较二倍体生长速度快 30%~200%，材积为二倍体的 1.35~3.5 倍，抗病性强，木纤维也长，非常适合造纸，已在一些国家大力推广[71,72]。在经济林木植物中，一个漆树的自然三倍体已被广泛推广栽培[68]。在蔬菜作物中，已有三倍体全雄系芦笋育种的研究报告[73]。

4.2 三倍体无籽果实的利用

三倍体无籽果实，最成功的是自然三倍体香蕉及三倍体无籽西瓜品种的应用。在葡萄[74,75]、柑橘[76,77]、梨[78]、苹果和其他一些果品植物中，也有三倍体品种发现、育成和推广应用的报道。

对一些作物，三倍体并不都表现出优越性。这是因为：①许多作物的三倍体并不是完全不育的，常有一定的稔性，不能形成无籽果实；②一些作物通过四倍体和二倍体杂交难以获得三倍体，还有一些作物能够获得三倍体，但种子太少，无法用于生产；③在三倍体水平上不能表现经济产量的优势。

有关事例很多。例如，在已有的厚皮甜瓜和黄瓜 4x×2x 和 2x×4x 的杂交中，获得的杂种种子很少，且为四倍体而不是三倍体；对茄子 4x×2x 和 2x×4x 的杂交试验，其中 2x×4x 很少能杂交成功，收到的种子一般都是二倍体，很可能是无融合生殖的产物，研究工作正在进行之中；4x×2x 能得到 3x，但种子很少，且杂种大都只表现植株同化器官的巨大性，结果能力有所增强，但果实多畸形且有少量种子，有无商业价值，还有待进一步研究（李树贤等，未发表）。

4.3 通过异倍体杂交进行二倍体育种

通过异倍体杂交进行二倍体育种，在多倍体育种中是一个新动向。在茄子中，通过三倍体的自由授粉和与二倍体杂交，已经获得了一系列有利用价值的二倍体种质材料（李树贤等，未发表）。在水稻中，通过 3x 与 2x 杂交，获得了遗传性变异来自双亲的二倍体，而且能够在早代稳定，其杂种亲缘已通过微卫星标记实验得到证实。有关遗传机制尚需进一步研究，有可能是发生了染色体组消失，在消失过程中发生了异源染色体 DNA 片段整合，此后合子在分裂过程中经染色体加倍而成为纯合体[79]。

4.4 利用三倍体获得非整倍体系列

三倍体是获得单体和三体，特别是三体的重要材料，其方法多是利用 3x×2x 通过 n 和 n+1 两种配子的融合而产生 2n+1 的三体合子。三体在作物遗传育种研究中有很高的价值，蔬菜作物的番茄是最早获得整套三体系的植物之一。非整倍体用于品种改良，在小麦等禾谷类作物中已受到普遍重视，取得了巨大成就。国内糖甜菜已有三体系的建成[80]。在蔬菜作物中，通过四倍体小孢子培养建立大白菜三体系的工作已取得了进展[81]。

5 双单倍体的利用

双单倍体（Dihaploid）是来自四倍体配子体的二倍体，是针对同源四倍体的专用概念。不同于二倍体的单倍体再经人工加倍而产生的加倍单倍体（Doubled haploid，DH）；也不同于异源多倍体的多元单倍体（Polyhaploid）。

5.1 四倍体种的分解育种

普通栽培种马铃薯为同源四倍体，生产中所使用的品种多为无性繁殖、异质结合的杂种，其中可能包含的有害隐性基因在育种中很难剔除，往往会给品种留下隐患。四倍体栽培种和其他倍性的种质很难进行成功的杂交，如和二倍体种或异源四倍体种杂交都存在不可交配性。由于长期限于种内近亲交配，遗传背景相对狭窄，因而难以适应生产和消费发展的要求。

把四倍体马铃薯降解为双单倍体，由四体遗传变为二体遗传，可以和二倍体亲缘种进行广泛杂交，将二倍体原始栽培种和野生种的优良遗传特性引入普通栽培种，拓宽马铃薯种质资源利用范围，可以在短期内获得高度纯合的选系，由纯合系杂交可获得优势更强的杂合体。

四倍体马铃薯诱导双单倍体有多种方法，其中最常用的是以具特殊基因的二倍体亲缘种作授粉者诱导孤雌生殖。其基因源为二倍体原始栽培种 *S.phureja*。目前，美国、德国、法国、荷兰、独联体以及日本等国家和地区都已选育出了一些超级授粉者，我国也已选育出 NEAP-16、D-2-1 等优良授粉者[82]。

在马铃薯育种中，利用双单倍体被称作分解育种，该方案包括：①把四倍体栽培种分解为双单倍体；②以双单倍体与具有利性状的二倍体亲缘种杂交，获得双单倍体（杂交）种（Dihaploid-species，DS），并对其进行选择改良；③恢复四倍体水平，进入正常育种程序。

在对 DS 的改良中，对特别优良者可直接加倍为四倍体，但这种情况很少。一般多是先将 DS 加倍为四倍体，再和栽培品种杂交选择，进入正常育种程序。还有一种普遍的做法，无须创造加倍双单倍体杂交种，直接以 2x 的 DS 与 4x 栽培种杂交，或利用两个 2x 的 DS 进行杂交，这时 DS 则应具有形成 2n 配子的特性，这样所得杂种即为四倍体，可直接进入正常育种程序[83]。

5.2 二倍体种的双单倍体育种

作为一种二倍体品种选育途径，该方案包括：①对二倍体种-品种或品种间杂种 F_1 或亚种间杂种 F_1 通过加倍或无性系诱导四倍体；②将四倍体降解为双单倍体；③以双单倍体进入正常育种程序。

这在水稻和大麦中都已有成功的报道。在大麦中，通过对申麦 1 号四倍体花粉植株再进行花药培养，已选育出几个比申麦 1 号矮、成熟期提早、产量接近的双单倍优良株系[84]。对粳型杂交稻四倍体的花药培养，在第二代即获得了其他性状有别于原杂交组合，而产量保持了原杂交组合优势的稳定株系，另外还选得了不同于原杂交组合不育系的新的不育系[85]。

在亚种间或种间杂交育种中，双单倍体更是具有其他方法不可替代的作用。例如，在水稻中，由于籼粳杂种的不育性及后代的不稳定性，要使分属于两个亚种亲本的优点结合于一体，保持籼粳二亚种杂合型优势，在现有的育种中已证明是相当困难的。对杂种后代进行回交和复交，或对籼粳杂种进行花药培养，虽能解决籼粳杂种后代的育性和稳定性问题，但常导致杂种后代遗传基础变窄，出现偏粳、偏籼、难以充分利用籼粳二亚种所提供的变异源。利用籼粳杂种的茎、鞘、幼穗离体培养获得四倍体无性系，再用这种四倍体无性系进行花药培养，诱导获得的双单倍体其育性和结实率明显不同于籼粳杂种 F_1、F_2 和二倍体杂种的无性系，出现了具有超亲优势的株系，其后代性状大部分稳定，育性正常，成为籼粳杂交育种与遗传研究的一条新途径[86]。

5.3 通过双单倍体加速选择四倍体

双单倍体可以在植株水平上表现四倍体的配子基因型，四倍体的 4 个等位基因可以多种分离方式产生配子体，其中既有原等位基因的重组体，也有新产生的突变体；既有杂合配子，也有纯合配子；通过双单倍体可以很快鉴定出这些不同的基因型。利用这一原理选择四倍体，不仅可以扩大四倍体的优选概率，而且能够大大加快四倍体选纯的速度。这个方案包括：①对四倍体进行杂交；②对其杂种 F_1（或二倍体杂种 F_1 的加倍四倍体）进行花药（或未授粉子房）培养，在配子体再生植株中筛选优良的纯合四倍体（或将优良的双单倍体加倍为 4x）；③当选的无性系四倍体进入正常育种程序。

目前在同源多倍体育种中有意识地利用这一方案的还不多。在水稻的四倍体育种中，利用无性系经 1~2 次选择，产量即超过二倍体对照品种，其结实率的标准差较二倍体对照品种还要小[33]。

5.4 双单倍体在遗传研究中的应用

双单倍体在遗传研究中也有重要价值[87~89]：①可用于研究多倍体的起源、性质和染色体基数；②进行农艺性状基因数的测定及遗传变异研究；③用于构建遗传图谱和对数量性状位点（QTL）的定位分析等。

6 同源四倍体育种中非倍性变异的利用

秋水仙素能够影响有丝分裂的正常活动而导致染色体加倍，产生倍性效应。关于秋水仙素的非倍性效应，迟迟未能引起重视。但是越来越多的事实证明，非倍性效应作为倍性育种的一个方面具有很大的潜力。在 1972—1979 年对黄瓜的同源四倍体诱导中，曾不止一次发现一些染色体未能加倍、株型与花性型在二倍体水平上发生了变异的类型，其花性型有全雌株、雄全同株、雌全同株等类型。其中雌全同株型又有正常株型、自封顶矮秧型和丛生型等；雄全同株型有短子房类型，也有长子房类型。这些二倍体水平上的变异，有可能来自秋水仙素的诱导作用，也可能还与秋水仙素诱导前的辐射处理有关[90]。对这些变异类型进一步选育，育成了雌性系 SG-2、两性花系 SH-1 等珍贵种质材料（李树贤等，未发表）。在茄子的同源四倍体诱导中，秋水仙素所引发的非倍性变异也普遍存在。例如，1997 年以条茄品种新茄 3 号为试材进行秋水仙素诱导，除获得了几个不同类型的四倍体变异及未能保留下来的八倍体以外，在后代中还分离出了包括株型、果型、果色等不同类型的变异体。其中株型有弱分枝型和多分枝型；果型有短棒形、短锥形、长锥形、细长条形等；果色有枣红色、玫瑰红色、桃红色、紫红色、紫黑色等；另外，叶形、第一花节位、结果性能等也多有变异，经选择已有一些变异系趋于稳定，可作为种质材料供育种使用（李树贤等，未发表）。在辣椒中，对一个果实为牛角形的品种以 0.2%秋水仙素水溶液进行浸种诱变，在 C_2 分离出了灯笼形、长灯笼形、长牛角形、粗牛角形 4 种变异类型，其中，有 1 系早熟性和产量显著优于两个对照品种。经 G 显带核型分析，变异系的部分染色体着丝点位置和臂比发生了变异，其中有两对染色体着丝点位置发生了改变，12 条染色体的 24 个臂中有 6 个臂发生了明显变异，占总臂数的 25%[91]。在禾谷类作物的水稻、小麦、大麦中，秋水仙素的非倍性效应也已被证实。例如，在大麦中秋水仙素除诱导四倍体外，还能诱发二倍体的早熟、大穗、矮秆等变异。已有一株高、熟性、穗粒数和粒重等性状都发生了明显变异的选系完成了育种程序，被审定命名为闽诱 3 号[92]。

利用秋水仙素诱发二倍体染色体结构变异和基因突变，具有诱变效应强、遗传传递力高、基因纯合快等优点，作为倍性育种的一个方面有广阔前景。

参考文献

[1] GOLDBLAT T P. Polyploidy in angiosperms, monocotyledons[A]. Polyploidy, biological relevance(Lew is W H, Ed.)[C]. New York:Plenum Press,1980.

[2] LEWIS W H. Polyploidy in angiosperms: dicotyledons[A]. Lewi s W H, *et al*.. Polyploidy, biological relevance(Lew is W H, Ed.)[C]. New York:Plenum Press.,1980.

[3] MASTERSO N J. Stomatal size in fossil plants: evidence for polyploidy in the majority of angiosperms[J]. *Science*,1994,264:421–424.

[4] WENDEL J F. Genome evolution in polyploids[J].*Plant Mol. Biol.*,2000,42:225-249.

[5] БОРМОТОВ BE. Sugar beet polyploid type cell genetics research[J].LI SH Y(李山源),GUO D D(郭德栋) ,interpreter. *Sugar industry of Beet(Beet fascicule)*(甜菜糖业-甜菜分册).1984. Supplement(增刊),63-73.(in Chinese)

[6] ZHU Q R(褚启人),ZHANG CH M(张承妹),ZHENG Z L(郑祖玲).Anther culture of tetraploid rice Pollen plant and Chromosome variation of its Regeneration plant[J]. Chinese *Bulletin of Botany* (植物学通报),1985,3(6):40-43.(in Chinese)

[7] LI SH X(李树贤),YANG ZH G(杨志刚),WU ZH J(吴志娟),*et al*.. Breeding Selection of Autotetraploid Eggplant. Ⅰ.Selection of Teratogeny-inactivation fruit character and Fruiting Rate[J]. *Acta Agriculturae Boreali-occidentalis Sinica* (西北农业学报),2003,12(1):48-52.(in Chinese)

[8] JELLEN E N, GILL B S, COX T S. Genomic in situ hybridization differentiates between A/D- and C-genome chromatin and detects intergenomic translocations in polyploid oat species (*Genus avena*) [J]. *Genome*.,1994,37:613-618.

[9] CHEN Q, ARMSTRONG K. Genomic in situ hybridization in Avenasativa [J]. *Genome*.,1994,37:607-612.

[10] BRANDHAM P E. The meiotic behaviour in polyploid aloineae I.Paracentric inversions [J]. *Chromosoma*.,1977,62:69-84.

[11] BRANDHAM P E. The meiotic behaviour of inversions in polyploidy aloineae Ⅱ. Pericentric inversions [J]. *Chromosoma*.,1977,62:85-91.

[12] JONES G H. Giemsa C-banding of rye meiotic chromosomes and the nature of terminal chiasma [J]. *Chromosoma* (Berl.),1978,66:45-57.

[13] DOVER G A, RILEY R. Prevention of pairing of homoeologous meiotic chromosomes of wheat by an activity of supernumerary chromosomes of Aegilops [J]. *Nature*,1972,240:159-161.

[14] HARLAND S C. The genetical conception of the species [J].*Biol.Reviews*., 1936,11:83-112.

[15] HAUFLER C H. Electrophoresis is modifying our concepts of evolution in homosporous pteridophytes [J]. *Am. J. Bot*.,1987,74:953-966.

[16] SCHEID O M, JAKOVLEVA L, AFSAR K, MALUSZYNSKI J, PASZKOWSKI J. A change of ploidy can modify epigenetic silencing[J].*Proc.Natl.Acad.Sci.USA*.,1996,93:7114-7119.

[17] SOLTIS D E, SOLTIS P S. Polyploidy, breeding systems, and genetic differentiation in homosporous pteridophytes [A]. Soltis D E, Soltis P S, *et al*. Isozymes in Plant Biology[C]. Oregon: Dioscorides Press,1989.

[18] GUO M, DAVIS D, BIRCHLER J A. Dosage effects on gene expression in a maize ploidy series [J]. *Genetics*.,1996, 142:1349-1355.

[19] FELDMAN M, LIU B, SEGA G, *et al*.. Rapid elimination of low-copy DNA sequences in polyploid wheat: a possible mechanism for differentiation of homoeologous chromosomes [J]. *Genetics*.,1997,147:1318-1387.

[20] W EN D EL J F, SCHABEL A, SEELANAN T. Bidirectional interlocus concerted evolution following allopolyploid speciation in cotton (*Gossypium*) [J]. *Proc. Natl. Acad. Sci. USA*.,1995,92:280-284.

[21] KENTON A, PAROKONNY A S, GLEBA Y Y, *et al*.. Characterization of the Nicotiana tabacum L. genome By molecular cytogenetics [J]. *Mol. Gen. Genet*.,1993,240:159-169.

[22] ZHAO X P, SI Y, HANSON R E, *et al*. Dispersed Repetitive DNA Has Spread to New Genomes Since Polyploid Formation in Cotton [J].*Genome. Res*.,1998,8:479-492.

[23] HANSON R E, ZHAO X P, LSLAM-FARIDI M N, *et al*.. Evolution of interspersed repetitive elements in (Malvaceae) [J].*Am. J. Bot*.,1998,85:1364-1368.

[24] SONG K, LU P, TANG K, *et al*. Rapid genome change in synthetic polyploids of Brassica and its implications for polyploid evolution[J]. *Proc. Natl. Acad. Sci. USA*.,1995,92:7719-7723.

[25] Li Shuxian, Zhi-gang Yang, Studies on breeding of autotetraploid eggplant .II.Exploration for economic practicability and aims of breeding programme[A]. Ⅶ[th] meeting on genetics and breeding on capsicum and eggplant[C]. Belgrade

(Yugoslavia).,1989:75-79.

[26] 李树贤.糖甜菜的倍数性育种[M].北京:中国农业科技出版社,1999.

[27] JIN P F(金佩芳), LI SH CH(李世诚), JIANG A L(蒋爱丽), *et al*.. Breeding research of Precocious large particles new grape variety "Shen Xiu"[J]. *Acta Agriculturae Shanghai*(上海农业学报),1998,14(2):34.(in Chinese)

[28] GALLAIS A. Selection with truncation in autotetraploids-comparison with diploids[J]. *Theor. Appl. Genet.*, 1975, 46: 387-394.

[29] BOS I. Proper backcross generations of autotetraploid crop(LU Qinglianin,translation) [J]. *Overseas Genetic Breeding*(国外遗传育种), Beijing :Institute of genetics, Chinese Academy of Sciences.1982,3:17-20. (in Chinese)

[30] DEWEY D R. Application and misuse of induction polyploid in plant breeding(ZHI-wuliu, translation)[J]. *Overseas Genetic Breeding*(国外遗传育种), Beijing :Institute of genetics, Chinese Academy of Sciences.1981,(1):1-14. (in Chinese)

[31] CHEN ZH Y(陈志勇), WU D Y(吴德瑜), SONG W CH(宋文昌), *et al*.. Recent advances in autotetraploid rice breeding[J]. *Scientia Agricultura Sinica*(中国农业科学),1987,20(1):20-24(in Chinese)

[32] LI SH X(李树贤), WU ZH J(吴志娟), YANG ZH G(杨志刚), *et al*.. The Breeding of Autotetraploid Eggplant Cultivar Xinqie No 1 [J]. *Scientia Agricultura Sinica* (中国农业科学),2002,35(6):686-689.(in Chinese)

[33] PAO W K(鲍文奎), QIN R ZH(秦瑞珍), WU D Y(吴德瑜), *et al*.. High yielding tetraploid rice clones[J]. *Scientia Agricultura Sinica* (中国农业科学),1985,18(6):64-66.(in Chinese)

[34] YUAN M B(袁妙葆), ZHANG Y F(张毓芳).Cytogenetic variation of somaclonal variation and high seed set selection in Autotetraploid barley [A].Advance in anther culture breeding of plant(Hu Daofen Ed.)[C]. Beijing: Chinese Agriculture Science and Technology Press, 1996:69-72. (in Chinese)

[35] LI SH X(李树贤). Preliminary report of induction and breeding of tetraploid melon[J]. *Genetics and breeding* (遗传与育种),1976,3: 20-21.(in Chinese)

[36] LI SH X(李树贤). Tetraploid melon variety Shi sweet 401 [J]. *Xinjiang Agricultural reclamation Science and Technology*(新疆农垦科技),1982,4:23.(in Chinese)

[37] LI SH X(李树贤). Cytogenetic basis of Variation of Seed –bearing ability in Tetraploid Cucumber [A]. The Paper abstract second congress and Symposium of Chinese Genetics Society [C]. Fuzhou,1983:224-225. (in Chinese)

[38] WANG Z X(王子欣), QI X J(齐秀菊), ZHU Y P (褚玉萍),LAU CH Y(刘志荣). Breeding nor Tetraploid Chinese Cabbage [J].*Acta Agriculturae Boreali-Sinica*(华北农业学报),1992,7(3):32-35.(in Chinese)

[39] ZHU B C(朱必才), GAO L R(高立荣). A study on Autotetraploid Common Buekwheat Ⅰ.Comparison of MorPhology and Cytology Between Autotetraploid and DiPloid Common buekwheat[J]. *Hereditas* (遗传),1988,10(6):6-8.(in Chinese)

[40] KASTOV I.New aspect of buckwheat breeding is to select limited inflorescence variety[A]. Proceedings of the 4th international symposium on buekwheat [C] . Orel, 1989.

[41] ZHAO Gang, Tang Yu,Zhao Gang,Tang Yu. Comparaive study on the main characters of the new strain of autotetraploid tartary buekwheat(87-1) and its autodiploid parent stock [A].Proceedings of the 5th international symposium on buekwheat[C]. Taiyuan China,1992.170-175.

[42] LIU ZH ZH(刘朝芝). Japanese Jufeng grape[J]. *World agriculture* (世界农业),1993,11:16.(in Chinese)

[43] LI SH L(李树玲), CAO Y F(曹玉芬), HUANG L S(黄礼森), *et al*.. Observation on Chromosome Number of F1Hybrid Progeny of Tetraploid Pear Cultivar Sha 01 [J]. *Journal of Tianjin Agricultural University*(天津农学院学报),2000,7(3):1-4.(in Chinese)

[44] CHEN L S(陈立松), WAN SH Y(万蜀渊). Cytological identifications on"Guilin Liangfeng" Seedless Ponkan(Citrus reticulata Blanco)—A new type mutant of Ponkan[J]. *Journal of Wuhan Botanical Research*(武汉植物学研究),1996,14(1):1-5.(in Chinese)

[45] WANG P(王平), ZHANG SH Y(张韶岩). Advances in polyploid breeding of Japanese asparagus[J]. *Shandong Agricultural Sciences*(山东农业科学),1989,4:50-51.(in Chinese)

[46] LIU H J(刘惠吉), CAO SH H(曹寿椿), WANG H(王华), *et al*.. Breeding of "Nannong Aijiaohuang" of non-heading Tetraploid chinese cabbage [J]. *Journal of Nanjing Agricultural University* (南京农业大学学报),1990,13(2):33-40.(in

Chinese)

[47] CHEN Q B(陈沁滨). Tetraploid pakchoi new varieties Dalian black No.1[J]. *Changjiang vegetables*(长江蔬菜), 2000, 1:25-26.(in Chinese)

[48] ZHOU P H(周朴华), HE L ZH(何立珍), LIU X M(刘选明). A study on the induction of autotetraploid of daylily with colchicine In vitro[J]. *Scientia Agricultura Sinica*(中国农业科学),1995,28(1):49-55.(in Chinese)

[49] LU O Y W(罗耀武), Y AN X ZH(阎学忠), CHEN S H L(陈士林), *et al.* Sorgh um au tot et raploid and tet rapl oid h ybri d[J]. *Acta Genet icaSinica*(遗传学报),1985,12(5):339-343.(in Chinese)

[50] TAN X H(谭协和). Preliminary report on Breeding of polyploid rice system three[J]. *Hereditas* (遗传),1979,2:1-4.(in Chinese)

[51] Камераэ A R. Interspecific hybridization and intraspecific hybridization of potato[A]. Genetics of Potato(马铃薯遗传学)(В.В.Хвостова,И.М.Яшина,и др. Tang Hong Min,Li Kelai, translation)[C]. Beijing: Agriculture Press,1981:117-137.(in Chinese)

[52] GONG Q S. Successfully breeding of tetraploid wild sweet potato[J]. *Agriculture Technology*,1976,31:264-265.

[53] HUANG Q C(黄群策). Seeds from Autotetraploid Rice(*Oryza sativa*)× Leersia hexandra[J]. *Acta Agronomica Sinica*(作物学报),2001,27(1):133-135.(in Chinese)

[54] LIANG F SH(梁凤山),LUO Y W(罗耀武), ZHU ZH M(朱志明). Relationship of Cytogenetic character of Interspecific Hybrids Between Autotetraploid Sorghum and Johnsongrass[J]. *Acta Agriculturae Boreali-Sinica* (华北农学报),2001,16(2):8-11.(in Chinese)

[55] ZHAO Y(赵艳),YUAN M B(袁妙葆), QIAN SH M(钱少敏). A preliminary study on anther culture and somaclonal variation(R1)in autotetraploid barley[J]. *Acta Agriculturae Shanghai*(上海农业学报),1998,14(1):28-32.(in Chi nes e)

[56] QIN R ZH(秦瑞珍), TONG Q J(童庆娟), XU ZH(徐铮), *et al.* Establishment of an autotetraploid rice anther clone with high frequency and long term plant regeneration[J]. *Acta Botanica Sinica*(植物学报),1989,31(11):830-834.(in Chinese)

[57] QIN R ZH(秦瑞珍), SONG W CH(宋文昌), GUO X P(郭秀平). Application of anther culture of Autotetraploid Rice in breeding [A]. Advance in anther culture breeding of plant(Hu Daofen Ed.)[C]. Beijing: Chinese Agriculture Science and Technology Press,1996:197-205.

[58] LIU Z X(刘宗贤), QIN R ZH(秦瑞珍). Selection of primary trisomics from anther culture of autotetraploid rice(Oryza sativa L.)[J].*Acta Botanica Sinica*(植物学报),1995,37(2):125-133.(in Chinese)

[59] ZOU Z SH(邹祖申), LAM SH M (林淑敏). Preliminary report of melon dysploid breeding[J]. *Gansu Agricultural Science and Technology*(甘肃农业科技),1987,8:26-27.(in Chinese)

[60] DONG W X(董文轩), JING SH X(景士西), XUAN J H(宣景宏). Research and utilization of the Apomictic Characteristic in malus- A Literature Review[J]. *Acta Horticulturae Sinica*(园艺学报),1996,23(4):343-348(in Chinese)

[61] HUANG Q C(黄群策). Progress of apomixis in poaceae[J]. *Journal of Wuhan Botanical Research*(武汉植物学研究),1999,17(增):39-44.(in Chinese)

[62] BURSON B L, VOIGT P W,SHERMAN R A, *et al..* Apomixis and sexuality in eastern gamagrass [J]. *Crop. Sci.*,1990,30:86-89.

[63] ASKER S., Progress in apomixis research[J]. *Hereditas.* ,1979. 91(2):231-240.

[64] ASKER S. A monoploid of Potentilla argentea[J]. *Hereditas.*,1983,99(2):303-304.

[65] LIU Y SH(刘永胜), SUN J S(孙敬三). An apomictic autotriploid line tar identified in Oryza sativa[J]. *Acta Botanica Sinica*(植物学报),1996,38(11):917-920.(in Chinese)

[66] GUO D D(郭德栋), KANG CH H(康传红), LIU L P(刘丽萍), *et al..* Study of Apomixis in the Allotriploid Beet(VVC)[J]. *Scientia Agricultura Sinica*(中国农业科学),1999,32(4):1-5.(in Chinese)

[67] SAVIDAN Y H. Progress in research on apomixes and its transfer to major crops[A]. Dattee Y, *et al.* Reproductive Biology and Plant Breeding[C]. Berlin: Springer-Verlag,1992:269-279.

[68] WANG R R-C, LIU Z W, CARMAN J G[A]. LI Z S, XIN Z Y *et al..* Proceedings of the 8th International Wheat Genetics Symposium [C].1993:317-319.

[69] LI Y Q(黎垣庆), YE X L(叶秀麟), CHEN Z L(陈泽濂), et al.. A Preliminary Research on the Selection of Apomictic Rice Material PDER[J]. *Hybrid Rice*(杂交水稻),1995,4:6-8.(in Chinese)

[70] CAI D T(蔡得田), YUAN L P(袁隆平), LU X G(卢兴桂). A New Strategy of Rice Breeding in the 21st Century[J].Ⅱ. Searching a New pathway of Rice Breeding by Utilization of Double Heterosis of Wide Cross and Polyploidization[J]. *Acta Agronomica Sinica*(作物学报),2001,27(1):110-116.(in Chinese)

[71] EINSPAHR D W. Breeding research on populus tremuloides[C]. WANG Rui-ling interpreter. Liu Pei-ling, et al.. Haerbing: Heilongjiang Science and TechnologyPress,1993,164-178.

[72] ZHU ZH D(朱之悌), KANG X Y(康向阳), ZHANG ZH Y(张志毅). Studies on selection of natural Triploids of populus tomentosa [J]. *Scientia Silvae Sinicae* (林业科学),1998,34(4):22-30.(in Chinese)

[73] SHANG Z Y(尚宗燕), ZHANG J Z(张继祖), LIU Q H(刘谦虎), et al.. The observation on chromosome of rhus verniciflua stokes and the discovery of triploid lacquer tree[J]. *Act. Bot. Bor.-Occ. Sinica.*(西北植物学报),1985,5(3):187-191.(in Chinese)

[74] YAMANE H K (山根弘康), et al. A new grape variety "honey seedless"[J]. *Chinese Fruit Plant*(中国果树),1995,1:55.(in Chinese)

[75] ZHAO SH J(赵胜健), GUO Z J(郭紫娟), ZHAO SH Y(赵淑云), et al.. A New Triploid Grape Variety——"Wuhezaohong" [J]. *Acta Horticulturae Sinica*(园艺学报),2000,27(2):155.(in Chinese)

[76] KRUG C A,BACCHI O. Triploid varieties of citrus[J]. *J.Hered.*,1943,334:277-283.

[77] SOOST R K, CAMERON J W. 'Oroblanco', a triploid pummelo-grapefruit hybrid[J]. *HortScience.*,1980,15:667-669.

[78] CHEN R Y(陈瑞阳), LI X L(李秀兰), TONG D Y(佟德耀), et al.. Studies on chromosome number of some wild species and cul tivars of pyrus in china [J]. *Acta Horticulturae Sinica* (园艺学报),1983,10(1):13-15.(in Chinese)

[79] WU X J(吴先军), WANG X D(汪旭东), ZHOU K D(周开达), et al.. A Non-segregating F2 population Derived from the Cross of Triploid×Diploid in Rice[J]. *Acta Botanica Sinica*(植物学报),1999,41(10):1067-1071.(in Chinese)

[80] GUO D D(郭德栋), LI SH Y(李山源), BAI Q W(白庆武), et al.. A Preliminary Report on Establishing and Identification of the Trisomic Series in Sugar Beets[J]. *Acta Genetica Sinica*(遗传学报),1986,13(1):27-34.(in Chinese)

[81] SHEN SH X(申书兴), LI ZH Q(李振秋), ZHANG CH H(张成合), et al.. Identification of Double Triplo-3, 6 and Acquisition of Primary Triplo-3 and Triplo-6 in Chinese Cabbage [J]. *Acta Horticulturae Sinica*(园艺学报),2002,29(5):438-442.(in Chinese)

[82] JIN L P(金黎平), YANG H F(杨宏福). Generation of double diploid of potato and its application in genetic breeding[J]. *Journal of Potato* (马铃薯杂志),1996,10(3):180-186.(in Chinese)

[83] HAO G(郜刚), JI Y B(纪颖彪), QU D Y(屈冬玉), et al.. Advances in Utilization of 2n Gamete in Potato[J].Journal of Potato(马铃薯杂志),1998,12(2):111-119.(in Chinese)

[84] LU R J(陆瑞菊), HUANG J H(黄剑华), YAN CH J(颜昌敬). Anther culture of Tetraploid barley pollen plants and Variation of Some Phenotypic traits in Regenerated plantlets [A]. Advance in anther culture breeding of plant(Hu Daofen Ed.)[C]. Beijing: Chinese Agriculture Science and Technology Press, 1996:98-101.

[85] ZHANG CH M(张承妹), LU J A(陆家安), WAN CH ZH(万常照), et al.. Inheritance of Dihaploid lines Derived from Japonica Hybrid Rice and its significance in Breeding[J]. *Acta Agriculturae Shanghai*(上海农业学报),2000,16(4):24-30.(in Chinese)

[86] FAN K H(范昆花), ZHANG ZH H(章振华), ZHANG J J(张建军), et al.. Indica japonica double haploid induction and genetic traits observed[A]. HU H, WANG H L,Ed. Plant cell engineering and breeding[C]. Beijing industrial university press,1990:78-85.(in Chinese)

[87] С .С. Хохлов,В. С. Тырнов,Е .В.Грищива и др. 单倍体与育种[M].刘杰龙, 译.北京:农业出版社,1985:147-159.

[88] DOUCHES D S, FREYRE R. Identification of genetic factors influencing chip color in diploid potato (*Solanum* spp.)[J]. *American Potato Journal* ,1994, 71(10): 581-590.

[89] THILL C A, PELOQUIN S J. Inheritance of potato chip color at the 24-chromosome level[J]. *American Potato Journal*, 1994, 71(10): 629-646.

[90] LI SH X(李树贤). The effect of induction of cucumber polyploid by colchicine. National Symposium on new ways of

vegetable breeding . Xiangtan Hunan,1979.(in Chinese)

[91] ZHOU L(周力), GAO H P(高和平), YANG CH W(杨成万), *et al..* Application of colchicine in chili mutation breeding [J]. *China Vegetables*(中国蔬菜),1995,5:22-24.(in Chinese)

[92] ZHANG Q Y(张秋英), ZHANG SH N(张绍南), ZHUANG B H(庄宝华), *et al..* Preliminary Studies on Breeding Barley by Colchicine [J]. *Journal of Fujian Academy of Agricultural Sciences*(福建省农科院学报),1997,12(2):11-14.(in Chinese)

多倍化、去多倍化，植物倍性操作育种的巨大潜力[*]

李树贤

（新疆石河子蔬菜研究所）

摘 要：在植物进化中，常并行进行着多倍化与去多倍化两种过程，且与两种不同生殖方式密切相关。进化借助于一定范围内倍性的更换——多倍化或去多倍化，由进化的适宜倍性水平与生态的适宜倍性水平共同决定。多倍体遗传性的广泛变异性给人工多倍体育种造成了困难，同时也带来机会。把多倍体与杂交的双重优势融为一体是多倍体育种所追求的。去多倍化，特别是花培单倍体技术，在常规杂交育种、杂种优势利用、诱变育种、同源多倍体、远缘杂交及异源多倍体、细胞工程、染色体工程、基因工程等育种途径中均有特殊价值。分解育种是多倍化与去多倍化的结合部，对同源多倍体物种的改良，二倍体物种多倍化与去多倍化的双向育种，均有重要价值。同源多倍体的"二倍化"可视为特殊意义上的去多倍化。拉大亲缘关系，引入相关基因，阻断多价体形成，使四倍体"双二倍化"，有可能实现多倍体育种的重大突破。

关键词：植物；多倍化；去多倍化；分解育种；倍性操作

Polyploidization ,Depolyploidization, Plants Ploidy Manipulation Breeding of Great Potential

Li Shuxian

(Xinjiang Shihezi Vegetable Research Institute)

Abstract: Plant evolution is always accompanied by polyploidization and depolyploidization, and it is closely related to two different reproductive modes. Evolution depends on replacement of ploidy in certain scope, that is polyploidization or depolyploidization, by evolution appropriate ploidy level is associated with the appropriate ecological ploidy level codetermine. Wide variability in polyploidy genetics,for artificial polyploid breeding give rise to difficult, it also brings opportunities. The double advantage integration of polyploid and hybridization is the pursuit of polyploid breeding. Depolyploidization, especially anther culture haploid technology in conventional breeding, heterosis, mutagenesis breeding, autopolyploid, distant hybridization and allopolyploidy, chromosome engineering, cell engineering, genetic engineering and other ways have special value in breeding. Decomposed breeding is combines location of polyploidization and depolyploidization, for the improvement of autopolyploid species, diploid species two-way breeding of polyploidization and depolyploidization, it is of great value. "diploidization" of autopolyploid can be seen as depolyploidization

* 中国农学通报，2012，28（增刊）：239-243，Chinese Agricultural Science Bulletin.

of special significance. By widening the genetic relationship, introducing related genes and blocking the formation of multivalent bodies, so as to make the tetraploid "Double diploidization" It is possible to achieve a major breakthrough in polyploid breeding.

Key words : Plant; Polyploidization;Depolyploidization; Decomposed breeding;Ploidy manipulation

1 多倍化、去多倍化的生物学意义

多倍化是物种染色体倍性由低到高的过程；去多倍化是物种染色体倍性由高向低的回复。在自然界，多倍化、去多倍化常与不同的生殖方式相关联，同样都是物种进化的表现[1]。

1.1 进化与适宜倍性水平

植物倍性由低到高，一般是不可逆的，但也并不全都是不可逆的，这与其生殖方式及较少产生的一倍体配子能否正常受精相关。多倍体的进化作用在于增强了基因（显性超显性）的特定功能与物种遗传性的稳定性；同时显著降低了隐性性状出现的概率。这既显示了多倍体的力量，也包含着多倍体的无力。

和许多物种的进化途径有所不同，在禾本科、十字花科、蓼科、伞形花科等，以及蕨类到有花植物的进化过程中，还存在染色体基数缩减的趋势，即去多倍化进化。

进化通常是在最小的倍性水平上进行的，这个水平被认为是进化的适宜倍性水平。多倍体保证了物种对外界环境有害影响的极大抵抗力，这个倍性水平被称为生态的适宜倍性水平。

进化的适宜倍性水平主要取决于物种的系统发育史，与环境条件关系不大。生态的适宜倍性水平与地理和植物群落的状态有关，但也离不开种属的染色体特性。进化借助于一定范围内倍性水平的更换——多倍化或去多倍化，是由进化的适宜倍性水平和生态的适宜倍性水平共同决定的。

1.2 去多倍化的进化意义

在二倍体中，单倍化导致一倍体的产生，当其形成二倍体（加倍单倍体）时，是"绝对"纯合的，并在以后的杂交中能够表现良好的杂种优势，在种的生存中起很大作用。

多倍体的去多倍化有两种主要的途径：第一种，物种的染色体组中存在过多的重复，通过逐渐丢失染色体甚至整套染色体而获得了与进化或生态相适宜的倍性水平。第二种途径为单倍化，有更广泛的分布，其基础是减数胚囊中单倍性细胞发生无融合结籽。由多倍体产生的多倍单倍体，在自然选择下，经过或不经过染色体加倍都能得到纯合后代，并能表现强于原亲本种的生长优势。此外，在很多情况下，多倍单倍体（双单倍体）与相同倍性的其他种杂交产生的"双单倍体物种"（dihaploid-species, DS），一方面有可能在自然选择中稳定下来，成为二倍体新种；另一方面经染色体加倍而又恢复到多倍体水平。两种情况在进化与种的形成中都有重要作用，第一种显示了去多倍化的力量；第二种则显示了去多倍化与新一轮多倍化的共同力量。

1.3 繁殖方式、倍性变化与物种进化

多倍化和去多倍化，在自然界中经常并行进行着，与两种不同生殖方式密切相关——形成未减数配子并受精，导致多倍化；形成减数胚囊并由单倍性细胞单性发育，产生单倍体，即去多倍化。

多倍化使遗传物质增加，对于物种进化，多倍化是重要的源泉之一。

多倍体的去多倍化在较低和较有效的倍性水平上转变为进化。这种转变把多倍体的基因型充分地表现了出来。另外，在自然界，还可以由雌性可育而雄性不育的双单倍体与相近的二倍体种杂交，产生次生多倍单倍体（DS种），从而把进化的可变性同进化的改良联系了起来。

在某些无配子生殖类型的多倍体中，经常发生倍性水平的变化，这与它们的有性生殖和无融合生殖特性周期性变化有关。例如，双花草属 *Dichanthium* 的几个种以及其他一些属都具有"二倍体—四倍

体—双单倍体"的倍性循环。

进一步阐明多倍体、单倍体、两性融合与无融合生殖等方面的相互关系，可以更深入地了解植物进化的规律性，并在育种中有效地利用这些规律性。

2 人工多倍化育种的潜力

2.1 成就与误区

人工多倍体育种取得了很大成就，其中首推三倍体糖用甜菜的应用，其次是三倍体无籽西瓜、四倍体葡萄、四倍体黑麦、四倍体黑麦草等。但和自然多倍体相比，其成就却要渺小得多。

人工同源多倍体育种的成效没有想象的那么好，原因是多方面的。同源多倍体育种有一些众所周知的基本原则，违反这些基本原则而导致育种失败的情况极少。相反地，这些基本原则并不是绝对的。不超过六倍体原则对某些染色体高基数的果树植物并不完全适用；收获营养体原则，黑麦、荞麦、芝麻等不受此限制；异花授粉原则，已为四倍体水稻所打破，等等。

同源多倍体育种，上述原则应予以重视。但更主要的是对多倍化缺乏更深入的了解，急功近利，才是最大的误区。

2.2 困难与机会

同源多倍体在带来育种机会的同时，也带来了某些二倍体所没有的困难，这些都是由多倍体的遗传特性决定的[1]。

2.2.1 同源四倍体遗传变异性的多样性

二倍体加倍的同源四倍体，一度曾被认为不能产生新性状，而只是原有性状的加强与提高[2]。随着研究工作的深入，已证实同源多倍体，特别是同源四倍体具有更加广泛的遗传变异性：①染色体数量加倍所引发的剂量效应。②染色体结构变异及基因突变的发生频率较二倍体更高。隐性突变在同源四倍体中并不都会被掩盖起来；由染色体重排与交换而产生的某些连锁性状常为二倍体所没有；某些在二倍体基因组中沉默的基因有可能被激活。③染色体加倍，重复基因大多保持了与二倍体中相似的功能；一些基因失去表达活性而沉默；还有一些重复基因逐渐分化而成为执行不同功能的新基因，多倍体是同时增加基因数目和基因种类的一种机制。④染色体加倍，细胞质基因没有加倍，原有的核-质平衡被破坏。⑤染色体加倍胚和胚乳之间的比例常发生变化。这些不仅导致四倍体原有性状的加强与提高，而且还会产生许多原二倍体所没有的新性状。

同源四倍体的遗传变异，不同物种、不同来源、不同诱导方法常有所不同。种子结实率大幅度降低，是同源四倍体普遍存在的突出问题之一。表型性状良莠不齐给育种造成困难，同时也带来机会。

2.2.2 四体遗传造成的选择困难

四体遗传的选择，相对于二倍体要困难得多：①选择需要更大的群体和更长的世代；②再大的群体，再长的世代，再严格的人工选择，都将难以避免还会有大量的被"遗漏"的基因处于自然选择状态之下，对于异花授粉作物尤其是这样；③在四倍体"二倍化"的过程中，一些遗传性状被固定，同时也时有新的性状出现。这既体现了困难，也包含了机会。

2.2.3 选择极限的影响

选择极限（Selection limit）在多倍体育种中较二倍体到来较晚，但克服难度也较大。选择极限的存在对育种有双重意义：一是作为品种遗传稳定性的标志；二是意味着选择困难的增大。育种选择一方面要加快有利基因的固定，另一方面还要采取相应措施在选择反应减弱、选择极限到来之前，重新加大遗传方差，扩大遗传增量，以期在现有"极限"基础上实现新的突破。

2.3 双重优势的利用

多倍体育种，不同物种、不同品种类型侧重点有所不同，共性是尽可能使多倍体与杂交的双重优势结合在一起。

2.3.1 多倍体的特殊优势

在不同物种中，多倍体的生长发育优势各有不同，其共性主要是：①"巨大性"优势——这对以营养体为主要收获物的物种特别有利；②生理生化，特别是代谢产物的变异，给品质育种带来巨大潜力；③生物学特性优势，特别是较强的适应性给抗逆育种提供了可能。针对不同优势进行同源多倍体育种有很大发展空间。

2.3.2 多倍体的杂交优势

同源多倍体复杂的遗传变异性造就了其较强的"杂合性"。杂合性使系谱选纯变得困难，但却使生长优势和适应性增强，给营养系品种和综合品种使用奠定了基础。利用杂合性较强的四倍体材料配制杂交种，其杂种优势有可能表现良好，也有可能会受到不利影响，不同物种、不同繁殖方式、不同性状有不同的表现。多倍体杂交种的适宜倍性水平各有不同，以籽粒为收获物一般多利用四倍体杂交种，如水稻、高粱等；以营养体或果实为收获物，三倍体优势可能更强，如糖甜菜、西瓜、柑橘等。在有的作物中，三倍体利用有困难，利用四倍体杂交种可能比较方便。同源多倍体杂交种的良好状态，既依赖于染色体的"剂量效应"，同时也取决于不同倍性的亲本及其配合力水平。显性/超显性的存在为同时发挥多倍体与杂种双重优势创造了条件。四倍体杂种优势还具有延续性特性。在自由交配下，第 2 代和第 3 代，甚至第 4 代，四倍体杂种优势效应还常有某种程度的增强，在不以果实为收获物或不强调产品外观性状的作物中，如糖甜菜四倍体杂交种可以连续使用 3~4 代，这是其独有的特性[3]。

2.3.3 双重优势的融合

将多倍体和杂交的双重优势融为一体，是多倍体育种所追求的。通过简单的单一二倍体材料的染色体加倍很少能育成优良的四倍体系，随后的杂交在大多数情况下都将是必要的。

多倍体的杂交育种和杂种优势利用，原始材料特别是四倍体材料匮乏，四倍体系纯合性差，常使育种陷入困境。鲍文奎等[4]在水稻同源四倍体育种中将大约 150 个包括籼、粳亚种、地方品种及改良品系加倍为同源四倍体，通过杂交获得了数千份种质材料，为育种打下了雄厚的物质基础[4]。涂升斌等在实现"三系"配套的基础上，已选出结实率超亲本、千粒重达 58g、较对照品种增产 33% 的同源四倍体超级稻杂交组合[5]。在大白菜中，河北省蔬菜所利用产生 2n 配子的二倍体与四倍体杂交，经系普选育，获得了 56 个不同包球类型、不同生育期、抗不同病害的高代四倍体材料。所配制的四倍体杂种一代品系"多育 2 号"分别较 2 个二倍体对照品种增产 27.24% 和 54.94% [6]。如此大的增产幅度，在二倍体中是较少见到的。

3　去多倍化——单倍体育种的潜力有待充分发挥

去多倍化在一定范围内表现为物种的进化趋势，其育种潜力还远未得到充分发挥。

3.1 加倍单倍体与常规杂交育种

单倍体途径，特别是花培育种，一个花粉植株即一个配子基因型，可以从植株表现型直接选择基因型，能够获得较有性分离后代更多的优良变异体；将杂交育种的选纯从 5~7 代缩短为 1 个世代，对选择效率的提高，是其他育种方法所无法比拟的。通过加倍单倍体选育稳定品种，在小麦、水稻、大麦等禾谷类作物中取得了举世瞩目的成就[1]。在蔬菜作物中，北京市海淀区组培实验室通过花培技术育成了辣椒海花系列品种[8]；河南省农科院育成了春、夏、秋播大白菜系列新品种 [7]。在其他一些作物中，加倍单倍体育种也取得了一些很好的成绩，但其覆盖面仍不够大。

3.2　加倍单倍体与杂种优势利用

在杂种优势育种中，加倍单倍体可用于选择性固定杂种优势；也可以代替自交系用于杂优组合的配制；还可以利用单倍体技术选育雄性不育系及其保持系和恢复系等。

单倍体能够在植株水平上表现亲本的配子基因型，通过对表现优势的单倍体植株的染色体加倍，使杂合基因型变纯，从而达到不再分离和固定杂种优势的目的。

加倍单倍体在杂优育种中的可行性还依赖于其优良性状传递给子代的能力。利用"超级授粉者"授粉获得了许多马铃薯双单倍体，以双单倍体与双单倍体杂交，或者四倍体与双单倍体杂交，某些组合其块茎产量提高非常显著，每年收获时都使人惊奇不已。

花培加倍单倍体途径还可用于细胞质雄性不育"三系"配套选育；借助雄核发育转育细胞质雄性不育性，除大大缩短育种时间外，还有一个突出优点，就是新不育系的细胞核保持了供体染色体组的完整无缺。而常规核置换则不论其回交多少次，都难免会残留母本核基因的成分；通过活体或花培加倍单倍体途径，选育自然界不存在的纯系显性细胞核雄性不育系可一次纯合。

3.3　单倍体与无性系变异

在花药（花粉）培养中，产生配子体无性系变异是普遍存在的一种生物学现象。其变异类型包括染色体数量变异、结构变异、基因突变及细胞质变异等。这些变异的产生，通常不需要在培养以外再另行物理和化学处理。但通过对花药（花粉）的辐射或变温处理，以及在花培过程添加不同的化学和生物选择剂，对于诱导抗病突变体、抗除草剂突变体、各种胁迫抗性突变体及不同的育性类型等都具有特殊的价值。这已为许多不同作物和研究者所证实。

3.4　加倍单倍体技术在更大范围的应用

加倍单倍体技术最主要的育种学效能，是能够通过植株表现型直接选择基因型，经加倍使杂合子一步纯合。这一特性不仅对常规杂交育种、杂种优势利用及理化诱变育种（包括航天育种）有重要价值，而且在同源多倍体、远缘杂交及异源多倍体、细胞工程、染色体工艺、基因工程等几乎所有育种途径中均有独特的利用价值。例如，通过花培双单倍体加倍途径，可以在一个世代选得各种不同类型的纯合四倍体系，这是目前已知的同源四倍体快速选纯的唯一措施；远缘杂交后代疯狂分离、体细胞杂种普遍存在染色体丢失现象、遗传稳定性较差及遗传转化材料的选育等等，都可以通过加倍单倍体而一次纯合；对同源多倍体通过花培选育非整倍体系；对异源多倍体花培，选育异染色体系都常能取得良好结果，等等。其潜力远没有充分发挥。

4　分解育种——多倍化、去多倍化的结合部

多倍化、去多倍化的倍性操作，既针对不同倍性的物种，同时也是对同一物种进行不同倍性的育种。

4.1　四倍体物种的分解育种

在同源四倍体物种的育种中，利用双单倍体进行品种改良被称作分解育种。该方案包括：①把四倍体栽培种分解为双单倍体；②以双单倍体与具有优良性状的二倍体亲缘种杂交，获得双单倍体杂种并对其进行选择改良；③恢复四倍体水平，进入正常育种程序。

在这个方案中，将四倍体分解为双单倍体可以扩大种质资源的利用范围，提高育种的选择效率。例如，栽培马铃薯为同源四倍体作物，生产品种多为杂合体，可能包含的有害隐性基因往往会给品种留下

隐患。栽培种和其他倍性的种质很难进行成功的杂交，分解为双单倍体可以和二倍体亲缘种进行广泛杂交，既拓宽了种质资源利用范围，又有助于择优选纯，提高育种效率。

马铃薯的双单倍体可以通过雌雄配子体离体培养而产生，但技术比较复杂，诱导率也有待提高。目前国内外都已选育出了一些"超级授粉者"，以其诱导无融合生殖产生双单倍体，有效地用于马铃薯的品种改良中[9]。

双单倍体杂种的改良可以通过不同双单倍体杂种杂交，或者与不同四倍体栽培品种的双单倍体回交来实现。在存在严重不良连锁的情况下，还可以考虑采用轮回选择法等，以打破不良连锁，达到品种改良的目的。

将优良的双单倍体杂种恢复为四倍体，有两种途径：一是无性加倍法，二是有性杂交法。无性加倍法是将优良的双单倍体杂种加倍为四倍体，然后直接进入品种鉴定程序；或再和四倍体栽培种进行杂交育种。这种方法双单倍体杂种无须具有形成 2n 配子的能力，是分解育种的传统做法。

有性杂交法即通过有性杂交而获得四倍体，包括 4x×2x 和 2x×2x 两种做法。前者父本需具有形成 2n 花粉的特性，后者父本、母本均需形成 2n 配子。

同源四倍体物种的分解育种从 4x 到 2x 再恢复为 4x，经历了分解—选择—合成三个不同阶段，其选择主要在二倍体水平上进行，双单倍体杂种恢复为四倍体后，一般不再进行更多的选择，是否和栽培种再进行杂交，视需要而定。

在二倍体品种改良中，为扩大种质利用范围，也可以将四倍体亲缘种分解为双单倍体，再以其与二倍体栽培种杂交，对杂种进行花培，通过加倍单倍体获得优良的二倍体新种质。

4.2　二倍体的双向育种

在二倍体品种改良中，通过人工同源四倍体的分解，进行多倍化和去多倍化双向育种，有广阔的发展前景。这个方案包括：①将二倍体加倍为同源四倍体；②对四倍体进行理化诱变或杂交；③对诱变后代或杂种进行花培，在配子体再生植株中筛选优良的双单倍体；④将优良的双单倍体不加倍或加倍为四倍体；⑤以二倍体或四倍体进入正常育种鉴定程序，分别育成 2x 和 4x 品种。这一方案可以充分利用四倍体的广泛变异性，扩大选择概率。目前植物育种中有意识利用这一方案的还不多。

通过四倍体花培，除可获得各种配子基因型的双单体以外，还常能获得一些四倍体和原二倍体亲本所没有的无性系变异，这种变异有可能是四倍体、二倍体、非整倍体或某种特殊的基因突变体或重组体。除过择优育成品种外，更多的则可作为种质资源而为育种所利用。例如，单体、缺体和三体等非整倍体系列通过常规倍性操作选育需花费很长时间和精力，通过四倍体花培，常能较快完成。刘宗贤等通过四倍体花药培养已获得了水稻的部分初级三体系[10]；申书兴等通过四倍体游离小孢子培养，则已获得了大白菜的整套初级三体系[11]。

分解育种作为多倍化、去多倍化的结合部，在倍性操作中具有很大潜力，应给予足够重视。

5　同源多倍体的"双二倍体化"

多倍化、去多倍化在同源多倍体育种中还有一层含义，即同源四倍体的"二倍化"。在自然界中，通过 2n 配子杂交或体细胞加倍而产生的同源四倍体，之后常伴随着迅速的"二倍化"，否则将会被自然选择所淘汰。但在人工同源多倍体育种中，"二倍化"却相当困难和"漫长"。

促使同源四倍体"二倍化"和种子结实力的恢复，不同物种存在一定的差别。但有两条遗传学途径却是所有物种都可参考的：一是引入无融合生殖基因，避开有性生殖过程，使四倍体具有无融合结籽能力；二是同源四倍体的"异源化"——增大同源四倍体双亲染色体的异质性，形成"双二倍体"，使减数分裂和稔性恢复正常。

同源多倍体种子结实率下降，有性生殖能力变弱，无融合生殖基因较易表达，一些经过鉴定的水稻、高粱、甜菜、苹果、草莓等作物的无融合生殖种质大都是通过多倍体途径获得的。

同源四倍体的"异源化"，即利用种内不同亚种、变种或不同生态型、不同地理宗（Geographical race）的材料进行杂交，然后再加倍；或先加倍再杂交。因为染色体组相同，这种途径通常仍划归为同源四倍体。

利用亲缘关系较远的材料创建四倍体，能否实现"二倍化"，取决于能否阻止部分同源染色体配对形成多价体，而只允许同源染色体配对形成二价体，为此引入或诱变获得如小麦族的 Ph 基因很有必要。

上述有关策略在水稻育种中已列入研究计划。黎垣庆等利用 4x 籼稻无融合生殖系和 4x 美洲栽培稻（粳稻）杂交，杂交种结实率达 70.4%～85.9%[12]；蔡得田等以无融合生殖系与籼稻（或粳稻）杂交，获得了具有无融合生殖特性的亚种间杂种，然后加倍为四倍体，选得了结实率 62.1%～82.8%的株系 5 个[13]。之后，又以具有类 Ph 基因作用的多倍体减数分裂稳定性（Polyploid meiosis stability，PMeS）基因系，配制四倍体籼粳亚种间杂交种，获得了 2 个穗大、粒大、结实率完全正常（84.72%和 83.19%）的强优势的四倍体超级稻品系。事实充分证明，通过拉大亲缘关系，引入相关基因，阻断多价体形成，使四倍体"双二倍体化"，实现多倍体与杂种双重优势的结合，选育超高产品种是完全有可能的[14]。

参考文献

[1] 李树贤. 植物染色体与遗传育种 [M]. 北京：科学出版社，2008.

[2] 沈阳农学院主编. 蔬菜育种学 [M]. 北京：农业出版社，1980：127-135.

[3] 李树贤. 糖甜菜的倍数性育种 [M]. 北京：中国科学技术出版社，1999.

[4] 陈志勇，吴德瑜，宋文昌，等. 同源四倍体水稻育种研究的近期进展 [J]. 中国农业科学，1987，20（1）：20-24.

[5] 涂升斌，孔繁伦，徐琼芳，等. 同源四倍体杂种一代水稻育种的突破 [J]. 中国科学院院刊，2003（6）：426-428.

[6] 刘学岷，李贵夕，孙日飞，等. 2n 配子在大白菜育种上的应用 [J]. 华北农业学报，1998，13（2）：102-105.

[7] 崔志坚. 河南突破大白菜游离小孢子培养技术 [N]. 光明日报，2006-02-23.

[8] 张树根，沈火林，蒋钟仁，等. 辣椒花药培养单倍体育种技术研究进展 [J]. 辣椒杂志，2006，（3）：1-5，8.

[9] 屈冬玉，朱德蔚，王登社，等. 马铃薯 2n 配子发生的遗传学分析 [J]. 园艺学报，1995，22（1）：61-66.

[10] 刘宗贤，秦瑞珍. 四倍体水稻花药培养筛选初级三体的研究 [J]. 植物学报，1995，37（2）：125-133.

[11] 申书兴，侯喜林，张成合. 利用小孢子培养创建大白菜初级三体的研究 [J]. 园艺学报，2006，33（6）：1209-1214.

[12] 黎垣庆，许秋生. 四倍体亚种间杂种优势的研究 [A]. 863 计划两系杂交水稻 2000 年海南年会交流论文 [C]. 2000.

[13] 蔡得田，袁隆平，卢兴桂. 二十一世纪水稻育种新战略 II. 利用远缘杂交和多倍体双重优势进行超级稻育种 [J]. 作物学报，2001，27（1）：110-116.

[14] 宋兆建，杜超群，戴兵成，等. 两个强优势多倍体籼粳亚种杂交稻生长习性研究 [J]. 中国农业科学，2006，39（1）：1-9.

遗传操纵与果品植物无籽（少籽）品种选育[*]

李树贤

（新疆石河子蔬菜研究所）

摘　要： 无籽或少籽品种利用，是果品类植物育种的重要目标之一。无籽和少籽品种有不同倍性的多倍体，也有非整倍体、不同倍性的嵌合体以及二倍体。其育种途径包括：通过倍性操作选育四倍体、三倍体、非整倍体以及嵌合体品种；通过人工诱导选育二倍体染色体结构变异型无籽或少籽品种；利用无籽或少籽基因型杂交，选育二倍体无籽和少籽品种；雌雄性不育或自交不亲和单性结实品种选育；远缘杂交和体细胞杂种无籽和少籽种质的获得；生态型单性结实品种的选育等。

关键词： 无籽（少籽）；品种；遗传操纵

Genetic Manipulation and Fruit Plants Seedless(Less Seed) Breeding of Varieties

Li Shuxian

(Xinjiang Shihezi Vegetable Research Institute)

Abstract: Seedless or less seed varieties use, is one of the important goals of fruit plant breeding. Seedless and less seed varieties have different ploidy of the polyploidy, aneuploid, different times sexual chimeras and diploid. The breeding ways including: Through the ploidy operation breeding tetraploid, triploid, aneuploid and chimeric varieties; Through artificial induced breeding diploid chromosome structure anomaly seedless or less seed varieties; Use of seedless or less seed genotype hybridization, breeding diploid seedless and less seed varieties; Female male sterility or self-incompatibility parthenocarpy variety breeding; Distant hybridization and somatic cell hybrids seedless or less seed germplasm acquire; Ecotype parthenocarpy breeding of varieties, etc.

Key words: Seedless (less seed);Varieties;Genetic manipulation

果实无籽和少籽是果品植物育种的重要目标之一。无籽和少籽品种有三倍体、四倍体、非整倍体、不同倍性的嵌合体，同时也有二倍体。通过遗传操作选育无籽（少籽）品种，综合相关资料，大致有如下几个方面。

---

* 初稿写于 2012 年 2 月，本文集首次发表。

1 倍性操作与无籽和少籽品种利用

无籽品种在一些物种中多是三倍体类型。通过胚乳培养在苹果、柑橘、枸杞等果树和经济植物中已获得了三倍体，但总体上胚乳培养技术还不很成熟。通过体细胞组织培养和花药（花粉）培养，体-配原生质体融合，异源四倍体和二倍体杂交也可能产生三倍体，但还缺乏更多的报道。目前三倍体育种主要是通过同源四倍体与二倍体杂交，以及二倍体 2n 配子的利用来进行。

在四倍体与二倍体的杂交中，很多物种都存在合子胚发育不良，难以形成正常种子的问题，因此适时进行胚拯救往往是育种能否成功的重要环节之一。

通过 4x×2x，在苹果、梨、葡萄、柑橘等果树植物中都已选得了一些优良的三倍体品种，这些品种大都无籽。三倍体无籽西瓜都是通过 4x×2x 获得的，而且不用胚拯救培养。

通过二倍体杂交获得三倍体，在苹果、梨、柑橘等果树植物中有较多的报道，这些来自二倍体的三倍体，在自然状态下是未减数 2n 配子与正常 n 配子受精的结果。分子标记表明，三倍体苹果品种"乔纳金"和"陆奥"的亲本均为二倍体，提供 2n 配子的是共同使用的二倍体品种"金冠"。栽培柿绝大多数品种为六倍体，少数品种为 2n 等于 135 的九倍体，表现为种内三倍体和伪单性结实特性。利用筛选的甜柿 2n 花粉给六倍体品种授粉，借助胚拯救选育九倍体新种质，国内外都有报道。

在果品植物中，同源三倍体常表现无籽，但同源三倍体并非都无籽。不同物种，甚至同种不同杂交亲本都可能有不同的表现。例如，美国的珍贵苹果品中 1/4 是三倍体，但并非都无籽，其中三倍体"新金冠"几乎无籽。在茄子中，通过 4x×2x 可以获得三倍体，但存在部分可育种子。

非整倍体或混倍体无籽品种报道较少，但并不罕见。例如，无籽葡萄品种"高尾"即为 2n=4x-1=75 的非整倍体；无籽椪柑品种"桂林良丰"为 4x 与 2x 的混倍体（陈立松，1996）；在梨中，一些优良的 2-4-4 型、6-3-3 型、3-6-6 型嵌合体品种也已被发现，等等。

同源四倍体稔性大幅度降低，在生产中直接使用四倍体，葡萄中的"巨峰"系列品种最具代表性。近年日本果树栽培（包括葡萄）呈下降趋势，唯"巨峰"系列品种每年以 2%～3.5% 的速度增长。多倍体无籽（少籽）品种可以通过倍性操作而获得，也可以通过实生苗和芽变筛选而获得。"巨峰"系列品种约有 75 个，通过芽变选得 23 个，占 30.7%；实生选育 12 个，占 16.0%；不同倍性杂交选得 40 个，占 53.3%（李怀福，2003）。在猕猴桃中，通过实生苗已选得一少籽品系"湘州 83802"（武吉生等，1994），一无籽品系"美味无籽一号"（裴昌俊，2002）。在蔬菜作物中，已选得了品质优良、单果种子数约为二倍体 1/10 的同源四倍体茄子品种"新茄 1 号"（李树贤等，2002）。

2 染色体结构变异与无籽品种选育

染色体缺失、重复、倒位和易位都可能造成育性的降低，而导致果实无籽或少籽。选育染色体结构变异型无籽和少籽品种，主要通过诱导、复合、易位来进行。

在植物界，有少数物种其全部染色体构成 1 个大的染色体环。其中最具经典意义的是月见草属 Oenothera 的几个种群。月见草属月见草亚属的所有成员都具有 14 条染色体（2n=2x=14），它们全都是自交亲和的，能够自花授粉结实。在结构杂合性程度方面，可以分出 3 个类型，其中第三类型所有染色体都卷入了互换，在减数分裂时有规律地形成由 14 条染色体组成的大环，而且是永久结构杂合性（Permanent structural heterozygosity）。这种极端的结构杂合体通常是高度自花授粉的，稔性正常，具有典型的自交纯系的特点。以其两个都成环的宗（Race）互交，F_2 通常表现为不分离，而且总是在减数分裂时形成 14 条染色体组成的环，植株结籽也正常。以其和减数分裂中能形成 7 个二价体的类型杂交，其杂种表现不稔。这就从遗传角度证明了它们的结构杂合性。

全部染色体在减数分裂中形成一个完整的大环，在植物中是少见的，但并不是月见草亚属所独有的。在柳叶菜科、鸭跖草科、桔梗科、芍药科及金丝桃科中也有这种杂合体存在。

物种染色体组所有染色体形成环形结构也可以人为创造。例如，在一粒小麦（*T.monococcum*，2n=14）中已育成了全部14条染色体构成环的核型；紫露草（*Tradescantia paludosa*，2n=12）已育成了O_{12}系。

涉及物种染色体组所有染色体的易位复合体的获得，一是通过反复辐射诱变，增加易位次数；二是利用不同易位杂合体进行杂交，将不同对染色体的易位杂合体综合在一起，构成包括更多染色体的大环。反复进行，即有可能获得由染色体组分所有染色体构成的环形易位复合体。易位杂合体部分可育，育性高低取决于涉及染色体对数的多少及易位杂合体的定向类型。易位杂合体自交可获得易位纯合体，易位纯合体可育。在西瓜（2n=2x=22）中，利用以上原理选育二倍体少籽西瓜品种已取得了一定进展（下间实，1968；王鸣等，1988；朝井小太郎等，1993）。但获得包括22条染色体的易位复合体，育成二倍体易位系无籽西瓜品种还有一定距离。

3　无籽（少籽）基因的开发利用

植物的无籽和少籽性状既受制于染色体倍性及染色体结构变异的影响，同时也受特定基因的控制。例如，在葡萄中，鲜食品种无核、大粒、早熟为重要育种目标。在美国，鲜食葡萄80%左右的产量为无核品种。葡萄中存在控制无核性状的基因。但控制葡萄果实无核基因的研究却有不同的报道。较早的研究认为，其无核性状为隐性性状，但不是简单的隐性遗传。Bouguet等（1996）研究认为，其无核性状可能受1个显性调控基因与3个独立的隐性基因共同控制。以有核品种与无核品种杂交，在其后代中有可能分离出无核体；但也有报道，以有核品种与无核品种杂交未能获得无核后代，其认为，只有以具有无核倾向的材料作为母本与能够将无核性状传递给杂种后代的无核系杂交、自交，或杂交、回交；或以无核系×无核系，才能够获得无核杂种后代。目前，无核葡萄品种约120个，60%以上是通过有性杂交育成的。

在柑橘中，二倍体无籽和少籽品种主要是生殖器官败育和自交不亲和引起的。但也有不存在有性生殖障碍，由基因突变而产生的无核品种。例如，纪州蜜柑中的"无核纪州"即这种类型的材料。它是一个单胚品种，雌雄性正常，能正常自花或异花授粉，但受精后胚早期夭亡，被认为是合子致死基因（Zygotic lethal gene）所致。通过有性杂交，可以将这种合子致死基因引入杂种，选育出新的二倍体无核品种。

在茄子中，已鉴定出控制低温感受型单性结实的单显性核基因（*Pat*）（刘富中，等，2008）。在西瓜中也有二倍体少籽品种存在，其来源：一是基因突变，二是有性杂交。基因控制型二倍体少籽品种的选育有广阔的发展前景。

4　生殖障碍与无籽（少籽）品种选育

物种（品种）在存在生殖障碍——雌雄配子不育或自交不亲和的情况下，如子房具有不经授粉刺激而形成果实的单性结实能力，即可形成无籽果实，这在某些果树植物中比较常见。例如，柑橘中温州蜜柑的无核性状主要是花粉不育单性结实的结果；温州蜜柑和甜橙的杂交种"清见"是由于花药退化，单性结实形成的无核品种，其花药退化性状是可以遗传的；还有一些柑橘类是由于染色体不联会（如香橙）及染色体结构变异（如伏令夏橙是由于染色体相互易位；墨西哥柠檬是由于相当长的染色体倒位等）而造成花粉不育，单性结实形成无核果实；雌配子体败育也会导致单性结实，而产生无核果实。如柑橘中的少籽品种"早生温州蜜柑"的少籽特性是由于胚囊不育率高所致；"脐橙"的无核是由于胚囊不育引起的；葡萄无核品种"白科林斯""红科林斯""黑科林斯"等，也是由于胚珠或胚囊不正常所致。由于自交不亲和而导致果实无核的现象在一些植物中也不罕见。例如，柑橘中的"克里曼丁"就是一个有名的自交不亲和型无核果实品种。雌雄配子体发育都正常，也能完成正常双受精，由于合子胚早期夭折，而造成果实无核的现象，称作伪单性结实。这种类型的无核品种最有名的如葡萄品种无核白、无核紫等；一些洋梨和甜樱桃品种；六倍体柿子品种平核无、宫崎无核等也属于这种类型。

果树植物中由生殖障碍所造成的果实无核大部分是可以遗传的，有可能通过有性杂交而进行新的育种；也有的不能遗传或遗传性较弱，这时即可通过无性繁殖保存变异体并形成品种（系）。

能够单性结实形成无籽果实，在西红柿、茄子、黄瓜等果菜类作物中也不罕见。特别是黄瓜，普遍具有相当强的单性结实能力，其雌性系在隔离情况下可以不经授粉而单性结实，形成无籽黄瓜。这种无籽黄瓜其胚囊中无合子胚，但珠被在一段时间内能继续生长，最终形成无种胚而外形较大的白色秕籽。黄瓜的显性雌性型受两对显性基因控制，基因型为 MMFF；普通雌雄异花同珠型品种的显性基因型为MMff。已选育出长瓜条纯合两性花系，其显性基因型为mmFF。以两性花系与任何黄瓜品种配制杂交组合，其杂交种都表现全雌性，并且能够自主单性结实形成无籽黄瓜（李树贤等，2006）。

5 异源互作与无籽（少籽）品种选育

远缘杂交常存在杂种不育（或部分不育）等有性生殖障碍。这一特性对无性繁殖的果树植物及某些一年生果品作物有特殊价值，如能正常结果，则有望成为无核（或少核）品种。例如，在猕猴桃中，通过种间杂交，国内外都已选育出一些优良的少籽品种。柑橘类中的柑橘属、金柑属和枳属三者之间容易杂交亲和，通过种属间杂交改良柑橘品种是经常采用的育种手段。在果菜类蔬菜作物西红柿的品种改良中，曾进行过广泛的远缘杂交研究，其主要目标是将亲缘种的抗病虫性、抗逆性及优良的果实品质特性引入普通栽培种。种间杂种常存在不稔或稔性低的问题，这给育种造成了一定困难，但因此也可以选得果实无籽或少籽的品种。河北农业大学利用普通栽培西红柿和其野生亚种中的醋栗西红柿杂交，杂种 F_1 染色体加倍，经多代选择，获得了遗传性基本稳定的四倍体罐藏西红柿品系，坐果率较高，抗病性强，果实品质好，种子少（邹道谦等，1990）。在黄瓜中，陈劲枫等（2001）以普通栽培种与野生黄瓜 C.hystrix（2n=24）杂交，经胚拯救、染色体加倍，合成了双二倍体新物种（2n=38）。以其为亲本再和普通栽培种进行杂交育种，选得了耐弱光、果实基本无籽种质。

经原生质体融合而产生的体细胞杂种，由于细胞核基因组和细胞质基因组都能够交流重组，因而常可获得一些有性过程难以获得的优良性状。例如，在柑橘中，就有通过体细胞杂交选育无籽和少籽品种的报道。其技术方案主要包括：①通过原生质体融合直接获得异源四倍体，经选育成为品种。例如，美国佛罗里达大学已获得了两个来自"Succari 甜橙+Nova 橘柚"与"Succari 甜橙+Page 橘柚"的异源四倍体体细胞杂种，表现为果实无核、早熟、品质好，有可能直接成为新品种。②利用异源四倍体和二倍体栽培种配制三倍体组合，不仅可以扩大利用种质资源范围，获得三亲三倍体杂种，而且还可以使育种效率大为提高。③通过"配-体杂交"、单倍体与二倍体体细胞杂交或两个二倍体体细胞杂交，选育异源三倍体无籽品种。三种情况国内外都有报道，国内邓秀新等（1995）利用"平户文旦"（柚）的小孢子四分体原生质体与二倍体"伏令夏甜橙"胚性悬浮细胞系原生质体进行"配-体杂交"，获得了胚状体，13.1%为三倍体。④通过体细胞杂交有可能获得二倍体叶肉亲本类型的无核胞质杂种。在澳洲指橘的线粒体中存在与无核性状相关的基因。以澳洲指橘与叶肉亲本酸橙、粗柠檬进行非对称融合，其染色体组来自叶肉亲本（酸橙和粗柠檬）为二倍体（2n=2x=18），线粒体 DNA 发生了重组，为细胞质杂种，有可能选得无核株系。另外，刘继红等（1999；2002）还进行了澳洲指橘+椪柑的体细胞杂交，获得了四倍体体细胞杂种。

在西红柿、茄子等果菜类蔬菜作物中，体细胞杂交有较多报道。国外通过栽培种茄子与亲缘关系较近的种 S.aethiopicum 的原生质体的电融合，获得了 2 个四倍体体细胞杂种系，果实产量高达每株 9kg，是其亲本的 3～4 倍。国内连勇等（2004）以 2 个不同亲缘种与栽培种茄子进行体细胞杂交，获得的杂种近一半为异源四倍体。

6 生态型单性结实品种的选育

生态型单性结实，通常是在一定的温度及光照条件下，雄性或雌性不育（或育性很低），结无籽（或少籽）果实；在一定的温度和光照条件下，育性恢复，结有籽果实。在瓜类作物的黄瓜中，茄果类蔬菜作物的西红柿、茄子中，果树植物的苹果中，以及其他一些果品类植物中都有报道。

在黄瓜中，存在不同生态类型的单性结实现象。相对而言，华南型品种较华北型品种单性结实能力较强，欧洲温室栽培品种大多都能单性结实。黄瓜结实对日照长度、光照强度及温度的反应，不同类型品种各有不同。对日照长度的反应，有短日照感受型——在短日照下促进雌花分化，如某些华南型品种；对日照长度不敏感型（即中性型）——其性分化几乎不受日照长度的影响，如某些华北类型的品种；长日照感受型——在12~14h以上长日照促进雌性分化，如日本品种"彼岸节成"，以14h日照为临界，14h以上不受温度影响全都分化为雌性，并单性结实成为无籽果实。对温度的反应，有低温感受型——在低温下分化雌性，高温下丧失这种功能；对温度不敏感型——其雌性型受基因控制，不受温度影响。黄瓜的单性结实性不仅不同生态型和地理宗常有所不同。在同一类型中，例如，在我国广泛栽培的华北型品种中，由于遗传漂移、基因组的相互渗入及人工育种的促进，不同品种的性型及结实特性也有不同的表现。黄瓜的这些丰富的种质资源为黄瓜性型及单性结实育种打下了良好的基础。在所有作物中，黄瓜可能是最适宜在二倍体水平上进行单性结实无籽品种育种的物种之一。

生态型单性结实无籽（少籽）黄瓜品种的选育，根据不同的栽培环境与要求，可以是不同的生态转换类型。例如，夏秋季露地栽培，应选育日照长度不敏感型，目前此类品种还很少。冬春季温室栽培，则应选短日照弱光低温感受型——在短日照弱光、低温下为雌性型或雄性不育型并单性结实，在长日照强光特别是高温下恢复为正常结实。

在西红柿中，也存在单性结实产生无籽果实的现象。其单性结实又分为专性单性结实与兼性单性结实（即生态型单性结实）两种类型。前者不受环境条件变化的影响，多为不同的倍数体及染色体结构变异类型；后者多为二倍体水平上的变异类型，在发生高、低温胁迫时能单性结实，在正常温度条件下育性恢复正常，结有籽果实。西红柿的生态型单性结实的胁迫因子主要是异常温度，短日照和高湿度也有利于单性结实。西红柿的单性结实多受隐性核基因控制，并常与雄性或雌性不育连锁。其单性结实性主要通过远缘杂交而获得，目前国外已育成了以Severianin（苏联）为代表的几个来自远缘杂交的原创生态型单性结实品种，以其为基因（*pat-2*）源杂交转育了数十个优良的生态型单性结实品种。Severianin为高温感受型品种，在高温下单性结实，温度越高，结果越多，在夜温16℃时产生有籽果实。低温感受型，德国、加拿大、美国、苏联等国家都有品种育成。另外还育成了一些强单性结实（不完全单性结实）品种。国内薛林宝等（1994）报告已选得了低温感受型单性结实西红柿材料。

西红柿在异常温度，特别是低温条件下常造成落花、落果而影响产量，单性结实品种对解决这一问题有现实意义。专性单性结实系用于生产，需解决繁殖种子的问题。兼性（生态型）单性结实系可以在特定生态环境下繁殖种子，既可以选育成常规纯系品种，又可以作为两用系用于杂交种配制。

茄子果实种子较多，影响食用品质；另外，在低温等逆境胁迫下，还常发生落花、落果或果实畸形僵化现象。选育生态型-低温感受型单性结实无籽或少籽品种具有现实意义。目前，国内已选出低温感受型不完全单性结实（果实少籽）和低温感受型单性结实果实无籽种质（成玉富，等，2008；田时炳，等，1999）。中国蔬菜花卉研究所已育成遗传性稳定的低温感受型单性结实系D-10等，该种质在低温（日最低温度7~15℃）下坐果率可达88.9%~100%，果实无籽、无畸形，早熟性好；随着温度的升高，植株上部开的花雄性育性恢复，结正常有籽果实。这种低温感受型单性结实系（D-10）的单性结实性受单显性核基因（*Pat*）控制，不仅可作为纯系品种使用，而且还可以作为温敏型雄性不育系与非单性结实系配制杂交种，其杂种表现为单性结实（肖蕴华，吴绍岩，1998；刘富中，等，2005；刘富中，等，2008）。

秋冬萝卜生长发育的温度效应[*]

李树贤

（新疆石河子蔬菜研究所）

摘　要：秋冬萝卜出苗期、"拉十字"期、"破肚"期，生育天数和间期日平均温度表现很强的负相关性。出苗期有效低温（B）为7.74℃，有效积温（A）为61.25℃；"拉十字"期B=9.33℃，A=95.6℃；"破肚"期 B=11.05℃，A=79.18℃。秋冬萝卜存在低温感应阶段，但并无严格的低温界线。低温感应发生在"破肚"到花原基开始分化这一阶段，期间生育天数随着日平均温度的降低而缩短，其有效高温（B_1）为27.74℃，有效积温（A_1）为217.72℃。秋冬萝卜并不是严格的二年生低温长日照作物，当年抽薹的主要原因是生长后期的较高温度，控制当年抽薹的关键措施是选择适宜播期。

关键词：秋冬萝卜；生长发育；温度；效应

Autumn Winter Radish Temperature Domino offect of Growth Development

Li Shuxian

（Xinjiang Shihezi Vegetable Research Institute）

Abstract: Autumn and winter radish period of emergence, "pull ten" period, "broken belly" period, the growth of the number of days and the average daily temperature is a strong negative correlation. Period of emergence effective low temperature (B) is 7.74℃, the effective accumulated temperature (A) is 61.25℃; "pull ten" period B = 9.33℃, A = 95.6 ℃; "broken belly" period B = 11.05℃,A = 79.18℃. Autumn winter radish exist low temperature reaction stage, but there is no strict low temperature limit. Low temperature reaction occurred at the "broken belly" period arrive Flower primordium differentiation this one stage,The number of days of Growth and development number of days decreased with the decrease of average daily temperature, The effective high temperature (B) is 27.74 ℃, and the effective accumulated temperature (A) is 217.72℃. Autumn winter radish not is strictly biennial low temperature long day crops, That very year bolting main reason is higher temperature of at later growth stage,the key measures to control bolting is to choose a suitable sowing period.

Key words: Autumn winter radish;Growth and development;Temperature;Domino offect

关于萝卜生长发育温度效应已有很多研究，例如，种子发芽温度被认为在2~3℃下开始，20~25℃

---

* 中国园艺学会第二次代表大会暨学术讨论会论文摘要集［C］，浙江杭州，1981：179。

下最合适；植株营养生长的最低温度为4℃，最高为25℃；茎叶生长的最适温度为15～20℃，肉质根的生长适温为13～18℃[1]。还有人认为萝卜种子发芽的最低温在10℃以下，最适温为15～30℃，最高温为35℃[2]。萝卜的生长发育特性被认为是低温长日照类型，于1～15℃下完成春化阶段，在15～17小时光照条件下完成光照阶段[1]。春化时间，在2～4℃下较适宜的为20～40天；在7～9℃下为30～40天[3]。属于种子或萌发当初的幼苗感应低温的“种子春化型”[7]。苗龄不同，春化效果不同，抽薹率也不同。没有吸水的种子进行春化处理（3～5℃下在冷库中进行），抽薹率最低，而幼苗只有2片子叶时（大约苗龄为2天）春化的，则抽薹率最高，也最迅速。但苗龄更大时（如10天，15天）通过春化，抽薹率反而比2天的要低些，抽薹也要慢些[7]。李盛萱等（1964）指出，萝卜通过春化以后，在长光照下可以加速抽薹，但有些要求光照不严格的品种，虽然没有通过春化处理，亦可在全日照下抽薹开花[4]。杨惠安（1962）认为光照不是影响发育的决定因素，而只是形成营养物质的必需条件。只有温度才是影响发育的主要因素，但温度条件并不是严格的低温，在较高的温度下也可以通过发育而抽薹开花。另外，其发育过程也不是先通过春化阶段，后通过光照阶段[5]。总之，关于萝卜的生长发育特性，虽然在大部分论著中已有定论，但也不是没有值得探讨的地方。

1964—1966年，笔者等曾进行了有关秋冬萝卜的几个实验，当时曾以油印稿进行交流，现虽然过去较长时间，但关于秋冬萝卜生长发育特性的认识，似仍各执一词。重提取部分资料，讨论秋冬萝卜生长发育的温度效应特性，不妥之处，望能批评指正。

1 材料及方法

本文资料只限于1964年的供试品种“露八分”萝卜。

试验分六个播期：6月25日、7月5日、7月15日、7月25日、8月5日、8月15日，重复三次，掭前灌水，合墒播种，注意播种深度的相对一致。

物候观察：定点、定量、定时（10～11时）统计，均以50%的植株达到形态标准为到达日期。出苗期统计到观察地段苗数不再增加为止；出苗后固定200株，观察统计“拉十字”期；三叶期以后每天随机取样100株（在试验区内间拔），观察统计“破肚”期；生长锥的解剖观察，3～5天随机取样一次（20～30株，个别次数为10株），徒手切片，显微镜下观察统计，显微描绘仪绘图。

温度资料来源于附近的石河子气象站，各物候期的温度统计，除出苗期以外，均从前一物候到达日期的第二天起算；出苗期考虑到地温的变化较气温慢，播种当天的温度影响很大，所以在统计出苗期日平均温度时，把播种当日的温度加了进去。出苗天数仍按常规统计。

关于物候日期的具体统计，以6月25日播种的出苗期为例：28/6出苗792株，29/6出苗1248株，30/6出苗2306株，后观察地段苗数不再增加，2306株的50%为1153株，1248-792=456（株），28/6到29/6共出苗456株，每小时平均出苗19株，1153-792=361（株），361÷19=19（小时），19÷24≈0.8（天），25/6到28/6为3天，再加29/6的0.8天，出苗期共计3.8天。温度统计也只取29/6的80%。

2 观察结果

2.1 秋冬萝卜苗期生长发育的温度效应

苗期包括出苗、“拉十字”“破肚”三个物候期。出苗期是胚根和胚芽的萌发和生长；出苗后到“破肚”前，主要是分化同化器官叶片；幼根“破肚”后肉质根开始膨大，同化器官和贮藏器官同时生长，生长量加大。热量资源对生长发育起明显促进作用。各物候阶段的具体资料见表1。

表 1　秋冬萝卜苗期候发育与温度

（"露八分"，1964）

播期	出苗期				"拉十字"期				"破肚"期			
	日期	天数（天）	气温积温（℃）	日均温（℃）	日期	天数（天）	气温积温（℃）	日均温（℃）	日期	天数（天）	气温积温（℃）	日均温（℃）
25/6	28～29/6	3.8	90.56	23.8	5～6/7	6.7	157.04	23.44	11/7	6.0	147.15	24.53
5/7	8～9/7	3.9	91.8	23.67	15/7	6.1	152.49	25.0	22/7	7.0	159.5	22.79
15/7	19/7	4.0	92.11	23.0	25/7	6.0	152.0	25.33	30/7	5.0	129.5	25.90
25/7	28/7	3.0	84.5	27.3	4/8	7.0	157.78	22.54	9～10/8	5.5	140.3	25.51
5/8	8～9/8	3.5	88.3	25.4	14～15/8	6.0	153.4	25.57	21/8	6.5	154.7	23.8
15/8	18～19/8	3.9	91.336	23.64	27/8	8.1	172.95	21.35	4～5/9	8.5	169.25	19.91

所有苗期的三个物候期，生育天数都是随着期间日平均温度的升高而减少的，呈很强的直线负回归：出苗期：$\hat{y}=9.41-0.234x$；"拉十字"期：$\hat{y}=17.82-0.467x$；"破肚"期：$\hat{y}=19.81-0.564x$。

期间日平均气温与生育天数的相关系数，出苗期 $r=-0.9962$，"拉十字"期 $r=-0.9710$，"破肚"期 $r=-0.9955$。

关于苗期物候发育的具体温度参数，依方程式（1）进行统计[6]：

$$\sum t = A + Bn \tag{1}$$

在公式（1）中，B 为有效低温；A 为有效积温；$\sum t$ 为生育期间的气象积温（日平均温度总和）；n 为生育天数。根据实验观测数据 $\sum t$ 和 n，利用平均值法或最小二乘法，可以求得 B 和 A 两个常数。具体结果见表 2。

表 2　秋冬萝卜苗期生长发育的温度参数

（"露八分"，1964）

项目	出苗期	"拉十字"期	"破肚"期
有效低温 B（℃）	7.74	9.33	11.05
有效积温 A（℃）	61.25	95.6	79.18

已知 B、A 常数，通过公式（1）变换 $[n=(\sum t - A)/B]$，可求得各物候期的理论生育天数，和实际观察值相比较，差异极不显著。

2.2　秋冬萝卜的低温感应分析

秋冬萝卜"破肚"以前一直处于相对较高温度环境下，相对高温有利于生长发育。其低温感应发生在"破肚"到花原基出现这一比较慢长的过程中。原始资料见表 3。

表 3　"破肚"到花原基分化资料

（"露八分"，1964）

播期	花原基出现			
	日/月	天数（天）	日均温（℃）	气温积温（℃）
25/6	31/8	50.5	23.54	1188.75
5/7	5/9	45.0	23.2	1044.4
15/7	9/9	41.0	22.02	903.0
25/2	19/9	33.5	21.0	703.3
5/8	16/9	26.0	19.12	497.1
15/8	23/9	18.5	16.61	307.35

生育天数随着期间日平均温度的降低而减少，表现出很强的正相关和良好的直线回归，$\hat{y}=a+b$，$\bar{x}=4.48x-57.95$，$r=0.9834$。花芽分化与日平均气温的回归关系见表4。

表4 花芽分化与日平均气温回归关系检验

变异来源	df	SS	s^2	F
回归 离回归	1 4	704.38 24.00	704.38 6.00	117.42
总变异	5	728.38		

当 $df=n-2=4$ 时，$t_{0.01}=4.604$，$t=10.836>t_{0.01}$；$F=117.42>F_{0.01}=21.20$。

从"破肚"到花原基开始分化的天数与期间日平均气温的直线回归关系真实而极显著。日平均温度降低 1 ℃，花原基提前 4.48 天出现。在正常季节栽培秋冬萝卜，其低温感应发生在"破肚"到花原基出现这一阶段，花原基出现即标志着低温感应阶段的结束。

关于秋冬萝卜低温感应阶段的温度参数，以公式（2）表达：

$$n=A_1/B_1-t \tag{2}$$

式中，n 为发育天数；B_1 为有效高温；A_1 为低于 B_1 的有效积温；t 为期间日平均温度。将公式（2）略加推导变换，即可得到公式（3）：

$$\sum t=B_1n-A_1 \tag{3}$$

式中，$\sum t$ 为发育期间的气象积温。利用最小二乘法或平均值法，通过实验观测数据 n 和 $\sum t$，可以求出 B_1 和 A_1 两个常数。秋冬萝卜"露八分"品种 $B_1=27.74℃$，$A_1=217.72℃$。

关于 B_1 和 A_1 两个参数的可靠性，可以通过两个方面来评价：一是估算相对误差为 $\pm0.2\%$，误差极小；二是可以通过公式（2）计算理论天数，和实际值比较，结果见表5。

表5 "低温感应"理论天数和实际值的比较

播期	25/6	5/7	15/7	35/7	5/8	15/8
理论天数（天）	51.84	47.96	38.06	32.3	25.26	19.56
观测天数（天）	50.5	45.0	41.0	33.5	26.0	18.5

理论天数和实际观测天数之差的平均数 $\bar{d}=0.08$ 天，$S\bar{d}=0.8617$，$t=0.0928$。当自由度等于 5，$P=0.90$ 时，$t=0.132$；$0.0928<0.132$，理论天数和实际观测天数的差异在 90% 以上是概率造成的，极不显著。

有效高温 $B_1=27.74℃$，说明秋冬萝卜虽有低温感应阶段，但不存在严格的低温界限。

2.3 秋冬萝卜的花芽分化与抽薹

萝卜的生长锥分化过程大致可以分为 0～4 五级：0 级，分化同化器官叶片，叶原基出现；1 级，花原基出现；2 级，侧芽花原基分化；3 级，花柱伸长，花冠组织分化；4 级，雌雄芯形成（如图1）。

关于秋冬萝卜花芽开始分化以后的温度效应，因为实验季节的限制，未能全部观察到所有播期花芽分化结束的日期，但根据采收时各播期花芽分化指数的不同，却同样可以看出温度对花芽分化的作用，

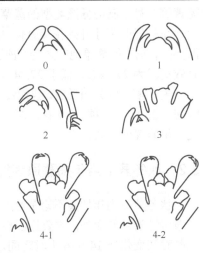

图1 萝卜花芽分化过程

见表6。

表6 不同播期采收时的花芽分化指数与温度条件

播期	花原基出现	采收期	天数	期间气相积温（℃）	日平均温度（℃）	检查株数（株）	各级分化株数（株）			分化指数
							2	3	4	
25/6	31/8	25/9	25	426.8	17.07	20	2	3	15	3.65
5/7	5/9	5/10	30	436.4	14.55	20	5	6	9	3.20
15/7	9/9	15/10	36	455.3	12.65	20	10	4	6	2.80
25/7	12/9	25/10	43	455.8	10.60	20	12	5	3	2.55
5/8	16/9	25/10	39	379.9	9.74	20	15	4	1	2.30
15/8	23/9	25/10	32	279.7	8.74	20	18	2	0	2.10

分化指数根据公式 $I=\sum fc/n$ 计算（c 为分化级别，f 为出现株数，n 为检查株数）。以期间日平均温度为 x，分化指数为 y 进行回归分析，结果如式（4）：

$$\hat{y}=0.525+0.183x \tag{4}$$

相关系数 $r=0.9971$，回归系数 $b=0.183$。花芽分化指数随着期间日平均温度增高而增大，进一步证实了花原基出现，秋冬萝卜的低温感应结束，较高的温度有利于花芽分化的进行。

当花芽分化完成后，只要有比较高的温度，就会抽薹。其中，25/6、5/7 两个播期的植株采收时已有部分抽薹，没有抽薹的拨开叶丛也都可以用肉眼看到花蕾。25/6、5/7、15/7 三个播期采收时留下了部分植株，到了 25/10 和后三个播期一块采收时，播期 25/6 的植株基本上都抽了薹，开了花；播期 5/7 的植株，13.8%抽了苔；播期 15/7 也有 3.93%的抽薹率。后面的三个播期基本上没有抽薹植株。

3 讨论

3.1 秋冬萝卜的生长发育特性

萝卜的生长发育特性被认为是低温长日照类型，于 1～15℃下完成春化阶段，在 15～17 小时光照条件下完成光照阶段[1]。日本的岩崎（1970）报道，萝卜经过低温春化（5～10℃）以后，可以加速茎顶端的形态变化。顶端原套的层数在春化终了时，由三层变为两层[8]；我国的李曙轩（1979）认为，萝卜、芜菁等为种子感应低温类型的蔬菜，胡萝卜为绿色植株感应低温类型的蔬菜，但它们都要在通过春化以后，在长日照下才开始花芽分化[7]。本实验结果显示，秋冬萝卜存在低温感应阶段，但不存在严格的低温界限，也不能简单地归之为"种子春化型"。秋冬萝卜的低温感应期为"破肚"到花原基出现这一阶段，有效高温为27.74℃，低于27.74℃的有效积温为217.72 ℃。"种子春化型"需进一步观察研究。

关于萝卜的光照反应，我们没有进行严密的实验，新疆石河子九月中旬以后没有 15 小时以上的光照时间，但 15/7 播种，9/9 花原基出现，十月下旬有部分植株抽薹。秋冬萝卜"长日照"之说，同样存在进一步研究的必要。

3.2 秋冬萝卜当年抽薹原因探讨

秋冬萝卜当年抽薹不论是对产量或以后的储藏都有很大的影响。关于当年抽薹的原因，除了品种本身遗传性的差异而外，主要原因被认为是高纬度、低温、长日照[4]。石河子地处北纬44°19′，7—9 月的光照时间变化在 14～16 小时之间，同一纬度，基本相同的光照条件，分期播种，所有播期都在生育中期开始了花芽分化，但抽薹情况却不尽相同，15/7 以前播种都能够抽薹，（抽薹率有别）；25/7 以后播种不再抽薹。抽薹的关键是花芽分化开始后持续的较高温度。控制当年抽薹的关键措施是选择适宜播期，适当晚播。

秋冬萝卜通常被认为属二年生作物，头年秋季获得贮藏器管——肥大的肉质根，冬季储存，第二年春季重新栽植，获得种子。由此，有学者认为：各种大型的冬萝卜，秋季播种后要经过150～200天（越冬）才抽薹[7]。其实这完全是人为经济活动的结果，头年秋"低温感应"就已经结束，花芽分化已经完成或即将完成；第二年春季母根栽植后主要表现对"高温"的反应，栽植后开始生长，很快就会抽薹开花。如果把秋冬萝卜春播，小株采种，则它就变为典型的一年生作物了。

3.3 关于统计分析法的讨论

根据分期播种的观测数据和气象资料，进行统计分析，求得作物生长发育的有关温度参数，具有方法简便、不需要复杂设备，利用气象站气象资料减轻了研究工作量，在大田条件下进行，更接近于生产实际，便于推广运用等优点；不足之处是没有排除湿度、光照和其他因素的影响；百叶箱内的温度和田间小气候有一定差异；特别是出苗期没有用地温资料，没有排除播种深度的影响，经验公式（1）没有考虑到"无效高温"的抑制作用，公式（2）（3）没有考虑到"无效低温"的抑制作用等。但在一般年份，这种"无效极限温度"的抑制作用实际上并不存在，或很少存在。相对而言，此统计分析方法仍不失为一种简便易行、值得推广的方法。对此，还需更进一步、更严谨的实验证实。

参考文献

[1] 山东农学院主编. 蔬菜栽培学：中卷 [M]. 北京：农业出版社，1961.

[2] 户苅义次，等. 作物生理讲座，发育生理 [M]. 余友浩，译. 上海：上海科学技术出版，1964.

[3] 李鸿勋，萝卜春化阶段试验 [J]. 园艺学报，1965，4（1）：53-55.

[4] 李盛萱，张怡和. 寒地萝卜抽苔与新品种选育问题的研究 [J]. 中国农业科学，1964（4）：53-55.

[5] 杨惠安. 有关耐寒蔬菜的发育问题 [J]. 中国园艺学会论文，1962.

[6] т. д，李森科. 植物阶段发育：上册 [M]. 涂治，译. 北京：财经出版社，1955.

[7] 李曙轩. 蔬菜栽培生理 [M]. 上海：上海科学技术出版社，1979.

[8] 岩崎文雄. 萝卜类的春化处理伴随的生长点部位的形态的、组织化学的变化 [J]. 园学杂志，1970，39（1）：63-66.

胚胎学观察
Embryology observation

瓜类作物小孢子发生和发育的初步观察[*]

李树贤

（新疆石河子地区 145 团良种站）

摘 要: 瓜类作物（西瓜、甜瓜、黄瓜）花粉母细胞减数分裂过程与一般被子植物没有重大区别。小孢子发生，细胞质分裂为同时型。四分孢子的排列方式以"二轴对称式"和"四面体式"为主。雄配子体发育也与大多数被子植物基本相同。黄瓜成熟花粉似为二细胞型，西瓜成熟花粉似属三细胞型，具体情况，还有待进一步观察。

关键词: 瓜类作物；小孢子；发生；发育；观察

Preliminary Observation on Microsporogenesis and Development of Cucurbit Crops

Li Shuxian

（Xinjiang Shihezi District 145 regiment thoroughbred station）

Abstract: The melon crops (watermelon, muskmelon and cucumber) pollen mother cell meiosis and no significant difference between general angiosperms. Microsporogenesis cytokinesis is "simultaneous type".Tetraspore configuration according to "two axisymmetric type" and "tetrahedron type" is given priority to. Male gametophyte development and also most angiosperm are basically the same.The mature pollen of cucumber seemingly two cell type, watermelon mature pollen is three cell type,specific circumstance, it remains to be further observed.

Key words: Cucurbit crops; Microspore; Happen; Development; Observed

　　植物小孢子发生是指花粉母细胞开始减数分裂到小孢子（小孢子四分体）产生这一过程。雄配子体发育由小孢子产生（从小孢子四分体中游离出）开始，到营养细胞和生殖细胞产生结束。关于小孢子发生和雄配子体发育的研究，不仅在植物胚胎学中占有重要地位，而且是植物分类学、细胞遗传学和植物育种学的重要课题。在瓜类作物中，国内近年来广泛开展了同源多倍体育种研究和辐射育种研究，同时还开始了雄性不育系和易位系利用的研究，以及远缘杂交和异源多倍体的利用等。所有这些课题的深入进行，都将会涉及对小孢子发生和雄配子体发育等细胞学和胚胎学方面变异的探讨。为此，首先搞清楚普通二倍体类型的一般模式就十分必要。

---

* 全国蔬菜育种新途径学术讨论会论文，湖南湘潭，1979。发表于《新疆农业科技》，1981 年 05 期。

1 材料和方法

研究工作开始于 1974 年，供观察的瓜类作物是西瓜、甜瓜和黄瓜。观察品种，西瓜以"小籽二号""无权西瓜"为主；甜瓜以厚皮品种"黄旦子""炮台红"和薄皮甜瓜"青皮梨瓜"为试材；黄瓜以"宁阳刺瓜"和"长春密刺"为主。

研究方法：细胞染色体观察，卡诺氏液固定，铁矾-苏木精染色，涂抹压片。成熟花粉观察，以醋酸洋红染色为主。制片分临时、永久两种。普通光学显微镜观察摄影，倍数以×330 为主。

2 观察结果

2.1 小孢子发生

瓜类作物小孢子母细胞的减数分裂过程和大多数被子植物基本相同。减数分裂开始前花粉母细胞为不规则形，细胞壁为初生纤维素壁；进入减数分裂以后，其初生纤维素壁溶解，代之以和纤维素成分相近而性质不同的多糖组成的透明的胼胝质壁（图版Ⅰ，1）。胼胝质壁在减数分裂结束，小孢子从四分孢子体中游离出来后消失，是一种非常准时和有规律的行径。在本项研究中，对小孢子母细胞减数分裂的观察，由于所用显微镜倍数过低（只有一个×3.3 的目镜镜头，最高倍数只能达到×330），而未能获得前期Ⅰ细线期的清晰照片。但偶线期之后，都能清晰观察到（图版Ⅰ，2~7）。前期Ⅰ终变期和中期Ⅰ是观察染色体（计数和进行价体分析）的最佳时期，二倍体黄瓜、西瓜和甜瓜在这两个时期，分别为 $2n=2x=7$ Ⅱ、$2n=2x=11$ Ⅱ、$2n=2x=12$ Ⅱ（图版Ⅰ，5~10）。中期Ⅰ在自然状态下，染色体集中在赤道板上，但也会出现个别少数染色体游离于赤道板之外的现象（图版Ⅰ，11、12），这种不规则现象会一直延续到分生孢子产生（图版Ⅱ，20），这也是造成少数花粉败育的重要原因。

后期Ⅰ，同源染色体分开，分别移向两极（图版Ⅰ，13），在两极所看到的染色体数目为体细胞的一半，例如，西瓜为 $n=11$（图版Ⅰ，14）。

花粉母细胞减数分裂末期Ⅰ之后有一个短暂的间期（图版Ⅰ，15），之后会很快进入减数分裂Ⅱ，前期Ⅱ及中期Ⅱ染色体还未聚集于两极赤道板之前（图版Ⅱ，17），在两极可清晰观察到 n 个染色体，前期Ⅱ的一个最直观的不同是有核仁的存在（图版Ⅰ，16）。

瓜类作物的小孢子发生属于典型的同时型。减数分裂Ⅰ结束后细胞质不分裂，所产生的二分体没有形成新的细胞壁，只是两个细胞核（图版Ⅰ，15），经过短暂的间期，分布在两极的两个细胞核重新启动分裂后，染色体在两极分别纵向排列（中期Ⅱ，图版Ⅱ，18）；后期Ⅱ，染色体对称分配，产生四个染色体组分（图版Ⅱ，19）；末期Ⅱ，四个染色体组分凝聚成四个细胞核（图版Ⅱ，21）；紧接着细胞质沿着花粉母细胞两个相互垂直的轴开始凹陷，出现四个缢缩沟，并由此作向心伸入，后相会于中央（图版Ⅱ，22），将四分孢子体割裂成四个分生孢子，共处同一胼胝质壁内。"二轴对称式"和"四面体式"是瓜类作物四分孢子排列的典型方式（图版Ⅱ，23、24）。

2.2 雄配子体的发育

四分孢子形成后，随着小孢子的发育和花粉壁的建造，形成了新的纤维素壁——初生外壁，奠定了未来的外壁雕纹结构与萌发孔格局，此后胼胝质壁溶解，小孢子游离出来。

刚由"四分孢子体"中解离出来的小孢子具有很浓的细胞质，细胞核位于中央（图版Ⅱ，26）；后伴随着花粉粒体积的迅速增大和液泡化过程的发生，细胞核逐渐从中央移向一侧，贴在花粉壁的内侧，此即单核靠边期（图版Ⅱ，27）；随着细胞核的分裂、营养核和生殖核形成，营养核和生殖核起初包含在同一个细胞中，后分生形成营养细胞和生殖细胞，营养细胞一般都较生殖细胞大（图版Ⅱ，28、29）。

　　二倍体瓜类作物花粉粒的萌发孔一般多为三个，也有的是双孔，极少数呈单孔状态（图版Ⅱ，30、31）。

3　讨论

　　减数分裂过程和小孢子发生是一种非常准时和有规律的行径。但由于种种原因，也难免发生某些异常。这在中期Ⅰ之后的几乎所有时期都可以看到。例如，中期Ⅰ个别染色体游离于赤道板之外（图版Ⅰ，12）；后期Ⅰ和后期Ⅱ的落后染色体及染色体的不均等分配（图版Ⅱ，20）；分生孢子异常，多分孢子与二分孢子的产生（图版Ⅱ，25）；此外，还有小孢子发育过程所产生的种种不同变异，从而导致部分花粉不能正常发芽，丧失雄性功能（图版Ⅱ，31）等。

　　本项研究涉及黄瓜、甜瓜、西瓜三种作物，多个不同的品种。初步观察，同一作物品种间无差异。但黄瓜、甜瓜同属葫芦科黄瓜属（Cucurbitaceae *Cucumis* ），西瓜为葫芦科西瓜属（Cucurbitaceae *Citrullus* ），不同属的物种，小孢子的发生和发育，除共性外，其个性则还有待进一步观察研究。例如，在本项研究中，观察到黄瓜似为二细胞型，西瓜似为三细胞型，具体情况，还有待进一步观察确定。

　　被子植物成熟花粉的花粉管大都是授粉后在雌蕊柱头上萌发；本研究观察到，花粉成熟后在正常温度下，如遇潮湿条件（雨后或温室灌溉后），开花后4～5小时即可在雄花花药上萌发出花粉管（图版Ⅱ，32）。已萌发出花粉管的花粉授粉将难以完成正常双受精。了解雄配子体发育的这一特性，对于选择适宜的授粉时期，注意花粉保存条件，提高自交和杂交结实率有一定的意义。

李树贤：瓜类作物小孢子发生和发育的初步观察　图版 I

Li Shuxian: Preliminary observatin microsporogenes is and development of cucurbit crops　Plate　I

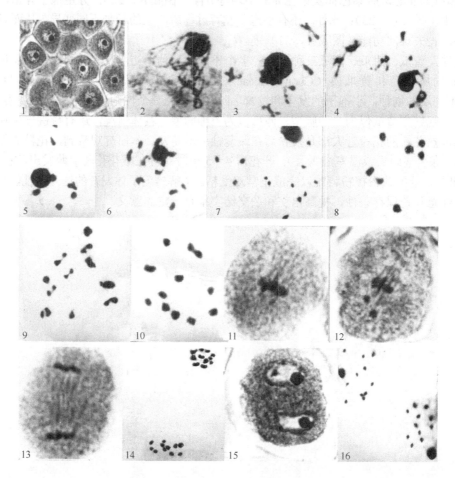

　　1. 减数分裂花母细胞周围的胼胝质壁；2. 前期 I，偶线期（黄瓜）；3. 前期 I，双线期（黄瓜）；
4. 前期 I，双线期（西瓜）；5. 前期 I，终变期（黄瓜 2n=7 II）；6. 前期 I，终变期（西瓜 2n=11 II）；
7. 前期 I，终变期（甜瓜 2n=12 II）；8. 中期 I 极视（黄瓜 2n=7 II）；9. 中期 I 极视（西瓜 2n=11 II）；
10. 中期 I 极视（甜瓜 2n=12 II）；11. 中期 I，染色体排列在赤道板上（西瓜）；12. 中期 I，有染色体游
离于赤道板之外（西瓜）；13. 后期 I，染色体向两极移动（西瓜）；14. 后期 I，分散在两极的染色体
（西瓜 n=11）；15. 减数分裂 I 和 II 之间的间期（西瓜）；16. 前期 II（西瓜 n=11）

李树贤：瓜类作物小孢子发生和发育的初步观察　图版Ⅱ

Li Shuxian: Preliminary observatin microsporogenes is and development of cucurbit crops　Plate　Ⅱ

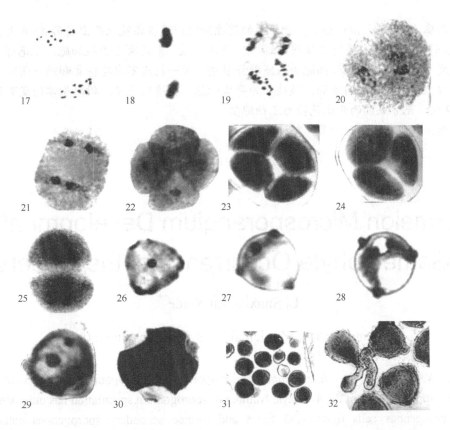

17．中期Ⅱ（西瓜，*n*=11）；18．中期Ⅱ（甜瓜）；19．后期Ⅱ（西瓜）；20．后期Ⅱ染色体分配紊乱（西瓜）；

21．末期Ⅱ（西瓜）；22．四分孢子体细胞质对称缢缩分裂；23．四分孢子二轴对称式排列（黄瓜）；24．四分孢子

四面体式排列（西瓜）；25．减数分裂紊乱产生的二分孢子体（西瓜）；26．初生小孢子（黄瓜）；

27．小孢子单核靠边期（西瓜）；28．小孢子有丝分裂产生两个细胞核；29．双核花粉细胞质分裂，

分生为营养细胞（大）和生殖细胞（小）（黄瓜）；30．成熟花粉三个萌发孔（黄瓜）；

31．正常散粉和花粉（西瓜）；32．已萌发花粉管的花粉粒（黄瓜）

西瓜小孢子囊发育及雄配子体发生的观察[*]

李树贤　陆新德

（新疆石河子蔬菜研究所）

摘　要： 西瓜（*Citrullus lanatus*）小孢子囊的胞原细胞出现在雄花原基出现后 4～6 天，孢原细胞数目推测只有一列，初生造孢细胞经过 2～3 次分裂，形成次生造孢细胞。开花前 7～8 天，小孢子囊发育健全，小孢子母细胞进入减数分裂期。同一花药不同花粉囊和同一药室，花粉母细胞减数分裂并不是高度同步的。绒毡层为异型细胞，腺质绒毡层。雄配子体的发育开始于开花前 6～7 天，充分成熟的西瓜花粉为三细胞型。

关键词： 西瓜；花药；小孢子囊；雄配子体

Watermelon Microsporangium Development and Male Gametophyte Occurrence of the Observation

Li Shuxian Lu Xinde[**]

(Xinjiang Shihezi Municipal Institute of Vegetable Crops)

Abstract: Watermelon (*Citrullus lanatus*) microsporangium sporogonium happen to stamen primordium appeared after of the 4-6 days. Number of sporogonium speculation has only one column. Primary sporogenous cells fission 2-3 times and formed secondary sporogenous cells. Before flowering 7- 8 days, the microsporangium development sane, the microspore mother cells entered into the period of meiosis. The same anther different pollen sac and the same anther chamber, meiosis of pollen mother cells not highly synchronized. The tapetum is a kind of abnormal cells, glandular tapetum. Development of male gametophyte begins at pre-bloom 6-7 days, the fully matured watermelon pollen is of the three cell type.

Key words: Watermelon; Anther; Microsporangium; Male gametophyte

关于瓜类作物器官发生和胚胎学的研究，苏联学者 Л. П. Тарбаева 曾把西瓜和甜瓜植株器官发生分为 12 个阶段，指出西瓜在出苗后第 18～22 天花芽突起伸长，4～5 片真叶时植株主茎上雄花形成花药，同时形成第一侧枝，并在其上形成 3～5 个叶原基和雄花原基[1]。我国学者温筱玲 1981 年对西瓜"早花"品种的研究指出，播种后 14 天第 1 真叶平展，第 2 真叶吐心时，主茎开始花芽分化。在已分化的第 3 真叶叶腋内出现雄花原基突起，发育到第 3 真叶平展、第 4 真叶吐心时（播后第 20 天）第 1 雄花雄蕊清楚可见。第 4 真叶平展、第 5 真叶吐心时（播后第 25 天），第 1 雄花花药产生花粉母细胞[2]。李树贤曾

* 西北植物学报，1992-03，12（1）：79-82.
** 切片由李明珠完成，在此表示致谢。

对西瓜、甜瓜、黄瓜等瓜类作物小孢子的发生和发育进行过初步的观察。这些观察主要是利用涂抹压片法进行的，重点是对花粉母细胞减数分裂和小孢子发生特征的观察[3]。关于西瓜小孢子囊的发育和雄配子体发生的整体研究尚未见报道。

1 材料与方法

研究材料为西瓜中熟品种"都三号"与"小籽三号"。田间栽培同常。主要研究工作于 1987 年在新疆石河子蔬菜研究所进行。取样于当地最适宜的花期（6 月）。卡诺氏液（酒精：乙酸=3：1）固定，石蜡切片，铁矾-苏木精染色。普通光学显微镜下观察拍照。

2 结果与讨论

2.1 西瓜雄花蕾与小孢囊的发育

西瓜的器官分化由于品种和栽培环境以及气候条件的影响，在进程上有明显的差别。同一朵花的发育还常因在植株上的着生位置的不同而有所差别。据观察，一般中熟品种在正常年份和比较适宜的季节里，枝条中部的雄花蕾从雄蕊原基形成（图版Ⅲ，1）到开花需要 16～18 天的时间；从肉眼可以看清花蕾到开花需要 10 天左右的时间。在这期间，花蕾的大小和小孢子囊的发育进程大致如表 1 所示。

表 1　西瓜的雄花蕾形态和小孢子囊发育

Table 1　Watermelon male bud morphology and microsporangium of the development

花蕾大小（mm）	小孢子囊发育状况
< 0.5	幼小花药出现，花丝较短，花药表皮及其以内的组织均系活跃分裂的细胞，孢原细胞出现
1	次生造孢细胞形成，花药壁具有 3～4 层细胞
(2～3)×(1.5～2)	绒毡层细胞开始衍生，次生造孢细胞分化为小孢子母细胞，进而进入减数分裂期
(3～4)×(2～3)	四分孢子体分生出幼小的小孢子，绒毡层细胞开始被吸收，小孢子继续发育
(4～5)×(3～4)	初生小孢子出现液泡，小孢子分裂形成双细胞花粉
(5～6)×(4～5)	小孢子体积增大，液泡消失，营养细胞移向中央，生殖细胞开始分裂
6～7	产生两个精子，雄配子体发育完成

西瓜孢原细胞出现在雄花原基出现后的 4～6 天，此时花蕾很小，肉眼很难看清。但通过切片可以看到花药已经出现，花药体积较小，雄蕊花丝较短，花药在花丝上还未弯曲折叠，花药表皮及其以内的组织均为分裂旺盛的细胞。其中位于表皮细胞以下的孢原细胞体积较大（图版Ⅲ，2），孢原细胞进行平周分裂，形成初生壁细胞和初生造孢细胞（图版Ⅲ，3）。初生壁细胞进一步分裂形成花药壁，初生造孢细胞经过 2～3 次分裂，形成次生造孢细胞（图版Ⅲ，4、5）。此时花蕾大小已约 1mm，肉眼已可以看清。

开花前 7～8 天，当雄花蕾纵横径为(2～3)mm×(1.5～2)mm 时，次生造孢细胞分生为小孢子母细胞，小孢子囊形态发育完成（图版Ⅲ，6）。随后花粉母细胞进入减数分裂期，从前期Ⅰ到幼小的小孢子游离出四分孢子体，全部过程基本上都在比较短促的时间内完成。这是研究西瓜有关胚胎学和遗传学问题，以及进行染色体工程、细胞工程操作的重要时期。

开花前 1～2 天，小孢子囊的绒毡层细胞被吸收殆尽，花粉发育成熟（图版Ⅲ，9）。

2.2　西瓜小孢子囊发育的基本特征

孢原细胞的数目在不同植物中是不同的。由于在西瓜花药的横切面只能看到一个，推测它只有一列孢原细胞。当初生造孢细胞进一步分裂形成次生造孢细胞时，次生壁细胞的内层细胞和花药隔细胞也开始衍生绒毡层组织（图版Ⅲ，5）。此时大约已是开花前的 8～9 天，雄花蕾大小约为（2×1.5）mm。绒毡层细胞在发育初期为单核，后由于进行有丝分裂不形成细胞板，而形成双核或多核细胞（图版Ⅲ，6）。从特性上来看，西瓜的绒毡层为 Bhojwani 等（1979）所报道过的那种少数植物所具有的异型绒毡层[6]。同时包含两种类型的细胞，一种是近花药中央由花药隔细胞衍生而来，细胞体积较大，通常称作 C-绒毡层的细胞，另一种是近花药表皮，由花药壁内层细胞衍生而来，细胞体积较小，通常称作 P-绒毡层的细胞（图版Ⅲ，6）。

西瓜绒毡层的另一个特征是，绒毡层细胞在小孢子的整个发育过程中，始终维持在原来的位置，而且在小孢子母细胞减数分裂前期也未变得扁平（图版Ⅲ，7），四分孢子体时期也未发生其内壁和径向壁破坏消失的现象（图版Ⅲ，8）。这说明西瓜的绒毡层当属腺质绒毡层。具这种绒毡层的小孢子囊中的小孢子发育所需要的物质，靠细胞内表面分泌产生。花粉成熟后，绒毡层细胞完全自溶消失（图版Ⅲ，9）。需要讨论的是，腺质绒毡层有乌氏体（ubisch body）产生，而且具有一定化学成分的绒毡层膜。在这方面 Echlin 等[7,8]和 Gupta 等[9]都曾有过比较详细的研究和评述。西瓜绒毡层的研究还缺乏这方面的资料，需要做更进一步的工作。

西瓜小孢子囊发育最完整的时期是花粉母细胞临进入减数分裂之前，同一花药的 4 个小孢子囊在这个时期表现得最清晰。关于西瓜花粉母细胞减数分裂同步性的问题，在我们的观察中，同一花药不同的小孢子囊在发育上并不是十分同步的，同一药室小孢子母细胞的减数分裂同样也不完全同步。图版Ⅱ-10，左侧药室的花粉母细胞有的已进入后期Ⅰ，但也有中期Ⅰ和前期Ⅰ；右侧药室以前期Ⅰ为主，在个体上有的处在细线期，也有的处在双线期、终变期，还有的已达到中期Ⅰ。西瓜的这种情况和通常所认为的大多数被子植物同一花药内的小孢子母细胞减数分裂是高度同步的论断不完全一致[8]。

2.3　西瓜雄配子体的发育

开花前 6～7 天，当雄花蕾发育到纵横径为(1～4)mm×(2～3)mm 时，四分孢子体解体，小孢子诞生。幼小的小孢子产生以后，随着体积的增大，细胞质发生液泡化而进入单核靠边期（图版Ⅳ，11）。此后不久即开始有丝分裂，第一次有丝分裂在贴近小孢子壁的小孢子核内进行，经过分裂产生营养核和生殖核（图版Ⅳ，12、13、14、15）。后细胞质分裂，形成营养细胞和生殖细胞。营养细胞的细胞核较大，细胞质充实；生殖细胞在花粉粒中只占极小的位置，细胞核也较小。营养细胞和生殖细胞在花粉还有液泡时就可以分辨清楚，随着液泡缩小，营养细胞移向花粉粒中部，生殖细胞还在靠近花粉壁处（图版Ⅳ，16）；然后液泡消失，生殖细胞移近营养细胞（图版Ⅳ，17）。到了雄花（或两性花）开放，作为复合细胞的花粉粒已经完成第二次有丝分裂，而成为三细胞。其中包括一个营养细胞，以及由生殖细胞分裂产生的两个椭圆形雄配子—精子，到此雄配子体发育完成（图版Ⅳ，18）。以前认为西瓜为二细胞型花粉[4]，有可能是由于成熟度的差别而造成的。因为同一花药不同药室，甚至同一药室花粉母细胞减数分裂并不都表现同步性，这就必然会影响到小孢子的发育在个体上也不会完全同步，从而表现为兼型花粉。关于这一点，还需进一步研究。

参考文献

[1] БА鲁宾. 蔬菜和瓜类生理 [M]. 解淑贞，郑光华，译. 北京：农业出版社，1970.

[2] 温筱玲. 西瓜的花芽分化与幼苗形态 [J]. 中国果树，1981（3）.

[3] 李树贤. 瓜类作物小孢子的发生和发育 [C]. 全国蔬菜育种新途径学术讨论会论文，1979.

[4] 胡适宜. 被子植物胚胎学 [M]. 北京：人民教育出版社，1982.

［5］Eames A J. 被子植物形态学［M］. 谢成章，编译. 武汉：湖北科学技术出版社，1984：112-206.

［6］Bhojwani S S，Bhatnagar S P. The Embryology of Angiosperms （3rd.ed.）［M］. New Delhi：Vikas. Publ.House，1979.

［7］Echlin P，Godwin H. The ultrastructure and ontogeny of pollen *Helleborus foetidus* L. I.The development of the tapetum and Ubish bodies［J］. Journal of cell science 1968，3：161-174.

［8］Echlin P. The role of the tapetum during microsporgenesis of angiosperms［C］//. J. Heslop-Harrison，ed. Pollen Development and Physiology. London: Butterworth，1971：41-61.

［9］Gupta S C，Nanda K. Occurrence and histochemistry of anther tapetal membrance［J］. *Grana Palynologica*，1972，12：99-104.

李树贤　陆新德：西瓜小孢子囊发育及雄配子体发生观察　图版Ⅲ
Li Shuxian and Lu Xinde: Watermelon microsporangium development
and male gametophyte occurrence of the observation Plate　Ⅲ

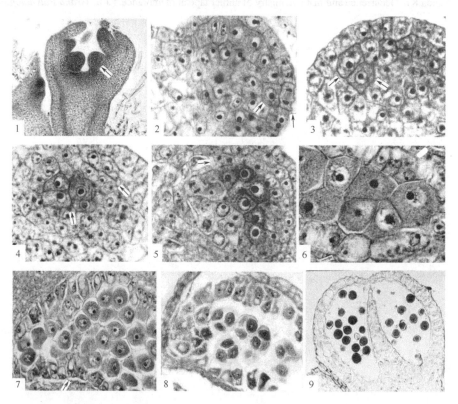

图版说明

1. 幼小花蕾纵切面，可看到已分化的雄蕊原基（↘），×33；2. 表皮细胞正在进行垂周分裂（↑），
孢原细胞处在分裂之前（↗），×330；3. 孢原细胞平周分裂形成初生壁细胞（↗）及初生造孢细胞（↘），×330；
4. 次生壁细胞（↘）和次生造孢细胞（↑）形成，×330；5. 绒毡层细胞进行分化（→），×330；6. 两种绒
毡层细胞，P-绒毡层细胞（↙），C-绒毡层细胞（↗），花粉母细胞已进入减数分裂前期Ⅰ，×330；7. 减数
分裂过程中，绒毡层细胞开始被吸收，×132；8. 四分孢子体时期绒毡层细胞已有相当数量被吸收，×132；
9. 花粉发育基本成熟，周原质团和绒毡层细胞被吸收殆尽，×33

Plate explanation

1. The young buds of longitudinal section，can be seen differentiated stamen primordia（↘），×33；2. The epidermal
cells are anticlinal division（↑），the archesporial cells in before the split（↗），×330；3. Sporogonium periclinal
division form the primary wall cells（↗）and primary sporogenous cells（↘），×330；4. The secondary wall cell（↘）
and secondary sporogenous cells（↑）formed，×330；5. Tapetal cells differentiation（→），×330；6. Two kinds
of tapetal cells，P - tapetum cells（↙），C - tapetum cells（↗），Pollen mother cells have entered prophase of meiosis.I，
×330；7. The process of meiosis，tapetal cells begin to be absorbed，×132；8. Four points sporogonium period has a
quantity absorbed tapetal cells，×132；9. The the pollen development is mature，periplasmodium and tapetum
cells had been absorbed be almost wiped out，×33

李树贤　陆新德：西瓜小孢子囊发育及雄配子体发生观察　图版Ⅳ

Li Shuxian and Lu Xinde: Watermelon microsporangium development
and male gametophyte occurrence of the observation Plate Ⅳ

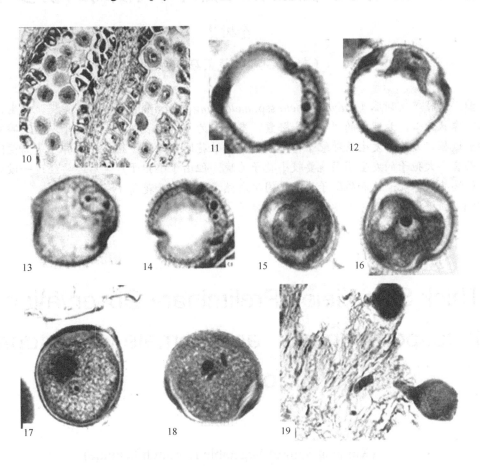

图版说明

　10．同一花药不同的小孢子囊和同一囊室花粉母细胞减数分裂并不是完全同步的，×330；11．小孢子单核靠边期，×330；12．小孢子第一次有丝分裂后期，×330；13，小孢子第一次有丝分裂末期，×330；14．营养核与生殖核核膜形成，×330；15．营养核与生殖核分裂为两个独立的细胞，×330；16．营养细胞移向中心，生殖细胞仍处于花粉粒边沿，×330；17．营养细胞核很大，细胞质充满花粉腔，生殖细胞只占很小比例，×330；18．生殖细胞分裂为两个椭圆形的精子，雄配子体发育完成，×330；19．花粉在柱头上萌发，×132

Plate explanation

　10．And in the same anther different pollen sac and in the same anther chamber，meiosis of pollen mother cells not highly synchronized，×330；11．Microspore mononuclear pull over，×330；12．Microspore mitosis late stage for the first time，×330；13．Microspore The first time mitosis for the telophase，×330；14．The vegetative nucleus and reproductive nucleus nuclear membrane formation，×330；15．The Vegetative nucleus and reproductive nucleus splits into two separate cells，×330；16．The vegetative cells move to the center，the germ cells are still in the pollen grains edge，×330；17．The vegetative nucleus is very large，and the cytoplasm is full of the pollen chamber，reproductive cells account for only a small percentage of，×330；18．The division of germ cells into two oval sperm，male gametophyte development completed，×330；19．Pollen germination on stigma，×132

厚皮甜瓜大孢子发生和雌配子体形成的初步观察[*]

李树贤

（新疆石河子蔬菜研究所）

摘　要： 新疆厚皮甜瓜（*Cucumts melo* ssp. *melo pang* in Xinjiang）子房 3 心皮，倒生、半倒生胚珠，喙状珠心，为典型的"蓼型"胚囊。本文较为系统地展现了其大孢子发生及雌配子体形成的全过程。大孢子发生及雌配子体形成和其两性花同体雄蕊小孢子发生并不是高度同步的。相对而言，大孢子的发生明显地要较小孢子为晚。但由于小孢子产生后还要经过一段生理成熟期，最终导致雌配子体和雄配子体几乎同时成熟，时间在开花前 1~2 天。

关键词： 新疆厚皮甜瓜；大孢子发生；雌配子体形成；观察

Thick Skin Melon Preliminary Observation of Megasporogenesis　and Female Gametophyte formation

Li Shuxian

(Xinjiang Shihezi Vegetable Research Institute)

Abstract: Xinjiang thick skin melon(*Cucumts melo* ssp. *melo pang*) ovary 3 carpels, ovule anatropous or hemitropous, coracoid nucellus, for the typical "Polygonum type" embryo sac. This article systematically shows the megaspore happen and female gametophyte formation process. The occurrence of macrospore and female gametophyte formation and its bisexual flower of consubstantiality stamen microspore occurred no height synchronization. Relatively speaking, the megaspore happen obviously slow than microspore,But as a result of microspore after producing, to go through a period of physiological maturity,eventually lead to the female gametophyte and male gametophyte mature almost at the same time, around 1 - 2 days before the flowering time.

Key words: Xinjiang thick skin melon;Megaspore happen;Female gametophyte formation;Observed

新疆厚皮甜瓜（*Cucumts melo* ssp.*melo pang* in Xinjiang）的子房为 3 心皮，胚珠倒生、半倒生型，有内外两层珠被，珠心为喙状珠心。胚囊为典型的"蓼型"胚囊。

当子房还没有达到一定大小时，横切子房，可以看到表皮仍处于平滑状态的胎座组织（图版Ⅴ，1、2）；后来在胎座上产生突起即胚珠原始体（珠心原始体），在胚珠原始体第一层表皮细胞下有个体积大、细胞质浓、细胞核显著大的细胞，即孢原细胞（图版Ⅴ，3、4）。孢原细胞进一步分裂为一个周缘细胞与

---

　* 全国西、甜瓜科研座谈会报告论文，1982 年 8 月 9 日，乌鲁木齐。

一个初生造孢细胞（图版Ⅴ，5、6），周缘细胞行平周与垂周分裂，使珠心壁层增加。珠心细胞继续分裂，使珠心体积继续增大，初生造孢细胞得到进一步发育，大孢子母细胞产生（图版Ⅴ，7）。大孢子母细胞（即得到进一步发育的初生造孢细胞）启动减数分裂，产生大孢子二分体（图版Ⅴ，8），此后，珠心基部细胞分裂加快，在珠心两侧由基部产生两个凸起即内珠被原始体。内珠被继续发育，产生外珠被，胚珠雏形形成（图版Ⅴ，9）。大孢子母细胞经过两次分裂，产生成直线排列的四个大孢子（图版Ⅵ，10），经过一段时间靠珠孔端的三个大孢子开始萎缩，以至退化，仅留下靠合点端的一个大孢子发生作用（图版Ⅵ，11）。大孢经过第一次有丝分裂形成二核胚囊（图版Ⅵ，12、13），经过第二次有丝裂形成四核胚囊（图版Ⅵ，14、15），经过第三次有丝分裂形成八核胚囊（图版Ⅵ，16）。八个分生细胞经过进一步分化，两极各分出一个移向胚囊腔中部，后融合成为具两个极核的中央细胞；珠孔端留下三细胞，二个为助细胞，在珠孔侧紧贴卵细胞旁似对卵细胞起保护作用；合点端三个为反足细胞，胚囊发育至此成熟（图版Ⅵ，17）。

新疆厚皮甜瓜的大孢子发生及雌配子体形成，和同体小孢子发生与雄配子体形成并不是同步的，这可以通过两性结实花的整体切片观察得到证实：当小孢子已经分化出生殖细胞和营养细胞、营养细胞已移向花粉中央、液泡消失、淀粉等有机物已大量累积时，大孢子母细胞还未进入减数分裂或者还处在减数分裂的前期Ⅰ，此时胚珠的发育也仅初具雏形。这说明大孢子发生要较小孢子晚得多。不过，虽然大孢子发生较晚，但最终大孢子囊（雌配子体）却几乎和雄配子体（花粉粒）同时成熟，原因是小孢子产生后，除了完成形态分化还要经过一段生理成熟阶段；大孢子囊形成后就可以授粉受精。厚皮甜瓜雌雄配子体进入生理成熟期的时间，都在开花前2~3天。

李树贤：厚皮甜瓜大孢子发生和雌配子体形成的初步观察　　图版 V

Li Shuxian: Thick skin melon preliminary observation of megasporpgenesis and female gametophyte formation Plate　V

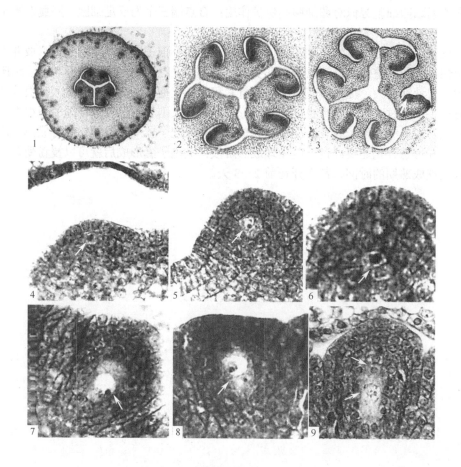

图版说明

1. 幼小子房横切面，三心皮，胚珠原基和子房内壁相连接；2. 胚珠原基进一步生长，已和子房内壁分离，
但表皮层平滑，胚珠分化还未启动；3,4. 胚珠原基表层下的孢原细胞启动分生（↑），其相邻表层凸起；
5. 孢原细胞继续分裂（↗）；6. 孢原细胞横裂分生为周缘细胞和初生造孢细胞（↗）；7. 厚珠心珠被已初具
雏形，大孢子母细胞产生（↘）；8. 大孢子母细胞减数分裂产生大孢子二分体（↗）；9. 大孢子二分体
分生不同步，近珠孔端的已完成分生产生两个分生大孢子，近合点端的还处在有丝分裂的中期（↗）

李树贤：厚皮甜瓜大孢子发生和雌配子体形成的初步观察　　图版Ⅵ

Li Shuxian: Thick skin melon preliminary observation of megasporpgenesis and female gametophyte formation Plate Ⅵ

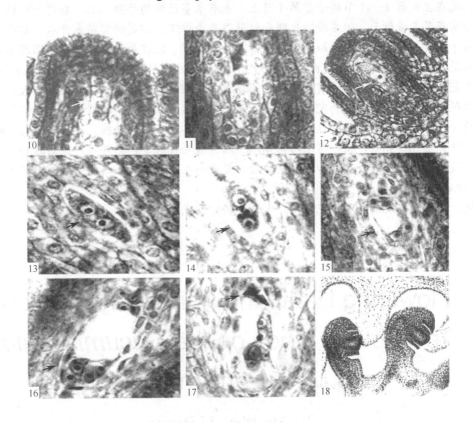

图版说明

10．造孢细胞经两次有丝分裂产生四个大孢子，大孢子四分体成直线排列（↗）；11．靠近珠孔端的三个大孢子退化（↗），只留下靠合点端的大孢子有功能（↗）；12．体积硕大的功能大孢子充满胚囊室（↗）；

13．功能大孢子第一次有丝分裂产生二核胚囊（↗）；14．二核胚囊再次有丝分裂产生四核胚囊（↗）；

15．四核胚囊2÷2分裂分别移向两极（→）；16．四核（细胞）胚囊再次有丝分裂产生八核（细胞）胚囊，胚囊两端各四核（细胞）（↗），17．7细胞8核胚囊发育成熟，3个反足细胞在受精前就已退化（↗）两个极核已融入同一细胞（↗），2个助细胞紧贴于卵细胞外侧（↖）；18．厚皮甜瓜的倒生和半倒生胚珠

新疆厚皮甜瓜开花习性与人工授粉技术的研究[*]

吴明珠　李树贤

（新疆吐鲁番行政公署；新疆石河子蔬菜研究所）

摘　要：新疆厚皮甜瓜一般都是雄花与两性花同株。结实花每株最多不超过 24 朵，一般每株结 2 个瓜，少者 1 个，最多 6~7 个。大多数品种以孙蔓结瓜为主，在单蔓整枝时，第 1 结实花多出现在主蔓第 4~11 节的子蔓第 1 节上。也有主蔓结瓜的早熟瓜旦。在同一植株上雄花往往比结实花早开放数天，但在较短日照和较低温度条件下，却是结实花先开放。甜瓜开花，主要取决于前一天晚上的温度，如果夜间气温不低于 16℃，次日晨当叶幕下花面温度达到 20.5℃时，雄花开放；8 时左右，当花面温度达到 21.5℃时，结实的完全花全开。如果晚上刮干热风，上午开花时间可以提前；如果前一天和夜间温度低，则开花延迟。雄花开放的当天，到下午 6 时左右花冠萎蔫闭合；结实的完全花到第二天早上仍然开放，冬季温室栽培，第二天早上仍然可以授粉。厚皮甜瓜雄花和两性花雄蕊的花粉粒，都具有正常的功能。授粉、受精比较适宜的温度条件是 26.6~30℃，相对湿度约为 40%。培育健壮植株，严格整枝，选好授粉花位，选择适宜的授粉时间，加强授粉前后的田间管理，是提高人工授粉坐果率的关键，坐果率高者可以达到 50%~60%。

关键词：新疆；厚皮甜瓜；开花习性；人工授粉；研究

Flowering Habit and Artificial Pollination Technology Study on the *Cucumis Melo* ssp.*Melo Pang* in Xinjiang

Wu Mingzhu　Li Shuxian

(Xinjiang Prefecture Head Office Tulufan, Xinjiang Shihezi Vegetable Research Institute)

Abstract: Xinjiang thick skin melon are generally andromonoecy,per plant Sturdy flower no more than 24 roses, Usually bear 2 melons of each plant, less 1, maximum of up to 6-7. Most of the varieties are sun tendril knot melon,In single tendril While pruning, seed producing flower appearing in main vine 4-11　section of the son tendril first festival; Also has the lord tendril the knot melon's early maturity variety melon denier. Male flowers on the same plant often spend a few days earlier than Sturdy flower open, however in relatively short sunshine and low temperature conditions, nevertheless Sturdy flower first open. Muskmelon flowering, mainly depends on the temperature of the previous night, If the temperature is not less than 16℃ at night, The surface temperature of the

* 中国农业科学，1983，（6）：38-44.

flowers lower of leaf curtain reached 20.5℃, male flowers to open up; About morning 8 , surface temperature of the flowers reached 21.5℃, Sturdy flower is fully open. If the evening blowing hot air, morning flowering time can be ahead of time; if the day before and the night temperature is low, then the flowering delay. Male flowers open on the same day, 6 pm corolla wilting closure; complete flower on the morning of the second day still open, winter greenhouse cultivation, the second day in the morning can still be pollination. Thick skin melon male and bisexual flower pollen of stamens, all have normal function. pollination、fertilization more appropriate temperature conditions are 26.6-30℃, the relative humidity is about 40%. To cultivate robust plant, strictly pruning, Select the pollination flowers node order,select suitable pollination time,strengthen field management before and after pollination, artificial pollination is the key to improve the fruit setting rate of artificial pollination,fruit setting rate can of up to 50-60%.

Key words: Xinjiang; Thick skin melon;Flowering habit;Artificial pollination;Research

人工控制授粉是进行甜瓜有性杂交育种、品种自交保纯以及选配杂种一代都必须进行的工作。关于甜瓜人工控制授粉的坐果率，苏联的有关资料是 38.7%[1]；美国加州德舍特种子公司的唐振维访华报告介绍，他们也在 30%左右；新疆北疆昌吉、石河子等地较高，一般年份在 30%～40%之间；南疆的吐鲁番盆地由于气候炎热、干燥，前几年一般只有 20%左右。由于坐果率低，甜瓜的育种和良种繁育工作量大大增加。近几年，我们围绕授粉技术的改进，做了一些工作，使坐果率提高到 50%左右，最高达 60%以上。同时也对有关问题有了一些粗浅的认识，现报告如下。

1 开花习性观察

新疆栽培的厚皮甜瓜，一般都是完全花（结实花）与雄花同株，即雄全同株型。结实花为单性雌花的品种，在原有当地品种中目前还没有发现。

关于植株成花数量，1961—1963 年我们曾在吐鲁番进行过定期观察，以 1963 年的结果为例，如表 1 所示。

表 1 厚皮甜瓜植株花数变化

（1963，吐鲁番，每品种调查 3～5 株）

品种	热瓜旦	黄皮白肉可口奇		伯克札尔德			青皮红肉冬瓜
整枝方式	单蔓	单蔓	放任生长	单蔓	双蔓	放任生长	双蔓
雄花数	187.0	145.33	198.0	120.5	151.0	175.0	122.0
完全花蕾数	70.33	101.33	115.0	110.0	95.0	234.0	118.0
结实花开放数	11.33	8.33	24.0	11.5	16.0	16.5	17.67

注：从第 1 朵雄花开放到第 1 个瓜成熟采收，每隔 2 天调查统计一次。

由表 1 可以看出，厚皮甜瓜花的分化能力，不同品种、不同整枝方式之间有差异。总的来说，植株生长旺盛，花的数量很多，雄花开放数在所观察的品种和整枝条件下，变化在 120.5～198.0 朵；结实花蕾数少者 70 朵，多者 234 朵。较苏联伏尔加河下游地区不同品种变化为 15～63 朵的报道为高。不过应该指出的是，尽管新疆厚皮甜瓜结实花分化能力很强，但能发育到开花、受精、结实的却并不很多。绝大多数在发育过程中因营养不良而夭折了。在所观察的品种中，能开花的结实花，最多不过 24 朵。最后能发育成果实的更少，一般 1 株结 2 个瓜，少者 1 个，最多 6～7 个。厚皮甜瓜人工控制授粉坐果率不高，与它本身自由授粉时坐果率就很低不无关系。

新疆厚皮甜瓜在正常的农业技术条件下，大多数品种以孙蔓结瓜为主。在单蔓整枝时，第 1 结实花多出现在主蔓第 4～ 11 节的子蔓第 1 节上；也有主蔓结瓜的早熟瓜旦。晚熟品种坐果节位一般较高。雄花的出现，一般1节1朵，也有1节2~3朵的。在同一株上雄花往往比结实花早开放数天，但在较短日照和较低温度条件下，却是结实花先开放。

关于开花的气候因子，最主要的是温度，其他因素意义不大。甜瓜开花的温度要求，被认为最低是18~20℃，最适温度厚皮甜瓜为20~21℃，甜瓜（Кассаб）为21~24℃[2]。为了探讨新疆厚皮甜瓜开花与温度的关系，我们曾于1981年6月1日、2日，1982年6月15日、16日，在吐鲁番地区葡萄瓜类研究所试验地，以品种"香梨黄"为材料进行了系统观察，发现在6月上、中旬，如果夜间气温不低于16℃，每日晨6:30~7:00（相当于北京4:30~5:00）叶幕下花面温度达到16℃时，雄花虽未开放，花药却可散粉（用镊子触及花粉，可见花粉粘在镊子上，用来涂抹柱头，可使柱头粘上黄色花粉）。结实花内的雄蕊散粉一般要18℃以上，较单性雄花散粉晚。当花面温度达到20.5℃时，雄花开放，结实花也慢慢松动半展，到21.5℃时全展。此时是8时左右（相当于北京6时左右）。如果夜间刮干热风，早晨开花时间可提前到7时。如果开花前一天及夜间温度较低，则推迟开花。由此可见，厚皮甜瓜开花的早晚，主要取决于头天夜间温度的高低。当天开放的雄花，经过中午高温低湿（气温约40℃，相对湿度约20%），下午6时左右花冠萎蔫闭合。结实花到12时以后，花面温度达38℃以上，柱头开始出现油浸状物质，花冠到第二天早上仍然大开，只是颜色变淡（由黄色变为黄白色），到了下午花冠萎蔫闭合。冬季温室栽培，由于日照短、温度低，结实花到第2天早上仍可授粉。

新疆厚皮甜瓜两性结实花，花蕊构造有雄蕊花药包合柱头、雌雄蕊等长、柱头高出花药等几种不同情况（图版Ⅶ，1、2、3）。结实花雌雄蕊构造类型与品种的遗传性有关，同时也受气候环境条件的影响。在同一品种内，不同植株间、甚至同一株不同部位的结实花往往都不尽相同。厚皮甜瓜两性结实花雄蕊，和单性雄花一样能产生具有正常功能的花粉粒。1966年，曾在石河子利用染色法鉴定花粉生活力，结果见表2。

表2　厚皮甜瓜花粉生活力鉴定

（1966年7月1日-KI染色，新疆石河子）

品种（系）		夏黄皮	1-1	6-65-3
雄花花粉	检查粒数	550	736	480
	染色粒数	538	729	464
	生活力（%）	97.8	99.04	90.7
结实花花粉	检查粒数	309	689	492
	染色粒数	292	659	454
	生活力（%）	94.5	95.6	92.3

两种花的花粉生活力都在90%以上，差异不显著。为了证明结实花能够利用自体花粉授粉结实，同年我们还进行了严密的花前套袋，花期自体授粉（用竹签拨动花药）观察，结果见表3。

表3　两性结实花厚皮甜瓜品种（系）自花结实的可能性

（1966年7月，新疆石河子，授粉后10天调查）

品种（系）		夏黄皮	1-1	6-65-3
雌雄蕊特征		雌雄蕊等长或花药包合柱头	柱头稍高出花药或雌雄蕊等长	柱头高出花药
异体花人工授粉	授粉花数	20	22	24
	结实数	12	10	17
	结实率（%）	60.0	45.45	70.83
结实花自体授粉	套袋花数	18	16	15
	结实数	10	6	2
	结实率（%）	55.56	37.5	13.33

表 3 说明，新疆厚皮甜瓜结实花不论雌雄蕊特征如何，利用自体花粉授粉都能够结实。自花结实率低于异体雄花人工辅助授粉，可能与授粉量较少以及亲和性差异有关。三个材料结实花自体授粉结实率不同，主要是雌雄蕊构造不同所造成的，"6-65-3"柱头高出花药，拨动花药花粉散落在柱头上的数量较少，所以结实率较低。

2 授粉、受精与温湿度

瓜类作物开花与受精的最适温度，有报道认为是早晨 18～20℃ 和白天 20～25℃。花期如遇极端高温，受精即会受抑。马德伟等[3]认为，花期超过 35℃的高温，对甜瓜花粉萌发很不利。为了了解新疆厚皮甜瓜授粉、受精对温湿度的要求，我们曾在 1981 年进行了实验观察。田间试验是在吐鲁番葡萄瓜类研究所进行的，5 月 31 日下午 7～9 时，在品种香梨黄试验田中，选发育健壮、第二天开放的结实花 120 朵（每株 1 朵）去雄戴帽，并夹本株雄花，6 月 1 日晨 7 时开始，每隔 1 小时授 20 朵花，12 时结束，授粉后 2 小时和下午 6 时，分别取各处理授粉结实花 5 朵固定（卡诺氏固定液），后在石河子蔬菜研究所做石蜡切片，观察受精情况。田间各留下 10 朵花，于 1 周后（6 月 8 日）调查受精结实情况（以果实开始膨大为据），结果见表 4。

表4　厚皮甜瓜不同温湿度条件下授粉的效果

（1981 年，品种：香梨黄，新疆鄯善）

授粉时间	7 时	8 时	9 时	10 时	11 时	12 时
叶幕下花面温度（℃）	16.0	20.5	23.0	30.0	36.0	37.0
叶幕下相对湿度（%）	60	57	50	38	30	27
受精果百分率（%）	40	60	80	90	80	80

注：1981 年 6 月 1 日授粉，当天阴，叶幕下最高温 43.5℃。

表 4 表明，在花面温度 16～37℃、叶幕下相对湿度 27%～60%的条件下授粉，都能导致受精作用的发生。其中 10 时授粉（30℃，湿度 38%）效果最佳，受精果百分率可达 90%。

切片观察的结果是，在 7～12 时的各级时间授粉，2 小时后花粉管无例外地都已进入胚囊（图版Ⅶ，7）。但花粉管释放物质的时间，却是随着授粉温度的升高与湿度的降低而缩短。7 时授粉，经 11 小时后（下午 6 时）花粉管才开始释放物质；其余时间授粉，也都在下午 6 时同时看到花粉管释放物质（图版Ⅶ，8）。7 时授粉，受精果百分率较低，可能是由于授粉温度较低（16℃），影响了受精过程的正常进行所致。关于高温对受精的抑制作用，1981 年的试验表现还不够十分明显，但在 1982 年的重复试验中坐果率却表现得非常明显，详见表 5。

表5　不同时间授粉对坐果的影响

（1982 年 6 月 15 日，授粉品种，红心脆，6 月 26 日坐果调查，新疆鄯善）

授粉时间	7 时	8 时	9 时	10 时	11 时	12 时
授粉花（株）数	15	15	15	20	15	15
叶幕下温度（开始—完成）（℃）	19 ～20	21.2～24.6	26.6～28.0	31.2 ～ 33.7	35～35	37.4～37.4
坐果数	1	5	8	9	7	1
坐果率（%）	6.67	33.3	53.3	45,0	46.6	6.67

通过以上两年的实验观察，可以看出，新疆厚皮甜瓜授粉、受精比较适宜的温度条件是 26.6～30℃，相对空气湿度约为 40%。

关于 12 时授粉，1982 年的坐果率 6.67%和 1981 年的坐果率 80%，差异很悬殊，这是因为受精后并不都能继续发育和正常结果，另外，授粉与受精的进程还受品种、年份等多种因素的影响。

3 人工控制授粉技术探讨

在实践中怎样保证获得较高的坐果率，根据我们的体会，提出如下意见供讨论。

3.1 选择比较适宜的授粉时间

关于这一点不仅是基于授粉受精对适宜温湿度的要求，而且还因为新疆厚皮甜瓜病害严重，特别是中后期病毒病猖獗，在发病以前如果抓不住瓜，以后就很困难，所以应尽量采取措施（例如，利用地膜覆盖促进早发苗、早授粉），使授粉期能提早到病毒病发病期以前的 15～20 天。这个时间在吐鲁番地区大约在 5 月下旬到 6 月上旬，北疆昌吉、石河子等地大约在 6 月上、中旬。关于每天的授粉时间以 8～11 时为宜，如果当天花不太多，应尽量争取在 8～10 时完成，不要过早和过晚。

3.2 严格整枝，选好授粉花位

开花授粉后能否坐果，有两个决定因素，一是能否通过双受精，二是受精后植株营养物质能否顺利流向待发育的子房。厚皮甜瓜分枝力强，开花多，养分消耗大，如何促使养分能较多地集中到果实膨大上，严格整枝和选好授粉花位是一项极为重要的措施。为了达到早熟目的，目前我们一般都采用单蔓整枝。整枝时为了有利于坐果和夺取丰产优质的产品，应尽量造成一种合理的株型和田间群体结构，叶幕既不要太厚而影响透光、通风，造成花蕾、幼果黄萎脱落；也不能遮不住地面和果实，而造成幼果烫伤和大果灼伤。关于这一点在新疆各地都存在，尤以吐鲁番盆地更甚。因此，整枝时绝不可使叶片过稀；为了有利于叶片更新，整枝时也不可过分摘除生长点（据观察新疆厚皮甜瓜露地栽培从幼叶片展开到叶片明显衰老大约为 1 个月时间，温室早春栽培约 40 天）。但是为使养分能较多地集中到受精子房中去，总的原则还是以严格整枝为宜。我们的具体做法是将主蔓基部第 1 节、第 2 节的腋芽抹掉，以便培土防风。主蔓第 3 节所出现的子蔓留 1 叶摘心，所留叶的腋芽不抹，让其长出孙蔓后再摘心，作为结果后备蔓。主蔓第 4 节以上至子蔓出现结实蕾以下的子蔓，全部留 1 叶摘心，并抹去所留叶的腋芽，不让长出孙蔓。当主蔓上的子蔓过密时，可酌情摘除 1～2 条。子蔓出现结实花以后，留 1～2 叶摘心，并抹去结实花所在节位上的腋芽。单蔓整枝所出现的第 1～2 朵结实花最容易坐果，应抓住授粉，一定不要错过。在第 1 个瓜抓住后，隔数节还可抓第 2 个瓜。在相邻的两条子蔓上，如靠基部的子蔓上的结实花先开，并发育健壮，即可选此花授粉；如果两条子蔓上的结实花同时开放，则靠上部的子蔓具有生长优势，可选靠上部的授粉，摘除下部相邻子蔓上的结实花，使养分集中供应上面已授粉的子房。关于这方面，1966 年我们曾在石河子做过实际试验和调查，证明是行之有效的。如果到主蔓第 16 节、第 17 节还没有抓住瓜，一般就不要再向上授粉了，可回过头来再在基部的孙蔓（后备蔓）上授粉，较易成功。严格整枝，抓住第 1 朵、第 2 朵结实花，授粉后（前）留 1～2 叶摘心，并抹去结实花所在节位和所留叶的腋芽，摘除上下相距太近的结实花蕾，是提高人工控制授粉坐果率的关键。坐果后一般就不再整枝了。因为此后植株由营养生长逐渐转向以生殖生长为主，很少会出现徒长现象。

3.3 夹花授粉，措施相宜，提高工效

为了确保授粉纯真，需在授粉前一天下午进行选花夹花——选部位适当、发育健壮的结实花和比较大的雄花（花粉多），夹花冠保纯；为了杂交，可将结实花连花冠带雄蕊一起剥去，后给柱头戴纸帽保纯（图版Ⅶ，4、5）。在干旱炎热的地区和季节，头天下午去雄伤口蒸腾量大，柱头易干燥，影响坐果率，去雄工作可延至第二天早 6 时左右进行。雄花和结实花的夹花量，在自交保纯时最好相差不要太大。如果雄花不多，第二天也可一朵雄花连续授多朵结实花。授粉时，7 时以前因还未开花，剥开花冠授粉比较麻烦，可以先从花筒基部转圈剥去花冠，再授粉或杂交，后戴纸帽保纯；8 时花已半开到全开，对于花药包合柱头和雌雄蕊等长的结实花可用拨针拨动本身花药使其授粉，后夹好花冠保纯；柱头

高出花药的结实花仍需用雄花辅助授粉。为了不致引起畸形果和造成人为的落花落果，在夹花、去雄、授粉过程中一定要轻，不要碰伤子房、抹掉茸毛，不要用手直接接触子房，可以抓住花冠授粉，剥掉花冠的可直接给柱头授粉，不要用手抓。

为了提高工效，自交保纯时，在雌雄花抽筒开花以前（大约 7～8 时以前），可不做头天夹花之花，先进行未夹之花；待花冠抽筒将开放时，昆虫有可能已进入花内，即应停止对未夹花授粉，而转向对已夹之花授粉。

3.4 利用蕾期授粉

不仅可以扩大选花、授粉范围，提高工作效率，而且还是克服自交不亲和性与进行远缘杂交的重要措施。新疆厚皮甜瓜的胚囊在开花前 2 天就可能成熟，所以可利用开花前一天的花蕾进行授粉。授粉后从花粉萌发和受精情况来看，2 小时后，花期授粉的花粉管已进入胚囊；蕾期授粉的花粉管大部分正在子房内伸入，也有进入胚囊者。36 小时以后差异基本消失，和花期授粉一样，精核都已进入或开始进入卵细胞（图版Ⅶ，9）。

以上情况说明，利用开花前一天的结实花蕾授粉，前期花粉萌发稍慢，但对双受精过程的最终完成却并无显著影响。这一点，通过蕾期授粉和花期授粉坐果率，并无显著差异的实践，得到进一步证实（见表6）。

表6　厚皮甜瓜蕾期授粉效果
（1982 年 5 月 31 日，品种：红 9 号，6 月 5 日 调查，新疆鄯善）

项目	花期授粉	花前 24 小时
授粉花数	50	50
坐果数	22	20
坐果率%	44	40
隔离方式	夹花	戴帽

注：蕾期授粉于晨 6：00～6：30 去雄，8：00 与花期同时开始授粉。

3.5 加强授粉前后的田间管理

为了提高坐果率，授粉前使植株处于旺盛健壮生长状态是十分必要的。为保证授粉的湿度要求，视具体情况，花前可灌一次水。授粉后为防止子房烫伤，可在子房下铺垫少许茅草，使子房不要直接接触炽热的地面。同时还要加强病虫害防治工作，防止因病虫害造成落花、落果。待普遍坐果以后，可再补充一次肥水，以保证果实生长发育的要求。人工控制受粉，一般 1 株有 1～2 个果实即可，授粉果坐稳后，即可停止对该株授粉。

参考文献

[1] Филов А М.Вахцеводство Сепьхозгиз，Москве，1959.

[2] 鲁宾 Б А．蔬菜和瓜类生理 [M]. 解淑贞，等，译. 北京：农业出版社，1982：307-312.

[3] 马德伟，马克奇. 甜瓜开花生物学观察 [J]. 中国果树，1982（2）：18-19.

吴明珠，李树贤：新疆厚皮甜瓜开花习性与人授粉技术的研究　图版Ⅶ
Wu Mingzhu，Li Shuxian: Flowering habit and artificial pollination technology
study on the of *Cucumis melo* ssp. *melo pang* in Xinjang. Plate　Ⅶ

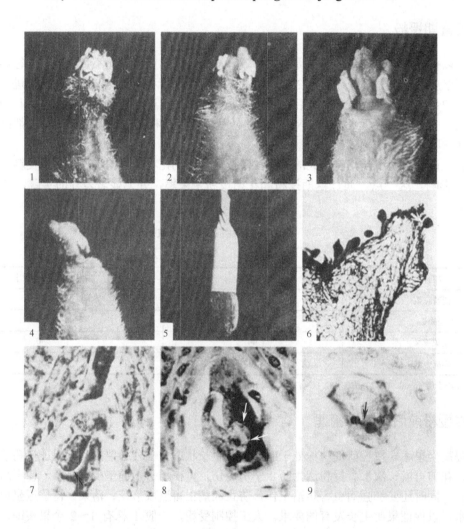

图版说明

1. 结实花雄蕊包合柱头；2. 结实花雌雄蕊等长；3. 结实花柱头高出雄蕊花药；4. 结实花剥去花冠去雄；

5. 结实花授粉前后戴纸帽保纯；6. 花粉在柱头上萌发，×33；7. 花粉管进入胚囊，未释放物质，尖端呈
圆弧形（↖），×132；8. 花粉管尖端溶解释放物质（↓）下边是卵细胞和胚囊次生细胞（←），×330；

9. 精子已进入卵细胞（↓），×330

新疆厚皮甜瓜受精过程的初步观察[*]

李树贤　吴明珠

（新疆石河子蔬菜研究所；新疆吐鲁番行政公署）

摘　要：新疆厚皮甜瓜受精类型为有丝分裂前型。胚乳为细胞型胚乳。授粉后半小时，可以看到花粉在柱头上萌芽，2 小时后通过珠孔进入胚囊，8～9 小时开始释放物质，24 小时后精子开始进入次生核和卵细胞，48 小时后大部分胚珠完成双受精过程。次生核核仁合并，产生于授粉 24 小时以后。受精作用在 16～37℃ 条件下都能进行，适当高温能加快受精过程，但二者并非直线相关。蕾期授粉对受精进程有一定影响，但最终效果与花期无异。

关键词：新疆；厚皮甜瓜；受精；观察

Preliminary Observation on the Fertilization Process of *Cucumis Melo* ssp. *Melo pang* in Xinjiang

Li Shuxian　Wu Mingzhu

(Xinjiang Shihezi Vegetable Research Institute, Prefecture Head Office Tulufan,Xinjiang)

Abstract: The fertilization type of Xinjiang thick skin melon is pre Mitotic antetype, endosperm is cell type. Half an hour after the pollination, the pollen could be see germinating on the stigma, 2 hours later, it went into the embryo sac through the micropyle, in 8 to 9 hours started to released matter,24 hours later, the male gamete began to enter the egg cell, close to the secondary nucleus, after 48 hours, the most ovule had finished the double fertilization. Secondary nucleus nucleolus fusion, Occurs 24 hours after pollination. Tion of the temperature at 16～37℃, the fertilization could take place, the suitable high tem-perature would quicken the process of the fertilization, but the two were not linearly related. Bud pollination has a certain effect on the process of fertilization, but the final effect is no different from the flowering stage.

Key words: Xinjiang;Thick skin melon;Fertilization;Observation

厚皮甜瓜是新疆重要的园艺特产作物，栽培历史悠久，品种资源丰富，其中哈密瓜驰名中外。有关厚皮甜瓜受精和胚胎学的研究，国内还没有比较系统的资料。我们在研究其开花习性和授粉技术的同时，对受精过程进行了初步观察。

---

* 园艺学报，1987（1）：49-52.

1 材料与方法

1981 年分三组取样，第一组取自吐鲁番科委温室砂培圃，品种为红 23 系，观察研究花期授粉与蕾期授粉的受精过程变化。4 月 17 日下午，选第二天和第三天开放的、部位适当、发育健壮的子房蕾（选花标准下同），去雄戴帽[1]。4 月 18 日上午 9 时授粉，2 小时后分别取花期与蕾期授粉子房各五朵固定；第二组，品种为香梨黄，取自鄯善吐鲁番葡萄瓜类研究所甜瓜育种田，观察不同授粉时间的受精情况。5 月 31 日下午选第二天开花的子房去雄戴帽，6 月 1 日上午 7、8、9、10、11、12 时各授粉 10 朵，2 小时后各取 5 朵固定，下午 6 时各取 5 朵固定。6 月 2 日上午 12 时又授粉 10 朵（6 月 1 日下午去雄戴帽），14 时及 18 时各固定 5 朵；第三组，主要目的是观察受精过程，品种和取材单位同第二组。6 月 22 日 7 时授粉 160 朵，从 9 时开始到 13 时，每隔半小时取一次样（每次 5 朵，下同）13 时至 20 时，6 月 23 日的 6 时至 19 时每隔 1 小时取一次样。另有 6 月 22 日蕾期授粉的 5 朵，6 月 23 日 19 时同时取样固定。1982 年 7 月上旬于石河子蔬菜研究所试验田。以品种"炮台红"为材料，补充固定、观察了授粉后 0.5、1、8、9、48、72 小时的情况。授粉时间为上午 8～9 时。切片固定采用卡诺氏液（酒精与醋酸 3：1），石蜡切片厚 10～15μm，番红-固绿对染；花粉在柱头上的萌发，部分采用徒手切片，醋酸地衣红染色。共观察授粉子房 265 朵，子房整体断面切片 2121 张。

2 观察结果

2.1 受精过程和特点

新疆厚皮甜瓜为倒生型胚珠，蓼型胚囊，珠孔受精。在田间正常的生长季节里，早上 8～9 时授粉，半小时后，可以看到花粉在柱头上萌芽，1 小时后，花粉管进入柱头组织，有的已向子房内伸入（图版Ⅷ，1、2、3）；2 小时后花粉管进入胚囊（图版Ⅷ，4）；8～10 小时后，花粉管尖端溶解，开始释放物质（图版Ⅷ，8、9）；24 小时后，雄配子开始进入卵细胞、靠近次生核，48 小时后大部分胚珠完成双受精过程，产生合子（图版Ⅷ，10、11；图版Ⅸ，12）。

在花粉管向胚囊伸入的过程中，具两个极核的中央细胞开始向卵细胞移动，花粉管进入胚囊后，经过助细胞接近卵细胞，受精前两个极核靠近卵细胞，合并形成次生核，然后再与精子融合。从时间看，厚皮甜瓜次生核的形成，大约开始于授粉后 2 小时，完成于 24 小时后。极核合并，开始是两个核仁同处于一个大的椭圆形细胞核中，最后两个核仁合并，体积较卵细胞核仁大得多。极核合并后，在次生核主核仁周围，常可见到一些数量不等的类似小核仁的物质（图版Ⅷ，5、6、7、9）。

新疆厚皮甜瓜的双受精为有丝分裂前类型。精子同卵细胞融合的过程，与大多数被子植物相类似。刚从花粉管中释放出来的精子常呈椭圆形，后来变为卷曲的带形，移向次生核和卵细胞，进入雌核以后，带状的精子逐渐解体，形成近圆形的雄性核仁，后和雌性核仁融合，这与向日葵受精过程精子的变化过程相似[2]。同时也和其他许多作物一样，精子与次生核的融合总是先于与卵融合。雌雄配子核仁融合，标志着双受精的最终完成（图版Ⅷ，11；图版Ⅸ，12）。

双受精完成以后，合子并不立即开始第一次分裂，授粉后 48 小时大部分胚珠都已完成了双受精过程，但直到 72 小时以后才看到有少数合子开始第一次分裂（图版Ⅸ，16、17）。

精子与次生核融合以后，初生胚乳核没有发现像水稻那种重新又向胚囊中央移动的现象[3]。合子和初生胚乳细胞在双受精完成后仍然保持合子在上（近珠孔端）、初生胚乳细胞在下的状态。初生胚乳核的第一次分裂是纵向的，第二次分裂是横向的，在时间上显著早于合子的分裂。授粉 72 小时后，尽管也有合子已横裂为顶细胞和基细胞，但大多数合子却并未开始第一分裂。而初生胚乳细胞有的则已完成了第二次横裂，形成四个胚乳细胞（图版Ⅸ，13、14、17）。厚皮甜瓜的胚乳为细胞型胚乳。

2.2　温度条件对受精的影响

从授粉到产生合子所需的时间，不同植物、同一植物在不同环境条件和生理状态下，各有不同。关于温度对花粉萌发和花粉管生长的影响，已有大量报道，但对自然条件下花粉管进入胚囊后的情形却研究报道不多。本文讨论所用资料来源于第二组实验，温度值以植株叶幕下的花面温度为据。结果是：在7～12时的各级时间授粉，经过 2 小时后，花粉管都已进入胚囊；下午 6 时，各处理的花粉管也都已释放物质。授粉时间先后有别，花粉管进入胚囊后却几乎在同一时间释放物质，这完全是生态环境——主要是温度条件不同所造成的结果。本实验里，当天 7 时，叶幕下的花面温度是 16℃，授粉到花粉管释放物质经历了 11 小时；8 时，叶幕下的花面温度是 20.5℃，经历 10 小时；9 时为 23℃，经历 9 小时；10 时为 30℃，经历了 8 小时；11 时 36℃，经历了 7 小时；12 时 37℃，经历 6 小时。这种情况说明，在 16～37℃的温度条件下，厚皮甜瓜的受精作用都能进行，温度升高，受精过程加快，温度与进程表现正相关性，但并非直线关系，温度超过一定界限，对受精的促进作用即会减弱，直至不能正常进行受精。

2.3　蕾期授粉对受精的影响

蕾期授粉在一些作物上常被认为是克服自交不亲和与杂交不亲和的手段之一。厚皮甜瓜虽不像十字花科作物有高度的自交不亲和性，但在远缘杂交中为了克服杂交不育，能否也采用蕾授粉的办法？这涉及蕾期胚囊是否已经成熟，能不能完成受精作用。本试验之蕾期授粉在花前一天进行，采用品种内成熟花粉自交。根据对一次春季温室、一次夏季露地授粉材料的观察，发现 2 小时后，花期授粉的花粉管已经进入胚囊；蕾期授粉大部分花粉管还正在子房中伸入，只有少数先行者进入胚囊。但到授粉 36 小时以后，两者之间的差异就基本消失，大部分精核都已进入卵细胞。蕾期授粉受精作用前期速度较迟缓，可能是蕾期柱头成熟度欠佳，影响了柱头分泌物的及时产生，推迟了花粉的萌发和花粉管的生长。花粉管进入胚囊后，从开始释放物质到精核进入卵细胞以至完成雌雄配子融合，有一段较长的时间，能够使前面的差异逐渐缩小。蕾期授粉和花期授粉，对受精效果没有明显的影响，最终表现为坐果率没有什么差别。例如 4 月 18 日在温室的试验，花期和蕾期授粉，坐果率都是 100%。

上述结果说明，厚皮甜瓜在一般情况下不存在自交不亲和性；厚皮甜瓜花前一天的蕾期胚囊已经成熟，能够完成正常的受精作用。

3　讨论

新疆厚皮甜瓜，是大子房多胚珠植物（子房一般长几厘米，粗近 1 厘米或超过，柱头粗大）。关于受精过程的研究，在方法上有许多有待解决的问题。例如，关于花粉管在柱头上的萌发和在柱头内以及子房内的运行，作为整体观察是比较困难的。另外，由于子房长，胚珠多，近柱头端的胚珠的受精作用，较远离柱头一端的胚珠，在时间上也大不一样。所以关于厚皮甜瓜双受精的进程在时间上误差是比较大的。本文所报道的进程，为所观察子房的总体表现，而不是对一个胚珠的固定观察。

另外，在实验中，还多次发现两个花粉管同时进入一个胚囊的情形，（图版Ⅷ，10；图版Ⅸ，18、19）。也曾在授粉后 48 小时的受精卵中，看到有两个精核同时趋向或进入卵细胞的情形（图版Ⅸ，20）；还观察到进入胚囊的两个花粉管一个已释放出两个精子，一个精子还在花粉管内的情形（图版Ⅷ，10）。有的花粉管进入胚囊后其尖端接近于圆形，后在靠近卵细胞与次生核的一端花粉管膜溶解，精子随之释放（图版Ⅷ，8；图版Ⅸ，18）；有的花粉管尖端变为锥形，精子从锥形尖端释放（图版Ⅷ，7、9）；关于花粉管尖端分叉的现象，曾在进入胚囊的单花粉管中看到过，也在两个花粉管同时进入胚囊时，发现过一个分叉、一个未分叉的情形（图版Ⅸ，19）。厚皮甜瓜花粉管进入胚囊后的分叉现象是固有的形态还是损伤造成，需要进一步观察研究。

参考文献

［1］吴明珠，李树贤. 新疆厚皮甜瓜开花习性与人工授粉技术的研究［J］. 中国农业科学，1983（6）：38-44.

［2］胡适宜，朱徵. 高等植物受精作用中雄性核和雌性核的融合［J］. 植物学报，1979，21（1）：1-10.

［3］吴索萱，蔡起贵. 水稻（Oryza Sata L），双受精过程的细胞学观察［J］. 植物学报，1965，13（2）：114-126.

李树贤，吴明珠：新疆厚皮甜瓜受精过程的初步观察　图版Ⅷ
Li Shuxian，Wu Mingzhu: Preliminary observation on the fertilization process
of Cucumis melo ssp. Melo pan in Xinjiang　　　　　Plate　Ⅷ

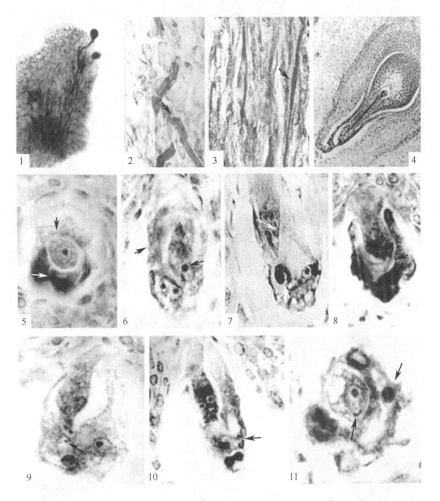

　　1．花粉在柱头上萌发，×33；2．花粉管进入柱头组织（↘），×132；3．花粉管在子房组织中伸入（↘），×132；
4．倒生胚珠，花粉管经过珠孔进入胚囊，×33；5．受精前的极核（→）和卵细胞（↓），×330；6．花粉管（↓）
经过助细胞（↗）接近卵细胞（←），两个极核开始融合，核仁尚未合并（↑），×330；7．接近雌核的花粉管，尖端
呈锥形，尚未释放精子（↘），次生核之核仁合并，较右侧的卵细胞核仁大得多（↑），×330；8．花粉管释放
物质，×330；9．精子释放，呈椭圆形（→），次生核中有游离的类似核仁物质（↘），×330；10．双花粉管
进入胚囊，一个花粉管的两个精子尚未释放（↘），一个花粉管释放出两个精子，呈卷曲带状，贴向卵细胞和
次生核（←），×330；11．次生核与精核已经完全融合（↗），进入卵细胞的精核趋向卵核膜（↑），×330

李树贤，吴明珠：新疆厚皮甜瓜受精过程的初步观察　图版Ⅸ
Li Shuxian，Wu Mingzhu: Preliminary observation on the fertilization process
of Cucumis melo ssp. Melo pan in Xinjiang　　Plate　Ⅸ

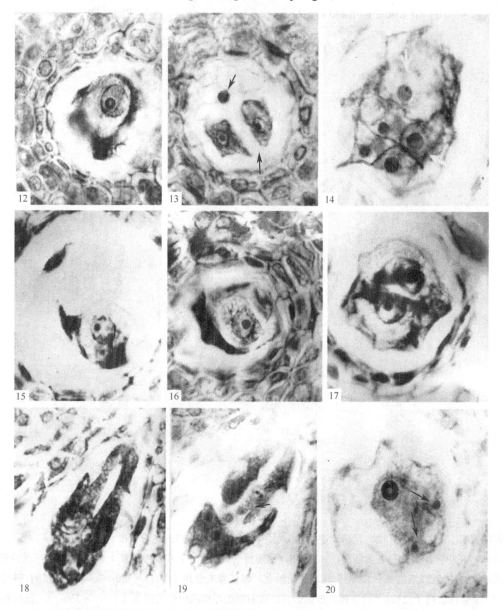

　　12. 刚完成雌雄配子融合的合子，核仁体积较大，×330；13. 初生胚乳核纵裂为两个细胞（↑）
合子还在静止期（↙），×330；14. 合子第一次分裂还未开始（↓），初生胚乳细胞已第二次横裂
为四个细胞（←），×330；15. 第一次分裂前夕的合子，细胞核和核仁较小，×330；16. 合子进入
第一次分裂前期，×330；17. 合子分裂为顶细胞和基细胞，×330；18. 双花粉管进入胚囊，尖端呈
圆弧形，精子尚未释放（↗），×330；19. 双花粉管进入胚囊，一个尖端分了叉（↙）精子未释放
（↙），×330；20. 两个精细胞趋向或进入卵细胞（↓↘），×330

同源四倍体茄子的有丝分裂[*]

李树贤　吴志娟

（新疆石河子蔬菜研究所）

摘　要：同源四倍体茄子有丝分裂，染色体行为基本正常。四倍体和普通二倍体最显著的不同是核仁的变异，包括数量、形状、大小和存留时期，以及不同部位细胞的不同等。这和四倍体的遗传变异性有何关系，尚待进一步研究。

关键词：茄子；同源四倍体；有丝分裂；核仁；变异

Mitosis of Autotetraploid Eggplant

Li Shuxian　Wu Zhijuan

(Xinjiang Shihezi Vegetable Research Institute)

Abstract: Autotetraploid eggplant mitosis, chromosome behavior basic normal. Tetraploid and common diploid the most significant difference is the variation of nucleolus, including the quantity, shape, size and exist period, as well as different position cell differences and so on. What does this have to do with the genetic variability of tetraploid is yet to be further research.

Key words: Eggplant;Autotetraploid;Mitosis;Nucleolus;Variation

有丝分裂是植物体细胞增殖的主要方式，是一个连续的过程，受一系列基因共同协调控制。细胞周期包括 M、S、G_1 和 G_2 四个时期，S、G_1 和 G_2 为间期；M 期为分裂期，在细胞周期中占的时间最短。M 期又分为四个阶段：前期（prophase）、中期（metaphase）、后期（anaphase）和末期（telophase）。进一步细分，可分为早前期、中前期、晚前期，前中期和中期，后期和末期。

物种倍性对有丝分裂行为的影响，研究报告尚不够多。一般认为，同源四倍体的有丝分裂主要是细胞周期有所延长，分裂行为和二倍体没有太多的不同。李山源等（1982）报告，糖甜菜四倍体的有丝分裂过程中有极个别细胞中期 I 有核仁存在；后期 I 有 4.8% 的细胞观察到落后染色体；其中 0.7% 的细胞有 1 或 2~3 条落后染色体，1.1% 的细胞有 1~2 条染色体先行到达一极，0.2% 的细胞出现了染色质桥。另外在一些物种四倍体的有丝分裂过程中，还发现有体细胞联会、体细胞交换以及体细胞减数分裂等现象。

关于同源四倍体茄子的有丝分裂还未见有报道。笔者在进行同源多倍体茄子育种研究中，在进行染色体制片观察中，积累了一些有丝分裂资料，初步整理，报告如下，以备参考。

初步观察，同源四倍体茄子的有丝分裂，染色体的行为基本正常，没有看到有落后染色体和染色质桥出现。其和普通二倍体最显著的不同，是核仁的变异。

真核细胞的核仁是 rRNA 合成、加工和核糖体亚单位的装配场所。其形状、大小、数目依生物的种

* 2009 年 12 月初稿。

类、细胞的形状和生理状态而异。一般而言，二倍体物种一个细胞只有一个核仁，核仁结构为匀质的球体，核仁的出现是和核仁组织者紧密结合在一起的，在细胞分裂过程中核仁发生一系列规律性变化。

同源四倍体茄子的有丝分裂的间期，染色体解螺旋为染色质，核仁呈圆球形，但并不只1个，本观察发现有2、3、4个核仁存在（图版X，1～4）；早前期染色质变为颗粒状或丝状（染色体），核仁可看到的为1～3个，有的已变形，有的仍保持圆球形（图版X，5、6）；中前期染色体进一步螺旋化，但仍呈丝状而彼此缠绕，核仁有的已变形（图版X，7、8）；晚前期染色体继续螺旋化缩短变粗，但并不表现二倍体所具有的核仁开始消失，其核仁有的仍以圆球形存在，有的已变形而不再是圆球形（图版X，9、10）；前中期染色体个体间彼此分开，可以清楚地计数和进行核型分析，核仁仍清晰可见，不像二倍体那样发生核仁消失，只是有的核仁已变形（图版X，11、12）。

中期染色体集中于赤道板上，纺锤体出现（图版X，13、14）。

关于纺锤体出现，二倍体物种被认为开始于晚前期，是由细胞核内非染色质物质转化而来，为胶状半固体物质，由微管组成，光学显微镜下就能看到，结构紧密，细胞质内含物不能进入。本观察同源四倍体茄子的有丝分裂，晚前期并未看到纺锤体出现，看到纺锤体出现，是染色体集中于细胞赤道板以后的中期。

二倍体物种有丝分裂中期的主要特征，一是核膜破裂，核液与细胞质混在一起；二是核仁消失，有些核仁虽然也能保持到前中期，但已无球体的形状；三是染色体的行为变化均发生在纺锤体以内，前中期染色体在赤道板上集中前散处在纺锤体中部。按照这种界定，同源四倍体茄子的有丝分裂的中期，核膜破裂，但核仁并未消失，前中期核仁也还是已然存在，且同样有变形的也有未变形的（图版X，11、12）。前中期染色体分散处在纺锤体以内，但在有些压片中染色体则分散于整个细胞质中（如图版XI，23、24），当然这也有可能是制片施压所致。

四倍体茄子有丝分裂后期，在牵引丝的拉动下，已从着丝点分开的染色体分别移向两极，凝聚成团或集中散开，后者可清楚统计其未来子细胞的染色体数目，此时其纺锤体仍存在，同时还可观察到其圆球形核仁的存在（图版X，15；图版XI，16）。

末期，纺锤体和牵引丝消失，两极的染色体或呈球形布局散开，或凝聚成团（图版XI，17）。两个子细胞最终可以染色体分散状态之细胞核、通过细胞质分割产生，也可以先凝聚成两个子细胞核、通过细胞质分割而产生（图版XI，18～21）。

二倍体物种有丝分裂进行到末期，细胞核开始形成时，在染色体之间可看到有细微小体出现；间期核形成时，核仁再次出现，这时的形状为圆球形。同源四倍体茄子的有丝分裂，从图版XI，16～19的图象看，其核仁似乎从未消失，不存在间期核形成时，核仁再次出现的问题。是观察误差，还是另有蹊跷，有待进一步研究。

植物体细胞因其部位的不同在形态上常有区别，本研究观察，四倍体茄子的幼龄子房体细胞以接近圆形为主（图版XI，22）；而其根尖细胞则以接近方形或长方形为主（图版XI，23）。前者有丝分裂中的核仁变化多端；后者前中期则没有看到核仁存在（图版XI，24、25）。另外，作为同化器官的幼龄叶片细胞的有丝分裂中期，则又发现有核仁存在，形状为圆或椭圆形（图版XI，26）。

同源四倍体茄子的有丝分裂，染色体的行为基本正常，这和其花粉母细胞减数分裂指数较高具有相通之处，从而也证明了所研究的四倍体系，具有较高的遗传稳定性。

同源四倍体茄子有丝分裂核仁的变异，包括数量、形状、大小和存留时期等，这和四倍体的遗传变异性有何联系，尚待进一步研究。

李树贤等：同源四倍体茄子的有丝分裂　图版 X

LI Shuxian et al: Mitosis of autotetraploid eggplant Plate　X

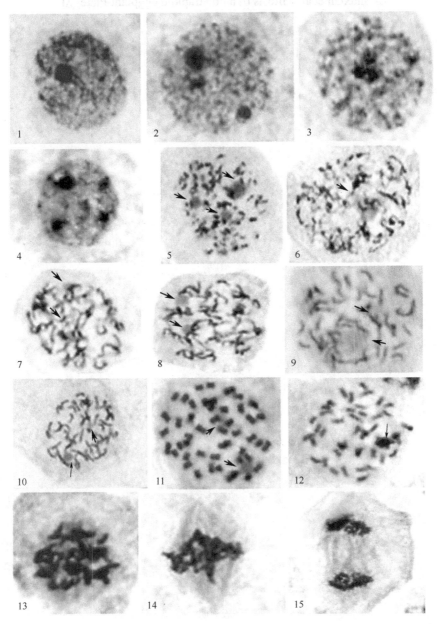

See explanation at the end of text

李树贤等：同源四倍体茄子的有丝分裂　图版XI

LI Shuxian et al: Mitosis of autotetraploid eggplant Plate Ⅺ

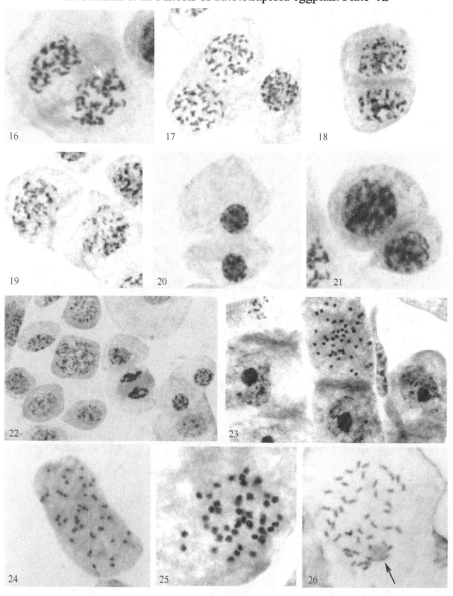

图版说明

1～4. 分裂间期，细胞核分别有 1～4 个核仁；5. 早前期，3 个圆形、近圆形核仁；6. 早前期，1 个已变形的核仁；
7，8. 中前期，2 个变形、未变形核仁；9，10. 晚前期，核仁变形与未变形；11，12. 前中期，核仁变形、
未变形；13，14. 中期，纺锤体出现；15. 后期，位于中部的纺锤体和两极的牵引丝；16. 后期，被拉向两极的
染色体及其近圆形核仁，牵引丝消失，纺锤体还在，2n=4x=48；17. 末期，纺锤体已消失，两极均有近圆形核仁，
2n=4x=48；18. 末期，两极各有 1 个和两个核仁，细胞板产生；19. 细胞质割裂，产生两个子细胞，染色体及核
仁均清晰可见；20. 先形成两个子细胞核，后细胞质割裂；21. 产生两个子细胞，进入静止期；21. 幼龄子房体
细胞；22. 根尖分生组织细胞；23～25. 根尖分生组织细胞分裂中期，未见核仁，2n=4x=48；26. 幼龄叶
片分生组织细胞分裂中期，有近圆形核仁存在，2n=4x=48

同源四倍体茄子花粉母细胞的减数分裂[*]

李树贤　吴志娟

（新疆石河子蔬菜研究所）

摘　要：同源四倍体茄子花粉母细胞减数分裂前期Ⅰ（终变期）染色体的配对构型虽也存在单价体与多价体，但数量相对较少，偶尔出现的 2n=4x=24Ⅱ=48 的个体，在人工同源四倍体中更是罕见；后期Ⅰ和后期Ⅱ的染色体分配也发生紊乱，但远没有四倍体黄瓜与四倍体甜瓜严重；花粉母细胞减数分裂前期Ⅰ未发现多核仁的存在，但在两次分裂的间期和前期Ⅱ，却看到存在大小不等的 2~3 个核仁；另外也还发现存在核仁延迟消失现象；细胞质分裂属"同时型"，四分孢子以"四面体式"和"二轴对称式"排列为主。减数分裂指数相对于四倍体黄瓜和甜瓜，明显要高。同源四倍体茄子花粉母细胞减数分裂的紊乱程度相对较轻，可能是不同物种存在不同的减数分裂特异基因；也可能与本研究四倍体茄子试材经过较多世代的多亲本轮回选择，田间以趋向"二倍化弱株型"选择有一定关系。

关键词：茄子；同源四倍体；花粉母细胞；减数分裂

Autotetraploid Eggplant Meiosis of Pollen Mother Cells

Li Shuxian　Wu Zhijuan

(Xinjiang Shihezi Vegetable Research Institute)

Abstract: The autotetraploid eggplant pollen mother cell meiosis prophase Ⅰ (Diakinesis) chromosome pairing configuration also exist in the unit price and the polyvalent body, but the number is relatively small. Occasionally appear 2n=4x=24 Ⅱ = 48 individual, in the artificial autotetraploid middle is rare; anaphase Ⅰ and anaphase Ⅱ chromosome distribution also happens disorder, but far from tetraploid cucumbers and tetraploid melon is serious; Pollen mother cell meiosis prophase Ⅰ did not find the existence of multiple nucleoli, But in twice fission interphase and prophase Ⅱ, see there 2~3 different sizes of nucleoli; In addition, there are also found nucleoli disappear delay phenomenon; The cytoplasm fission genus "simultaneous type", tetraspore configuration according to "two axisymmetric type" and "Tetrahedron type" is given priority to. Meiosis index relative to the tetraploid cucumbers and melon, significantly higher. Autotetraploid eggplant of pollen mother cell meiosis disorder degree is relatively light, May be different species have different meiotic specific genes; May also be with tetraploid test materials for a long time, repeatedly multi-parents recurrent selection, phenotypic traits in field tend to be "diploidization

---

[*]　2009 年 12 月初稿。

weak plant type" selection has certain relations.

Key words: Eggplant; Autotetraploid; Pollen mother cell; Meiosis

在进行有关作物的同源多倍体育种研究中，曾配合进行过较大量的细胞压片及切片观察，相继发表了有关瓜类作物小孢子发生，西瓜小孢子囊发育及雄配子体发生，厚皮甜瓜大孢子发生和雌配子体形成，厚皮甜瓜受精过程的初步观察，四倍体黄瓜种子结实力变异的细胞遗传学基础等文章[1~5]。

关于同源四倍体茄子花粉母细胞的减数分裂，还未见有报道。笔者通过对多年的染色体制片的整理，已获得较完整的四倍体茄子花粉母细胞减数分裂的全过程图谱。同时对相关问题也有一些初步认识，现报告如下，以求教于读者。

研究观察的光学显微镜目镜只有 3.3 倍，所有图片均为×330。

本文四倍体茄子花粉母细胞减数分裂的过程，限于图版中的图片 1～25；附 1～附 3 为配合主题，过去未曾发表过的黄瓜和甜瓜的有关图片。

由于显微摄影倍数较低，本文图片中前期Ⅰ的细线期、偶线期、粗线期、双线期的图像，以及终变期和中期Ⅰ的价体分析，直观效果不是太好，但在实际观察中调节焦距仍能确认其准确可靠。

同源四倍体茄子花粉母细胞的减数分裂，相对于同源四倍体黄瓜和同源四倍体甜瓜要规则些。主要表现在如下方面。

1 前期Ⅰ染色体的配对构型

二倍体有两条同源染色体，前期Ⅰ（终变期）染色体的配对构型只能形成二价体；同源四倍体有四条同源染色体，前期Ⅰ（终变期）染色体的配对构型有可能形成四价体、两个二价体、一个三价体和一个单价体，同时也有可能由于非同源染色体之间的交换易位而引发多于四条染色体构成的多价体，例如（图版Ⅻ，5），即出现了 1 个六价体，其染色体构型为 $2n=4x=15Ⅱ+3Ⅳ+Ⅵ=48$。同源四倍体性母细胞减数分裂中，所有染色体都呈现二价体构型，即同源四倍体已经"二倍化"，这在人工同源四倍体中是不可能的。个别细胞的"二倍化"，如（图版Ⅻ，6）的 $2n=4x=24Ⅱ=48$ 的个体也罕见。

2 后期Ⅰ染色体的分配

后期Ⅰ染色体的分配，是能否产生功能正常的小孢子、确保四倍体遗传稳定性的关键表型性状之一。后期Ⅰ和后期Ⅱ染色体的均衡分配，与花粉育性直接相关。但对于大多数被子植物的人工同源四倍体而言，其花粉育性常常并不都大幅度降低（花粉育性与种子结实率并不都呈现正相关性）。同源四倍体茄子花粉母细胞减数分裂后期Ⅰ和后期Ⅱ的染色体分配也发生紊乱，但远没有四倍体黄瓜与四倍体甜瓜严重。植物性母细胞减数分裂第一次分裂为减数，第二次形同有丝分裂，因而决定小孢子倍性及育性的主要时段在后期Ⅰ。四倍体茄子花粉粒育性染色检验高达 80%～90%[7]，但具有正常功能的却并没有染色检验那么高，原因是少或多 1～2 条染色体其雄配子体仍然是可育的，其结果是产生某种特定的非整倍体，如单体、缺体和三体、四体等。但当这种少或多 1～2 条染色体的雌雄配子体和正常倍性的雌雄配子体同时存在时，由于其生活力较低，参与受精的往往都是正常倍性的雌雄配子，从而确保了四倍体遗传性的稳定性。本研究观察到的后期Ⅰ为 25：23 和 26：22 的分配（图版Ⅻ，13、14），所占份额不多，但却证明了这种遗传变异特性的存在。

3 减数分裂中的核仁的异常

核仁是真核细胞间期细胞核中最明显的结构。植物花粉母细胞一般只有一个核仁，一直维持到前期

Ⅰ的终变期，之后核仁消失，到前期Ⅱ又重新出现。双核仁或多个核仁现象在二倍体中也有发现，但比较少见。四倍体花粉母细胞的多核仁现象，在一个"玉米稻"的自然四倍体以及高粱的同源四倍体中曾有过报道[8]。在黄瓜的同源多倍体育种中，笔者曾对四倍体黄瓜种子结实力变异的细胞遗传学基础进行过初步研究，对10个人工4x系的观察，无一例外都存在多核仁现象，核仁大小也多有变化，多核仁者多数有明显的主核仁。多核仁绝大多数在中期Ⅰ消失，但前期Ⅱ还会重新出现。另外，在所观察的4x系中还发现有核仁延迟消失现象，当中期Ⅰ染色体已排列在赤道板上时，偶尔还会看到有核仁存在[3]。对同源四倍体甜瓜的观察，也发现常存在与四倍体黄瓜相类似的多核仁、核仁大小有别以及核仁延迟消失等情况（未发表）。本文（图版Ⅻ，附1）为1个已启动减数分裂，具20个大小不等核仁的4x黄瓜花粉母细胞图像；附2为1个已启动减数分裂，具8个大小不等核仁的4x甜瓜花粉母细胞图像；附3为四倍体甜瓜花粉母细胞减数分裂前期Ⅱ的多核仁现象。

同源四倍体茄子花粉母细胞减数分裂中未发现多核仁的存在，但在两次分裂的间期和前期Ⅱ却看到存在大小不等的2～3个核仁。核仁延迟消失现象，在四倍体茄子中也曾发现，延迟期甚至更晚，在后期Ⅰ似还有核仁存在（图版Ⅻ，10）。

真核细胞的核仁是rRNA合成、加工和核糖体亚单位的装配场所，一直受到相关领域研究者的高度重视。多倍体比它的原二倍体细胞核 DNA 含量高，核仁组织者也多，核仁变异与同源多倍体的遗传相关性及机理，目前还知之甚少，还有待进一步研究探讨。

4　分生孢子的变异

同源四倍体甜瓜、西瓜、黄瓜和茄子小孢子的发生，细胞质分裂都属"同时型"，四分孢子均以"四面体式"和"二轴对称式"排列为主。但相对于四倍体黄瓜和甜瓜，四倍体茄子的正常四分孢子率（减数分裂指数）却要高得多。不同物种及同一物种不同基因型，"减数分裂指数"与种子结实力之间并不存在必然的联系；但在同一基因型内"减数分裂指数"与种子结实力之间却常呈现高度的正相关性[3]。同源四倍体茄子具有较高的"减数分裂指数"，其种子结实力也较高、较稳定，但远未达到其"减数分裂指数"的高水平。

在被子植物中，不同物种的同源四倍体的减数分裂及其影响，常有不同的表现。同源四倍体茄子的减数分裂指数远高于同源四倍体黄瓜和甜瓜，这一方面是物种固有遗传性差异所致，同时也可能与本所同源四倍体茄子育种研究，在多亲本多轮回选择条件下，田间以趋向"二倍化弱株型"选择近20代不无关系。

参考文献

[1] 李树贤.瓜类作物小孢子发生的初步观察 [J] //全国蔬菜育种新途径学术讨论会纪要（湖南湘潭，1979），新疆农业科技，1982（05）.

[2] 李树贤. 厚皮甜瓜大孢子发生和雌配子体形成的初步观察（简报）[C]. 全国西、甜瓜科研座谈会，新疆乌鲁木齐，1982.

[3] 李树贤.四倍体黄瓜种子结实力变异的细胞遗传学基础 [C] //中国遗传学会第二次代表大会暨学术讨论会，福建福州，1983：224-225.

[4] 吴明珠，李树贤.新疆厚皮甜瓜开花习性与人工授粉技术的研究 [J]. 中国农业科学，1983（6）：38-43.

[5] 李树贤，吴明珠.新疆厚皮甜瓜受精过程的初步观察 [J]. 园艺学报，1987（1）：49-52.

[6] 李树贤，陆新德.西瓜小孢子囊发育及雄配子体发生的观察 [J]. 西北植物学报，1992，12（1）：79-84.

[7] 李树贤.同源四倍体茄子诱变初报 [C] //中国园艺学会第二次代表大会暨学术讨论会论文（单行本），杭州，1981.

[8] 吉林师范大学生物系."玉米稻"后代一个自然四倍体的细胞遗传学研究 [J]. 遗传学报，2（4）：444-448.

李树贤　吴志娟：同源四倍体茄子花粉母细胞的减数分裂　图版XII
Li Shuxian Wu Zhijuan: Autotetraploid eggplant meiosis of pollen mother cells　　Plate XII

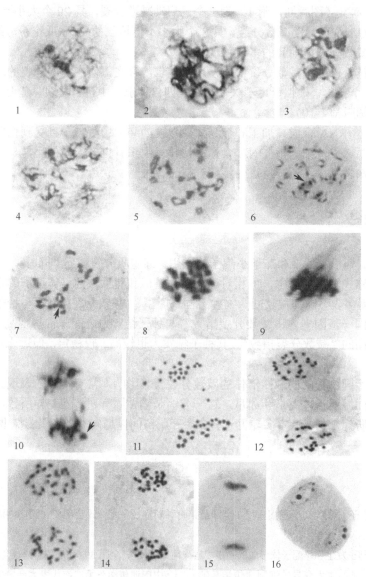

See explanation at the end of text（一）

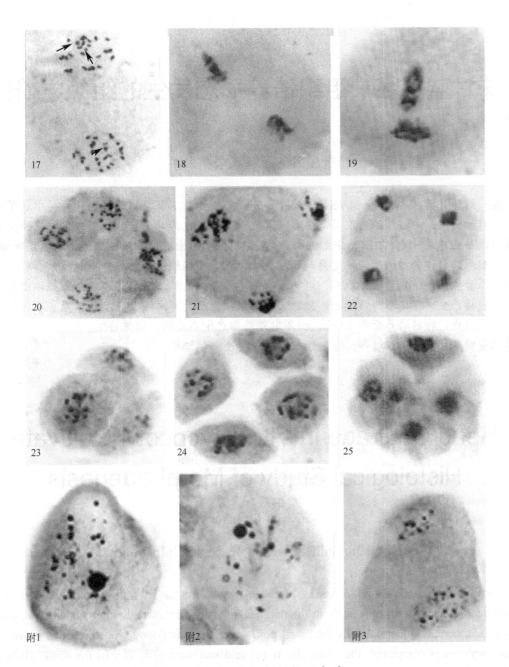

See explanation at the end of text（二）

图版说明

1．细线期；2．偶线期；3．晚粗线期；4．晚双线期；5．终变期：2n=4x=15Ⅱ+31Ⅳ+Ⅵ=48；6．终变期：2n=4x=24Ⅱ=48；7．中期Ⅰ：2n=4x=Ⅰ+18Ⅱ+Ⅲ+21Ⅳ=48；8．中期Ⅰ，染色体聚集在赤道板上；9．后期Ⅰ，纺锤体出现；10．后期Ⅰ，有落后染色体，似有核仁存在（↙）；11．后期Ⅰ，染色体已达两极，有3个落后染色体，呈24：（21+3）分布；12．后期Ⅰ，两极染色体呈24：24分布；13．后期Ⅰ，两极染色体呈25：23分布；14．后期Ⅰ，两极染色体呈26：22分布；15．末期Ⅰ；16．减数分裂中两次分裂之间期；17．正常的前期Ⅱ（箭头指向核仁）；18．中期Ⅱ；19．中期Ⅱ紊乱；20．后期Ⅱ，染色体分配为四分体，有个别染色体游离；21．后期Ⅱ，染色体不均等分配为三分体；22．正常末期Ⅱ；23．四面体式四分孢子；24．二轴对称式四分孢子；25．多分孢子；

附1．四倍体黄瓜花粉母细胞减数分裂前期Ⅰ的多核仁现象；附2．四倍体甜瓜花粉母细胞减数分裂前期Ⅰ的多核仁现象；附3．四倍体甜瓜花粉母细胞减数分裂前期Ⅱ的多核仁现象

结球甘蓝下胚轴组织培养形态发生的组织学研究[*]

李树贤　陈远英

（新疆石河子蔬菜研究所）

摘　要： 结球甘蓝（*Brassica oleracea* vav. *capitata* L.）离体下胚轴培养，近切口的中柱薄壁细胞首先启动分生，中柱外的内皮层、皮层、表皮细胞随后也启动分生。随着愈伤组织的生长和愈伤形成层的建成，维管组织与分生组织产生。组织培养中出现的多倍性细胞团和单倍性细胞，不会引起原二倍体物种的遗传性变异和性状变化。在愈伤组织中，芽多为外起源，由原体原始细胞和原套原始细胞发育成芽原基，进一步形成不定芽。另外，不定芽还可由外植体皮层内薄壁细胞直接产生。不定根为内起源，来源于维管组织结节的单向极性分生，根原基在转移培养之前就已形成，转移培养后约10天，由不定芽基部产生不定根，植株再生。

关键词： 结球甘蓝；组织培养；愈伤组织；植株再生；组织学

Head Cabbage in Vitro Hypocotyl Cultivate Histological Study of Morphogenesis

Li Shuxian　Chen Yuanying

(Xinjiang Shihezi Vegetable Research Institute)

Abstract: Knot ball Cabbage (*Brassica oleracea* vav. *Capitata* L .) in vitro hypocotyl Tissue culture,nearly incision　in of 　stele in the parenchyma cells first start the meristematic,extra-stelar endodermis, cortex, epidermal cells then start points meristematic.Along with the callus growth and callus cambium is completed, the　vascular tissue and meristem generate. In the tissue culture of appeared of polyploid cell group and haploid cells, does not lead to the original diploid species genetic variation and character changes. In the callus the bud is mostly the exogenous origin, by the corpus primitive cells and the tunica of primitive cells develop into bud primordium, further formation of adventitious bud.In addition, can also be directly by explant cortex parenchyma cells produce adventitious bud. The adventitious root endogenous, derived from vascular tissue nodules unidirectional polar meristematic . The root primordium formation at transfer cultur of before, about 10 days after the transfer of culture, At the bottom of the adventitious bud to produce adventitious roots, plant regeneration.

Key words: Knot ball Cabbage; Tissue culture; callus; plant regeneration; histology

[*] 西北植物学报，1993,13（4）：271-275.

植物下胚轴离体培养，20世纪70年代以来，已先后在白云杉、短叶杉（Campball等，1975）、中国槐（陈维伦等，1982）、芥蓝（Zee等，1977）、雪里蕻（Hui等，1973）、茄子（Matsuoka等，1979）、辣椒（Gunay等，1978）、西葫芦（Jelaska，1972、1974）等园艺植物上诱导出不定芽[1]，包慈华等利用油橄榄下胚轴段诱导出完整的植株[2]。颜慕勤等利用大叶相思下胚轴诱导出小植株，且已入土移栽成活[3]。王喆之等对灯笼果的下胚轴等外植体诱导成完整的植株[4]。贾敬芬等对小冠花离体下胚轴培养指出，在一定的培养基上，可以经过愈伤组织产生不定芽[5]。王喆之对陆地棉下胚轴培养、愈伤组织产生及胚胎发生的细胞学问题进行了研究[6]。甘蓝下胚轴培养也已获得了植株[7,8]。本项试验，利用结球甘蓝下胚轴段和子叶块作外植体，在早春三个月内继代培养三次，一粒发芽的种子可获得12.8万株发育正常、遗传性稳定的试管苗，大田栽培试验证明，产量和商品性状均优于种子实生苗（陈远英等另有报告）。本文是对离体下胚轴培养、愈伤组织发生及植株再生的组织学的初步观察。

1 材料和方法

试验研究于1986—1989年在新疆石河子蔬菜研究所进行。试验材料为结球甘蓝（*Brassica oleracea* vav. *capitata* L.）中的春甘蓝杂种一代品种"报春"。下胚轴段截自培养7天的无菌苗，不带生长点，长约1cm。基本培养基为MS，蔗糖3%，琼脂0.7%，pH5.8。附加激素，诱导愈伤组织及不定芽统一选用"6-BA 1.4mg/L+IAA 0.14mg/L+GA 0.1mg/L"；诱导不定根只附加IAA（NAA）0.2～0.3mg/L。下胚轴段直插接种。培养温度为（25±2）℃。补充光照为普通日光灯1500～2000 lx、10小时/天。组织学观察，取样时间为培养第3天、第8天、第13天、第18天、第25天、第30天、第35天，每次取5～10个培养物。卡诺氏液（冰醋酸和酒精，1:3）固定，常规石蜡切片，切片厚15μm，铁矾-苏木精-固绿复合染色，普通光学显微镜观察摄影。

2 观察结果

2.1 分化细胞的启动和愈伤组织的发生

甘蓝下胚轴段在本试验条件下培养3天，横径较未培养前成倍增大。纵剖观察，切口处有几层细胞由于机械损伤而萎缩，再向下则清晰地看到中柱薄壁细胞开始启动。启动细胞体积较大，细胞核大、位居细胞中央，靠近切口处较多，向内有逐渐减少的趋势。后损伤层细胞干枯脱落，培养第8天，即可在切口处的中柱部位看到愈伤组织发生（图版XIV，1、2）。

随着培养时间的延长，切口处中柱外薄壁细胞启动分生，远离切口的内皮层、皮层、表皮细胞也先后启动分生。具体情况大致是，在结构上，中柱细胞（包括中柱鞘和散生于中柱内的薄壁细胞）和内皮层细胞启动较早，皮层和表皮细胞启动较晚；在部位上，近切口处的分化细胞启动较早，远离切口的分化细胞启动较晚。在培养3天的下胚轴段横切面，可以看到内皮层部位细胞的启动（图版XIV，3）。在培养8天的横切面，可以看到皮层薄壁细胞的启动与所产生的分生细胞团（图版XIV，4）。在培养13天的横切面，可以看到表皮细胞的启动与所产生的分生细胞团（图版XIV，5）；此时，在临近切口处表皮启动细胞已分化产生愈伤组织。

2.2 愈伤组织的生长与分化

产生不久的愈伤组织，靠近切口处分生细胞较多（图版XIV，2），愈伤组织的生长，主要靠这些分生细胞的分生。后愈伤形成层产生，向外分化薄壁细胞，向内是特化的管状分子。愈伤形成层的分化，标志着愈伤组织已经建成（图版XIV，7）。

愈伤组织有疏松型和致密型之分。最先发生的致密型愈伤组织来自中柱部位的薄壁细胞，疏松型来自中柱外的薄壁细胞（图版XIV，6）。致密型愈伤组织颜色深、细胞较小，结构紧密，产生不定芽早而且数量多；疏松型愈伤组织，细胞较大，结构疏松，产生不定芽晚，且数量较少。

愈伤组织发育除产生分生组织外，其薄壁细胞以后大部分都将分化为基本组织，只有少数特化为管状分子。愈伤维管组织，经常以鸟巢状维管组织结节出现，其外围形成层状细胞，内部包含管状分子和薄壁细胞（图版XIV，10）。另外，也有成束状维管组织的。愈伤组织的维管组织和管状分子比较复杂，将另有报告。

分生组织包括分生细胞团及分生组织结节。分生细胞团，一般多出现在致密型愈伤组织靠近表层处，在深层也经常存在。另外，在疏松型愈伤组织表层以内，也曾发现有分生细胞团产生（图版XIV，8）。

分生组织结节外围形成层状细胞，内部充满分生细胞，多出现在疏松型愈伤组织中（图版XIV，9）。

2.3　不定芽的再生

在本试验条件下，培养13天，愈伤组织建成，芽原基出现。芽原基大多由愈伤组织表层分生细胞分化产生，为"外起源"。芽原基的发育过程，最初看到的是愈伤组织表层内分化产生的形态较大、细胞质浓、细胞核也较大的胚性细胞，它很可能就是通常所说的原体原始细胞；在原体原始细胞外层，有纵向排列的分生细胞，它可能就是原套原始细胞（图版XV，13）。原体原始细胞的分生是多向的，在它分生的同时，原套原始细胞行垂周分裂，随之形成具有明显原套组织的芽原基。原套细胞较之原体细胞的细胞质更浓，染色也深（图版XV，14）。芽原基进一步发育，两侧出现叶原座，后发育为叶原基乃至叶。与此同时，芽轴伸长，不定芽再生（图版XV，17、18、19）。

另外，在愈伤组织表层内较深处，还发现有芽的再生，其芽原基已发育产生叶原座（图版XV，15）。

培养到25天，不定芽分化出数片叶，并在叶腋间出现腋芽原基（图版XV，20）。

培养到35天，出现大量的不定芽丛，这些芽丛有由早先发生的不定芽腋芽发育产生的；也有愈伤组织直接再生的不定芽丛（图版XV，21、22）。另外，也还可能有外植体不经愈伤组织，直接分化产生的芽。关于这种情况，从培养25天的下胚轴段横切面切片中所看到的，皮层深处薄壁细胞直接分化产生的、具有明显原套组织的芽原基可以证明（图版XV，16）。

2.4　不定根的起源和发生

将不定芽转移到诱根培养基中，一般经过10天左右的培养，即可在不定芽基部诱导出3～4条、2～4cm长的不定根（图版XV，25）。

不定根的发生为内起源，在未转移培养之前就已开始。正常情况是在不定芽发生几天之后，不定芽基部的维管组织结节，在外源激素作用下，周围的形成层状细胞发生单向极性分生，先分化为半球形结节，其基部为基本组织，顶端为分生组织，里面包含管状分子（图版XV，23），这种单向极性分生的组织结节，进一步分化为根原基。产生不久的根原基，看不到明显的分区，但在顶端可以看到几层分生组织，有可能是根冠原、表皮原及中柱原（图版XV，24）。单向极性分生的组织结节和根原基，在培养25天的切片中就已发现。不定芽转移到诱根培养基中，促进了根原基进一步发育成不定根。

3　讨论

（1）有很多报告都论及愈伤组织的起源与性质。本试验观察，最先起源于中柱部位的愈伤组织为致密型，起源于中柱外薄壁细胞的为疏松型。这一点和灯笼果的培养结果有所不同[4]，与陆地棉的工作相似[6]。中柱组织、皮层、表皮等薄壁组织都可以启动，并产生愈伤组织，和油橄榄茎段以及福禄考叶外植体的培养相似。致密型愈伤组织产生不定芽的概率高，也与福禄考子叶及叶外植体培养结果一致[10]。在本试验条件下，随着胚性细胞的分生，疏松型愈伤组织常会转化为致密型，但没有看到致密型转化为疏松型。这可能与 1AA（NAA）浓度及 6-BA 的配比有关。这种情况和油橄榄茎段培养不完全相似[9]。

（2）在植物组织培养中，二倍体外植体诱导出多倍性细胞群是比较普通的现象[11,12-13]。本试验在远离切口的皮层组织部位，观察到有多倍性细胞团产生，这些多倍性细胞不仅体积大，细胞核也大，在同一细胞核内还常有多核仁和"巨型"核仁出现。切片中处在有丝分裂中期的细胞，调整焦距观察，可以数清其染色体为 2n=6x=54（图版ⅩⅣ，11）。另外，在致密型愈伤组织的近表层，也曾发现有超四倍体细胞；在根原基顶端组织中，还观察到 n=x=9 的单倍性细胞（图版ⅩⅣ，12）。这些染色体数量变异的细胞，只是极少数，在分化培养中很难继续增殖和长期存在下去。从保持原二倍体物种种性考虑，不仅不会引起遗传性变异，也不会引起当代性状的变化。这和陈世儒等同类工作的观点是一致的[8]。

（3）不定芽为"外起源"，这是大多数研究者的共同认识。也有报告认为，同时还存在着"内起源"[14,15]。本试验组织切片，观察到的愈伤组织再生的不定芽，绝大多数都是"外起源"，也有少数是"内起源"。看来关于不定芽的起源还需进一步研究。

在植物器官离体培养中，芽的再生常有不经愈伤组织，而由外植体组织直接分化的现象[5,14]。本试验没有看到下胚轴切口处直接产生不定芽[5]，但看到了表皮内薄壁细胞直接分化产生的芽原基（图版ⅩⅤ，16），它具体起源于中柱鞘细胞还是内皮层或皮层细胞，有待进一步观察研究。

关于芽丛，有报告认为与腋芽发育有关[15]。本试验观察，要更复杂些。

（4）不定芽的再生，金波等（1982）对甘蓝花茎的培养[16]，Gertsson（1986）对千里光属 （Senecio）一个杂交种叶柄的培养[17]，Christianson 等（1988）对田旋花叶外植体的培养[18]，都认为有一定的部位极性。在本试验中，往往是生理上端切口处，首先发生愈伤组织并分化出不定芽。也经常有下端切口处首先启动，发生愈伤组织并分化成芽；以及两端切口都发生愈伤组织并分化出芽的现象。另外，在远离两端切口的外植体中部，也能发生愈伤组织和分化芽（图版ⅩⅤ，26、27）。这说明结球甘蓝离体下胚轴培养，愈伤组织的发生与不定芽的再生，没有明显的部位极性。

参考文献

[1] 裘文达. 园艺植物的组织培养 [M]. 上海：上海科学技术出版社，1986，221-230.

[2] 包慈华，马以风，刘静芙，等. 油橄榄下胚轴诱导完整植株 [J]. 植物学报，1980，22（1），96-97.

[3] 颜慕勤，陈平. 大叶相思的组织培养和植株再生 [J]. 植物生理学通讯，1983（1）：29.

[4] 王喆之，张大力，郝联芳. 灯笼果组织培养的研究 [J]. 西北植物学报，1991，11（1）：44-49.

[5] 贾敬芬，余芳. 小冠花组织培养中的植株再生及其组织学观察 [J]. 西北植物学报，1989，9（4）：212-215.

[6] 王喆之，张大力，李克勤，等. 陆地棉愈伤组织产生及胚胎发生的细胞学研究 [J]. 西北植物学报，1990（2）：77-83.

[7] Zee S Y，Wu S C，Yue S B. Morphogenesis of the Hypocotyl Explants of Chinese Kale[J]. Zeitschrift Für Pflanzenphysiologie，1978，90（2）：155-163.

[8] 陈世儒，王晓佳，宋明. 结球甘蓝自交不亲和系的离体培养繁殖研究 [J]. 西南农业大学学报，1989，11（1）：93-96.

[9] 王凯基，张丕方，倪德祥，等. 油橄榄组织培养的细胞组织学研究 1.愈伤组织的建成 [J]. 植物学报，1979，21（2）：127-132.

[10] 井忠平，李惠芝，潘景丽，等. 福禄考的组织培养研究Ⅰ.叶外植体的愈伤组织及器官发生的细胞学观察 [J]. 西北植物学报，1990，10（3）：225-227.

[11] Torrey J G. Cellular differentiation of cultured cells and tissues[J]. Hort. Science，1977，12（2）：127-130.

[12] 王仑山，丁惠宾，王亚馥，等. 伊贝母愈伤组织在继代培养过程中的染色体变异 [J]. 植物学报，1990，32（3）：241-244.

[13] 李克勤，王喆之，张大力，等. 陆地棉组织细胞培养的研究 [J]. 西北植物学报，1991，11（2）：144-153.

[14] 许智宏，刘桂云. 赤霉素对烟草叶组织培养中芽形成的抑制效应 [J]. 实验生物学报，1980，13（1）：53-63.

[15] 赵国林，李师翁. 黄花菜离体花梗愈伤组织发生与器官再生的细胞组织学观察[J]. 植物学报，1989：31（6）：484-486.

[16] 金波，王纪方，贾春兰，等. 甘蓝花茎培养的研究 [J]. 园艺学报，1982：9（1）：53-37.

[17] Gertsson U E.Influence of explant orientation and media composition on organ formation, growth and nitrogen content in petiole explants of Senecio X hybridus Hyl [J]. Journal of Horticultural Science，1986，61（1）：121-128.

[18] Christianson M L，Warnick D A. Organogenesis in vitro as a developmental process Hortscience，1988，23（3）：515-519.

李树贤等：结球甘蓝下胚轴组织培养形态发生的组织学研究　　图XIV

Li Shuxian et al: Head cabbage in vitro hypocotyl cultivate histological study of morphogenes is Plate　XIV

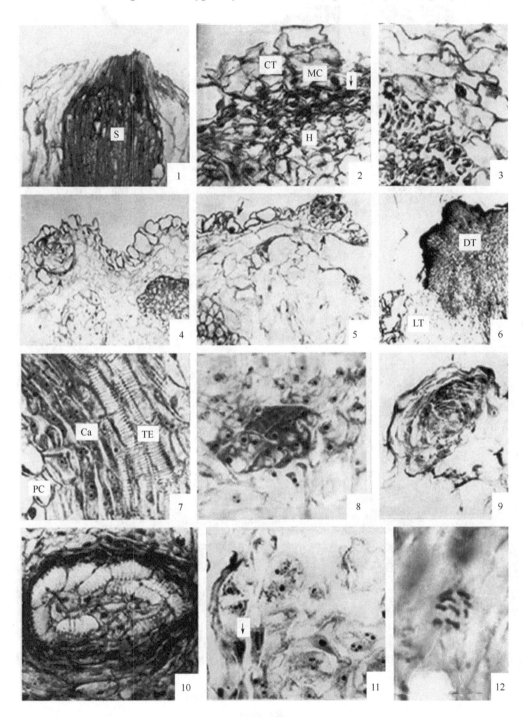

See explanation at the end of text

李树贤等：图版 XV　　　Li Shuxian et al.: Plate　XV

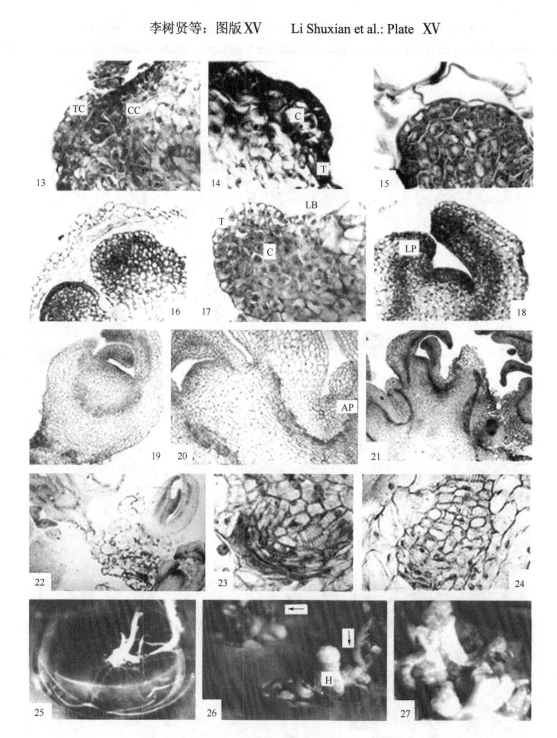

See explanation at the end of text

图版说明

H．下胚轴；S．中柱；CT．愈伤组织；Ca．形成层；TE．管状分子；PC．薄壁细胞；
MC．分生细胞；C．原体；T．原套

图版 XIV

1．培养 3 天，下胚轴段纵切面，×33；2．分生细胞多分布在近切口处（↓），×132；3．横切面，
内皮层细胞启动分生（↓），×132；　4．皮层细胞启动分生（↑），×33；　5．表皮细胞启动分生（↓），

×132； 6．致密型（DT）和疏松型（LT）愈伤组织，×33；7．愈伤形成层建成，×132；8．分生细胞团，
×132；9．分生组织结节，×132；10．鸟巢状维管组织结节，×132；11．多倍性细胞（↓），×132；

12．单倍性细胞 n＝x＝9，×330

图版XV

13．原体原始细胞（CI），原套原始细胞（TI），×132；14．外起源的芽原基，×132；15．内起源的芽原基，
×132；16．外植体皮层内薄壁细胞直接分化产生的芽原基，×33；17．芽原基两侧出现叶原座（LB），×132；
18．叶原座发育成叶原基（LP），×33；19．单芽再生，×33；20．再生芽产生腋芽原基（AP），×33；
21．主芽与腋芽构成的不定芽丛，×33；22．愈伤组织直接再生的不定芽丛，×33；23．管组织结节单向
极性分生，132；24．不定根原基，×132；25．不定芽发生不定根，×33；26．外植体上端切口（→）
和下端切口（↓）产生的不定芽，×33；27．上端、下端切口及中部均可产生不定芽，×33

Explanation of Plates

Hypocotyl（H）；Stele （S）；Callus（CT）；Cambium（Ca）；Tracheary element（TE）；Parenchyma
Cell（PC）；Meristematic cell（MC）；Corpus （C）；Tunica（T）

Plate ⅩⅣ

Fig.1． Longitudinal section of hypocotyl segments after 3 days culture，×33；Fig.2． Meristematic cells distribution
more close at the incision（↓），×132；Fig.3． Cross sectional，endothelial cells start the meristematic （↓），×132；
Fig.4． Cortex cells start the meristematic（↑），×33；Fig. 5． Epidermal cells Start the meristematic（↓），×132；
Fig. 6． Dense type （DT） and loose type （LT） of callus，×33；Fig.7． Callus cambium is completed，×132；
Fig. 8． Meristematic cell masses，×132； Fig. 9． Meristematic nodules，×132；Fig.10． Nest shape vascular
tissue nodules，×132；Fig.11． Polyploidy cell，×132；Fig. 12． Haploidy cell，n＝x＝9，×330

Plate ⅩⅤ

Fig. 13． Original cell of corpus （CC），Original cell of tunica（TC），×132；Fig. 14． Exogenous bud primordium，
×132； Fig. 15． Endogenous bud primordium，×132；Fig. 16． Bud primordium generating directly from the
differentiation of the parenchyma cells in cortex of explant，×33；Fig.17． Leaf buttress emerging on both sides of
bud primordium （LB），×132；Fig. 18． Leaf buttress developed into leaf primordium（LP），×33 ；Fig. 19． Single
bud regeneration，×33； Fig. 20． Regeneration buds produce axillary bud primordium（AP），×33；Fig. 21． Adventitious
bud cluster formed by principal buds and axillary buds，×33； Fig. 22． Adventitious bud clusters directly regenerating from
callus，×33； Fig. 23． Vascular tissue nodules unidirectional polar meristematic，×132； Fig. 24． Adventitious root
primordia，×132； Fig. 25． Adventitious bud produce adventitious roots，×33；Fig. 26． Adventitious bud of generating
in upper （→） and lower incision（↓） of explant，×33；Fig. 27． The upper and lower incision and
central all can produce adventitious bud，×33

结球甘蓝离体下胚轴培养愈伤组织的
维管组织及管状分子[*]

李树贤　陈远英[**]

（新疆石河子蔬菜研究所）

摘　要： 结球甘蓝（*Brassica oleracea* var. *capitata* L.）离体下胚轴培养初期，在切口较深层发现的维管组织结节，是由外植体维管组织衍化的。愈伤维管组织既可由愈伤薄壁细胞分化，也可由愈伤形成层分化。愈伤形成层向内分化导管分子，向外没有发现筛分子的分化。愈伤维管组织有不同的形态，起初常各不相连，后和外植体维管组织衔接。芽的再生起初和愈伤维管组织没有直接的联系，后原形成层自上而下分化，逐渐与愈伤维管组织相连接。不定根发生于维管组织结节的单向极性分生，始终与维管组织密切相关。愈伤组织中的管状分子，绝大多数都是导管分子，并且存在着大量的异状类型，构成一定的导管结构框架。

关键词： 甘蓝；下胚轴；离体培养；愈伤维管组织；管状分子

Head Cabbage in Vitro Hypocotyl Cultivating Callus
of Vascular Tissue and Tubular Molecules

Li Shuxian　Chen Yuanying

(Xinjiang Shihezi Institute of Vegetable Crops)

Abstract: Head cabbage (*Brassica oleracea* var. *Capitata* L.) *in vitro* hypocotyl culture early,Vascular tissue nodules found in the deeper part of the incision,It is derived from the vascular tissue of explants. vascular tissue of callus may by the callus parenchyma cell differentiation,can also by callus cambium differentiation. The callus cambium inward differentiation vessel element,outward found no sieve element differentiation. Callus vascular tissue has different forms,at first not connected to each other,after and explant vascular tissue link up.Bud regeneration,at first and callus vascular tissue no direct link,later procambium superincumbent differentiation,Gradually connected with callus vascular tissue. Adventitious root derived from vascular tissue nodules unidirectional polar meristematic,is closely related with the vascular tissue.Most of the tracheary element in the callus are vessel element,and there are a lot of different types,constitute a certain vessel structural framing.

Key words: Cabbage; Hypocotyl; Culture *In Vitro*; Vascular tissue of callus; Tracheary element

---

* 西北植物学报，1994，14（1）：19-23。

** 李明珠、佟新萍、董建民同志参加了部分工作。李新玉、程仲光、陆新德同志给予了帮助，一并致谢。

植物器官离体培养，愈伤组织的维管组织，已有不少论述。有些问题已经取得了比较一致的看法，有些问题则还需进一步研究讨论。例如，愈伤维管组织的起源，愈伤组织形成层的特性，愈伤维管组织的形态及其分布，维管组织与器官再生的关系，愈伤组织管状分子的类别等。

结球甘蓝（*Brassica oleracea* vav. *capitata* L.）下胚轴组织培养，愈伤组织的发生与植株再生的组织学观察已经报告[3]。本文将对愈伤维管组织及管状分子的有关问题进行探讨，希望能抛砖引玉。

1 材料和方法

1986—1989 年同前文[3]。1992 年春进行补充试验。切片取样从培养第 3 天起，每隔 5 天一次，共取 7 次，每次取 10 个培养物。石蜡切片，番红-固绿对染。离析片用 Jeffrey 法离析（10%铬酸和 10%硝酸，1∶1），整体封片。普通光学显微镜观察摄影。

2 观察结果

2.1 维管组织的起源

在培养 8 天的组织切片中，外植体切口处已产生小愈伤组织块。切口内外植体中柱薄壁细胞启动分生，中柱膨胀，从切口向下成为近漏斗形。在切口内临近切口处，看到由外植体维管组织衍化而来的维管组织结节和伸向切口的管状分子。在维管结节管状分子的外侧为分生细胞，在分生细胞以外，没有看到筛分子的存在（图版 XVI，1、2）。这种维管组织结节的衍化，有利于物质输送与愈伤组织的发生。

随着培养时间的延长，生长膨大的愈伤组织逐渐由深及浅分化基本组织，同时特化管状分子。这些管状分子与愈伤形成层没有直接的联系（图版 XVI，3）。另外，在培养 13 天的切片中，还看到了维管组织结节和分生组织结节，这些相同和不同的结节均是独立存在的，相互之间没有直接的联系（图版 XVI，4）。

培养到 18 天的时候，愈伤形成层出现，起初只有 1～2 层分生细胞，靠近愈伤组织表层，细胞体积较小、形态狭长、细胞质较浓、细胞核明显，走向与愈伤组织表层相平行（图版 XVI，5）。后平周分裂为多层，建成愈伤组织形成层。愈伤形成层不像维管形成层那样，向外分化次生韧皮部，向内分化次生木质部；而是向内特化管状分子，向外分化薄壁细胞（图版 XVI，6）。

2.2 维管组织的结构与分布

在愈伤组织中，机械组织不发达，维管组织结构比较简单，主要由分生组织与管状分子构成。愈伤维管组织的形态，有束状结构（图版 XVI，7），也有维管组织结节。

维管组织结节多为鸟巢状结构。这些鸟巢状维管组织结节，外围为形成层状细胞，其内有的是环形导管环包薄壁细胞（图版 XVI，8）；还有在形成层状细胞圈内，薄壁细胞与导管分子混生的情况（图版 XVI，14）。

除了上述维管组织外，在培养 25 天的切片中，还观察到愈伤基本组织中存在导管束（图版 XVI，12）和其他各种形态的导管组织，如环形导管、栅栏状导管结节、不规则异状导管群等（图版 XVI，9、10、11）。另外，在本试验中，还观察到少数外围没有明显形成层状细胞的管胞团（图版 XVI，13）。愈伤维管组织最初多由愈伤组织较深处的薄壁细胞分化，后随着愈伤组织的生长发育，维管组织的分化由下而上，不过最终还只是局限在几层表层细胞以内。这些分散的维管组织在一段时间内，没有直接的联系，其分布也是无向的。愈伤组织形成层建成之后，不断分化出新的维管组织，逐渐和外植体维管组织相衔接（图版 XVI，20）。

2.3 器官再生与愈伤维管组织

愈伤组织不定芽的再生，前文已提供了不同时期的图片[3]。关于不定芽再生和愈伤维管组织的关系，通过前文图片可以看到，在愈伤组织脱分化产生原体和原套原始细胞期间，虽然在深层有管状分子存在，但和原体细胞之间并无直接联系。后芽原基产生叶原座，仍然还无联系。直到叶原座发育成叶原基，原形成层出现，并自上而下分化，这才逐渐与愈伤形成层相连接（图XVI，18、19）。其时，愈伤维管组织早已和外植体维管组织相连接（图版XVI，20）。这样，外植体、愈伤组织、不定芽三者的维管组织就构成了一定的结构体系。

不定根来源于维管组织结节的单向极性分生，始终与维管组织密切相关。在鸟巢状维管组织结节发育的晚些时候，在形成层状细胞层内、靠近管状分子处，有一个细胞核特别大、细胞质很浓的细胞，很可能就是不定根原基原始细胞（图版XVI，14）。后维管结节的形成层状细胞分化为基本组织，只留下顶端少数由根原基原始细胞衍生而来的胚性细胞，经过分生产生了具有方向性的分生细胞群，进一步分化形成不定根原基。在根原基原始细胞分生过程中，其内侧的导管分子也发生变化，走向趋于分生方向，有利于物质输送和细胞分生（图版XVI，15；图版XVII，16）。当根原基发育形成后，导管分子多停留在基部，走向也不只限于和根原基纵向平行（图版XVII，17）。

在本试验中，那种为数不多的管胞团，周围没有形成层状细胞，没有看到由它引起的不定根的发生。

2.4 维管组织中的管状分子

愈伤维管组织的管状分子，除少数管胞外（图版XVI，13），绝大多数都是导管分子。这些导管分子以纵向连接为主构成导管，有明显的导管节，端壁为单穿孔，侧壁也有穿孔（图版XVI，2、3、6~12、14、15；图版XVII，16、17、21）。愈伤组织中的导管分子，除正常的圆筒形外（图版XVII，21），还有大量的异状类型，如卵圆形、脚形、鱼形、豆荚形、棒形、拳头形、短靴形、刀形、马腿形等。它们的侧壁有穿孔，端壁或斜侧端壁为单穿孔（图版XVI，22~30）。愈伤组织中的异状导管分子，除个别小型的以外，一般都比正常的导管分子短粗，其长度为 44.38~153.63μm，平均为 95.58μm；粗为 34.14~102.42μm，平均为 55.38μm。下胚轴原有导管分子的长度为 68.28~853.5μm，平均为 326.23μm；粗为 10.24~34.14μm，平均为 28.63μm。

短粗的异状导管分子，纵向或端面斜向连接，构成一定的导管结构框架（图版XVII，31）。

3 讨论

愈伤组织中维管组织的起源，有报告认为是通过脱分化而来的胚性细胞，经分生组织进一步分化而来[1]。本试验观察，可以由愈伤组织薄壁细胞分化，也可以由愈伤形成层细胞分化，包括两种不同途径。

关于愈伤形成层，有报告认为类似于维管组织形成层[14]。本试验观察，愈伤形成层只能向一侧分化出木质部的管状分子，而不能向另一侧分化出韧皮部的筛状分子，与维管组织形成层并不完全相同。另外，愈伤组织中，维管组织结节周围的形成层状细胞，向外侧也没有分化出筛状分子。这些情况，与张新英等对杜仲、白杜茎初皮部、木质部离体培养的论述是一致的[2]。

本试验观察，在比较幼嫩的愈伤组织中，维管组织是分散的；随着愈伤形成层的建成，逐渐与外植体维管组织相衔接，构成一定的结构框架。这和愈伤组织中所形成的维管组织，通常并不构成有一定结构的维管系统，而是分散呈束或结节的报告不尽相同[13]。

愈伤维管组织与器官再生的关系，大多数学者认为，不定芽的再生，最初与维管组织没有直接的联系。也有报告认为，器官发生产生的芽始终通过维管组织而与愈伤组织紧紧相连[4]；苗端分生组织与维管组织结节的形成层状细胞相连接[5]。本试验观察，最初没有直接联系，后随着不定芽体内原形成层自上而下分化，逐渐与愈伤维管组织相连接。不定根的发生，来自维管组织结节的单向极性分生，这已被许多工作证实。本试验观察所不同的是这种结节内的管状分子，不是管胞而是导管。

从外植体到愈伤组织，再从愈伤组织到器官再生，外植体维管组织、愈伤维管组织、小植株维管组织，三者具体是怎样转换并衔接的，目前还知之甚少，需要进行更深入的研究。另外，在本试验组织切片中，还曾观察到许多愈伤组织深层独立存在的分生细胞团（"图版 XVII，20"中也可以看到），这说明在愈伤组织中存在着不同的生长中心。这些不同的生长中心，进一步是否都可以发育再生不定芽？也需要进一步研究论证。

愈伤组织中的管状分子，已有的研究多数认为是管胞；也有只提管状分子，而没有明确为何种管状分子的。张新英等提出鸟巢状管胞团由分生组织细胞和管胞或导管分子组成[2]；赵国林等认为愈伤组织中管状分子是导管分子[10]。本试验观察，绝大多数都是导管分子，这些导管分子不论其形状如何，端壁都具单穿孔，侧壁也有穿孔，构成导管时由一系列细胞纵向连接而成。所发现的少数管胞，由一个单细胞构成，端壁没有穿孔。没有发现发育成熟的螺纹管胞[11]；也没有发现导管环包管胞的情形[2]。

愈伤组织中导管分子大量地存在着异状类型，过去在同类工作中还没有看到报道。李鸣等（1990）报告，乌头属根部导管群存在着类似情况。作者同时还指出：由异状导管构成的框架结构，可能有利于加强植物体的支撑作用和输导功能[12]。这种观点，也许适用于对愈伤组织中异状导管结构的解释。

参考文献

[1] 王凯基，张丕方，倪德祥，等. 油橄榄组织培养的细胞学研究 I . 组织分化和器官发生 [J]. 植物学报，1979，21（3）：225-228.

[2] 张新英，韩厉玲，李白玲. 离体培养下白杜木质部的形态发生研究 [J]. 植物学报，1989，31（7）：489-494.

[3] 李树贤，陈远英. 结球甘蓝下胚轴组织培养形态发生的组织学研究 [J]. 西北植物学报，1993，13（4）：271-275.

[4] 井忠平，李惠芝，潘景丽，等. 福禄考的组织培养研究 I . 叶外植体的愈伤组织及器官发生的细胞学观察 [J]. 西北植物学报，1990，10（3）：225-227.

[5] 王凯基，张丕方，倪德样，等. 几种木本植物组织培养愈伤组织形成和器官再生 [J]. 植物学报，1981，23（2）：97-103.

[6] 许智宏，刘桂云. 烟草叶组织培养中愈伤组织和芽形成的细胞学观察 [J]. 植物学报，1980，22（1）：1-5.

[7] Kohlebach H W. 柳大绰，译. 细胞与组织培养中分化和植株再生的主要问题 [C] //W. 巴尔茨，E. 赖因哈德，M. H. 岑克. 植物组织培养及其在生物技术上的应用 [M]. 北京：科学出版社，1983：233-240.

[8] 张新英，刘德民，王迎利. 水稻花药培养中小孢子形成植株的组织分化和器官建成的初步观察 [J]. 植物学报，1978，20（3）：197-203.

[9] 桂耀林，顾淑荣，徐廷玉. 罗汉果叶组织培养中的器官发生 [J]. 植物学报，1984，26（2）：120-125.

[10] 赵国林，李师翁. 黄花菜离体花梗愈伤组织发生与器官再生的细胞组织学观察 [J]. 植物学报，1989，31（6）：484-486.

[11] 管和，李人圭，曹汉民. 菊花花托外植体培养成植株时细胞组织学研究 [J]. 植物学报，1981，23（5）：354-357.

[12] 李鸣，冯毓秀. 乌头厉根部导管群的异常结构 [J]. 植物学报，1990，32（9）：670-673.

[13] Roberts L W. The initiation of xylem differentiation [J]. The Botanical Review，1969，35（3）：201-250.

[14] Yeoman M M，Street H E. General cytology of cultured cells [J]. Plant Cell Tissue & Organ Culture，1977：121-160.

李树贤等：结球甘蓝离体下胚轴愈伤组织的维管组织及管状分子　图版XVI
Li Shuxian et al: Head cabbage in vitro hypocotyl cultivating callus of vascular
tissue and tubular molecules　Plate　XVI

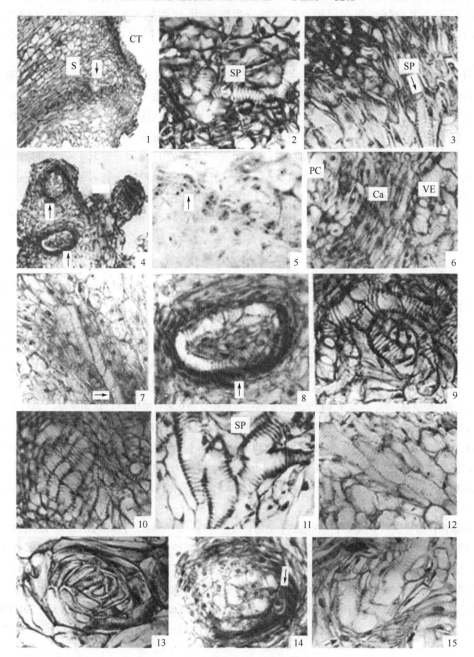

See explanation at the end of text

李树贤等：图版XVII

Li Shuxian et al.: Plate XVII

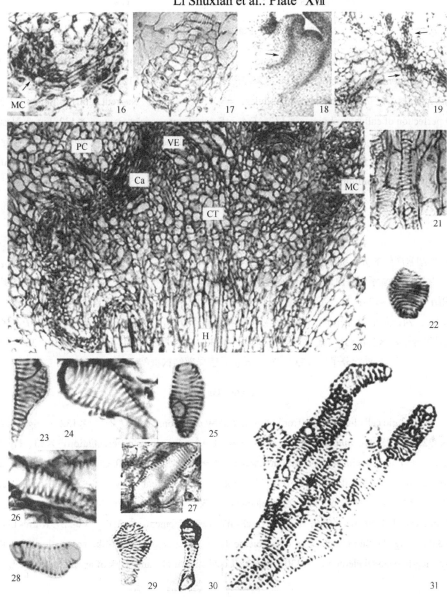

See explanation at the end of text

图版说明

H. 下胚轴；S. 中柱；CT. 愈伤组织；Ca. 形成层；VE. 导管分子；T. 管胞；

PC. 薄壁细胞；SP. 单穿孔；MC. 分生细胞团

Explanation of Plates

Hypocoty1（H）；Stele（S）；Callus （CT）；Cambium（Ca）；Vessel element（VE）；

Tracheid（T）；Parenchyma cell（PC）；Single perforation（SP）；Meristematic cell mass（MC）

图版XVI

1．外植体切口内维管组织的衍化（↓），×33；2．图1局部（↑）放大，维管组织结节及异状导管（↑），×132；

3．愈伤组织深层特化导管分子（↓），×132；4．维管组织结节（↑）及分生组织结节（→），×33；5．初生的愈

伤形成层（↑），×33；6．愈伤形成层建成，×132；7．束状维管组织，×132；8．鸟巢状维管组织结节，×132；

9．导管环，×132；10．栅栏状导管结节，×132；11．不规则导管群，×132；12．束状导管，×132；

13. 管胞团，×132；14. 维管组织结节中的根原基原始细胞（↓），×132；

15. 维管组织结节顶端的胚性细胞（↑），×132

Plate XVI

Fig.1. Explant incision derivation of vascular tissue （↓），×33；Fig. 2. Topo-enlargement of Fig. 1 （↑），Vascular tissue nodules and anomalous vessel （↑），×132；Fig. 3. Callus deep vessel elements of specialization （↓），×132；Fig. 4. Vascular tissue nodules （↑）and meristematic nodules （→），×33；Fig. 5. Nascent callus cambium（↑），×33；Fig.6. Development perfection of callus cambium，×132；Fig. 7. Sarciniform vascular tissue，×132. Fig. 8. Nest- shaped vascular tissue nodules，×132； Fig. 9. Vessel ring，×132；Fig. 10. Palisade-like vessel nodules，×132；Fig. 11. Irregular vessel cluster，×132 Fig. 12. Bundle-like vessel，×132；Fig. 13. Tracheid group，×132. Fig. 14. Vascular tissue nodules root primordium in the primitive cells （↓），×132；Fig. 15. Vascular tissue nodules at the top of the embryonic cells （↑），×132

图版 XVII

16. 顶端胚性细胞产生的分生细胞群（↗），×132；17. 不定根原基，×132；18. 不定芽原形成层（→）自上而下分化，×33；19. 不定芽原形成层（←）与愈伤形成层（→）相连接，×33；20. 愈伤维管组织与外植体维管组织的结构框架，×33；21. 正常导管分子与导管，×132；22. 卵圆形导管分子，×330；23. 脚形导管分子，×330；24. 鱼形导管分子，×330；25. 豆荚形导管分子，×330；26. 棒形导管分子，×330；27. 刀形导管分子，×330；28. 短靴形导管分子，×330；29. 拳头形导管分子，×330；30. 马腿形导管分子，×330；31. 异状导管局部结构框架，×132

Plate XVII

Fig. 16. Apical meristematic cell cluster come from of produced by embryonic cells （↗），×132 ；Fig. 17. Adventitious root primordium，×132；Fig. 18. *Procambia of adventitious buds* （→），Top-down differentiation，×33；Fig. 19. Procambia of adventitious buds （←）linked with callus cambium connect （→），×33；Fig. 20. Callus vascular tissue and explants vascular tissue of structural framework，×33； Fig. 21. Normal vessel element and vessel，×132； Fig. 22. Ovum-like vessel element，×330； Fig. 23. Foot - like vessel element，×330 ；Fig. 24. Fish - like vessel elements，×330；Fig. 25. Pod -like vessel element，×330；Fig. 26. Stick- like vessel element，×330； Fig. 27. Knife- like vessel element，×330； Fig. 28. Short boots- like vessel element，×330 ；Fig. 29. Fist-like vessel element，×330；Fig.30. horse's leg-like vessel element，×330；Fig. 31. Local structural framework of anomalous vessel，×132

遗传资源研究
Research of genetic resources

"安集海无权西瓜突变体"的遗传分析与初步观察*

刘桢　李树贤

（新疆石河子地区 145 团场良种站）

摘　要：1969—1973 年，笔者对徐利元 1967 年发现的"安集海小籽西瓜无权突变体"连续进行了选纯观察与遗传实验，以三个各具特色的正常分枝自交系与无权突变体杂交，重点分析其分枝性状的遗传，同时也观察了一些相关性状的表现。分枝性状，正反交 F_1 都表现有权；F_1 自交，F_2 有权对无权呈 3：1 分离；以无权系对正反交杂种 F_1 测交，BC_1 有权对无权 1：1。所有实验的 χ_c^2 值，差异都极不显著，证明其无权性状受一对隐性基因控制。无权突变系，主蔓 5～6 节后不再分枝，侧蔓不分枝，且无卷须；一般都表现叶片肥大，但其枝蔓常有自封顶现象，为有限生长型；成熟期稍早于原始亲本"安集海小籽西瓜"；单瓜重和果肉可溶性固型物含量较其原始亲本有所降低；单瓜种子数有所减少，多者每瓜 300～400 粒，少者仅几十粒，平均 200 粒左右。西瓜的花性型，雌雄异花对雄全同株，雌雄异花为显性；果实有花纹对无花纹、深色对浅色，前者为显性；果实硬果皮对嫩果皮，硬果皮为显性。果实大小、可溶性固型物含量、种子大小及单瓜种子数，为数量性状遗传。其中种子大小与多少似为负相关，种子越小单瓜种子数越多，选育少籽、小籽品种较为困难。另外，其原始种群还发现有植株存在花粉育性降低（甚至没有可育花粉）现象。

关键词：西瓜；无分枝；遗传实验；观察

"Anjihai No Branching Watermelon mutant"Genetic Analysis and Preliminary Observed

Liu Zhen　Li Shuxian

(Xinjiang shihezi region　145 regiment well-bred breeding station)

Abstract: 1969—1973,the author have concerning Xu Liyuan 1967 discoverable "Ann set sea small seed watermelon has no branching　mutant" ,Carried out selfing selection　and genetic experiments observed. Use three normal branching inbred lines and no branching mutant Hybridization,Branching characters,reciprocal cross　F_1 All performance　have branching; F_1 selfing,3：1 separating of　F_2　have branching and no branching; Use has no branching lines and reciprocal cross F_1 testcrossing, BC_1 have branching and no　branching 1：1 separating. All the experiments were χ_c^2 value differences　are　extremely no significant,Its proof no branching character was controlled by a　recessive gene. No branching mutant lines,the　5～6

---

* 1976 年冬初稿。

section after of main stem no longer branch,And no tendril;General performance leaves hypertrophy,but its branches are often self-topping phenomenon,belong to limited growth type; Mature earlier than the original parent "anjihai small seed watermelon"; The content of soluble solid content of single fruit weight and flesh was lower than that of the original parents; The number of single fruit seeds was decreased,at most 300 ~ 400 grain,less only a few dozen grains,an average about of 200 grains; Watermelon flower sexual type,monoecious and andromonoecy,monoecious as the Dominant; The fruit peel is hard and tender peel,fruit peel is hard is dominant; Fruit size,soluble solids content,seed size and seed number of were Quantitative character genetic. The seed size and the number of Seems to be negatively correlated,the smaller the seed,the more the seed number per Single fruit, It is difficult to breeding small seeds and less seed variety. In addition,it was found that Its original population still exist there are plants decrease in pollen fertility (none even fertile pollen) phenomenon.

Key words: Watermelons; No branching; Genetic experiment; Observed

1967 年新疆军区生产建设兵团农八师安集海七场农业技术员徐利元在当地西瓜地方品种 "安集海小籽瓜" 生产田中，发现了一株无分枝变异株，主蔓 5~6 节后不再分枝，侧蔓也不分枝，且无卷须。此变异保留了下来。1968 年秋末，徐利元赠笔者少量种子，后笔者对其进行了初步观察研究，现报告如下。

1 材料与方法

无杈突变系：5~6 节后不再分枝，无卷须，雄全同株，果皮中硬，少籽（单瓜种子数 200 粒左右），千粒重 55g 左右；

都三号（常规品种）：正常分枝，雄全同株，果皮中硬，种子千粒重 50g 左右，品质优；

24-3-1（自交系）：正常分枝，雌雄异花同株，果皮中硬，种子千粒重 53g 左右，品质优；

66-8-14（自交系）：正常分枝，雄全同株，果皮脆嫩，种子多（单瓜种子数 800 粒左右），千粒重 27g 左右。

1969—1970 年，连续对 "无杈突变系" 进行了两代自交选育。1971 年配制杂交组合，正交：（Ⅰ-1）：无杈突变系×24-3-1，（Ⅱ-1）：无杈突变系×都三号，（Ⅲ-1）：无杈突变系×66-8-14；反交分别为（Ⅰ-2）、（Ⅱ-2）、（Ⅲ-2），共 6 个组合。

对 F_1 自交和测交，继续种植观察。

试验在农八师 145 团良种站蔬菜试验田进行，田间管理如常。

花粉育性检测：醋酸洋红染色，显微镜下观察。

2 结果

2.1 分枝性状的遗传实验

由于杂交花数较少，组合Ⅰ只收到Ⅰ-2（24-3-1×无杈突变系）一个杂交瓜；组合Ⅱ只收到Ⅱ-2（都三号×无杈突变系）两个杂交瓜；组合Ⅲ只收到Ⅲ-1（无杈突变系×66-8-14）两个杂交瓜。1972 年种植 5 个杂交瓜种子，F_1 5 个杂种瓜系全部表现正常分枝。正常分枝为显性，"无杈" 为隐性。

对 F_1 自交和测交，1973 年种植 F_1 自交瓜种子：正交Ⅲ-1-1、Ⅲ-1-2，反交Ⅰ-2-1、Ⅱ-2-1~Ⅱ-2-4，F_2 分枝性状表现如表 1。

表 1　F_1 自交，F_2 分枝性状表现

组合			总株数	正常分枝株数	"无权"株数	有权：无权
正交：无权系 ×66814		Ⅲ-1-1	98	75	23	2.92：1
		Ⅲ-1-2	40	30	10	3：1
		合计	138	105	33	3.18：1
		χ_c^2	0.0386			
反交	24-3-1×无权系	Ⅰ-2-1	48	36	12	3：1
	都三号×无权系	Ⅱ-2-1	45	33	12	2.75：1
		Ⅱ-2-2	62	47	15	3.13：1
		Ⅱ-2-3	50	38	12	3.17：1
		Ⅱ-2-4	40	30	10	3：1
		合计	245	184	61	3.02：1
		χ_c^2	0.0014			
总计		数据	383	289	94	3.07：1
		χ_c^2	0.0218			

　　F_2 有权与无权性状的分离，正反交及其综合，适合性测验，χ_c^2 值分别为 0.0386、0.0014、0.0218，差异极不显著，符合预期的显隐性性状 3：1 分离比例。

　　以"无权系"对正反交 F_1 测交，每个组合都收到了测交果实，1973 年种植正交"Ⅲ-1-1"F_1×无权系、"Ⅲ-1-2"F_1×无权系，反交"Ⅰ-2"F_1×无权系、"Ⅱ-2"F_1×无权系各 1 个种瓜种子，其分枝性状表现见表 2。

表 2　正反交测交结果

组合		总株数	正常分枝株数	"无权"株数	有权：无权
正交 F_1×无权系	"Ⅲ-1-1"F_1×无权系	58	28	30	0.93：1.07
	"Ⅲ-1-2"F_1×无权系	56	28	28	1：1
	合计	114	56	58	0.97：1.03
	χ_c^2	0.0088			
反交 F_1×无权系	"Ⅰ-2"F_1×无权系	52	27	25	1.08：0.92
	"Ⅱ-2"F_1×无权系	48	23	25	0.91：1.09
	合计	100	50	50	1：1
	χ_c^2	0			
总计	数据	214	106	108	0.98：1.02
	χ_c^2	0.0047			

　　以隐性性状系对正反交 F_1 测交，正反交及其综合的 χ_c^2 值分别为 0.0088、0、0.0047，差异极不显著，符合预期的显隐性性状 1：1 的分离比例。

　　以上遗传实验结果，充分证明"安集海无权突变系"的无权性状受一对隐性基因控制。

2.2　无权突变系的初步观察

　　"安集海无权突变系"，幼苗基部叶腋能够正常分生侧枝，5～6 片叶以后不再分生侧枝，侧蔓不分枝，且无卷须出现，既能满足双蔓（多蔓）整枝的需要，又省去了田间管理打权的工时；其无权性状受一对

隐性基因控制，在育种中可作为标志性状利用，是一个有较高利用价值的遗传种质资源。

无权突变系，来源于地方品种"安集海小籽瓜"，其成熟期稍早于原始亲本，单瓜重和果肉可溶性固型物含量均较其原始亲本降低（详见表3）。

表3　无权系及其原始亲本的主要经济性状比较

材料	果实生育期（天）[①]	单瓜平均重（kg）	可溶性固型物%
安集海小籽瓜	35～38	3.5	10.0
无权突变系	32～35	2.6	9.4
无权 145-1	32～35	2.8	9.0

① 结实花开放到果实成熟的天数。

表3中的"无权145-1"，是笔者转育的一个果皮白色无权系，其果实生育期和原始无权突变系持平，单瓜稍重于原始无权突变系，果肉可溶性固型物含量较原始无权突变系有所降低。

"安集海无权突变系" 原始种群，同时还发现有部分果实畸形，这种现象是遗传变异所致，也可能与授粉不良有关。

另外，还发现存在花粉育性降低，个别植株甚至没有可育花粉的现象，开花前雄蕊即已干瘪变色（由黄色变为黄褐或深褐色），醋酸洋红染色，显微镜下观察，常见空腔和瘦瘪花粉。这种花粉育性降低的现象，不同植株程度有所不同。

"安集海无权突变系"原始种群，单瓜种子数有所减少。普通西瓜品种每瓜种子少者 300～400粒，多者 700～800粒或更多；"原始无权突变系"每瓜种子多者 300～400粒，少者仅几十粒，平均 200粒左右。

"原始无权突变系"一般都表现叶片肥大，但其枝蔓常有自封顶现象，生长后期枝蔓不再继续生长伸长，为有限生长型。

3　讨论

3.1　花性型的遗传变异

西瓜花性型主要有雌雄异花同株（简称雌雄异花）、雄花完全花同株（简称雄全同株）两种类型。原始无权突变系花性型为雄全同株。在本项研究中，以雌雄异花自交系 24-3-1 与其配制杂交组合，目的之一是期望能获得雌雄异花的无权系，减少杂交去雄的麻烦。试验结果，无论正交或反交，F_1 都表现雌雄异花同株，F_2 雌雄异花与雄全同株以 3：1 比例分离。证明，雌雄异花受 1 对显性基因控制，雄全同株受 1 对隐性基因控制，此结果与前人研究一致。

原始无权突变系还存在花粉育性降低现象，有的植株甚至花粉败育，即雄性不育。但对其雄性不育变异，没有保留下来。

3.2　果实种子特性的遗传变异

"安集海无权突变系"原始群体，果实种子有所减少。为获得少籽、特小籽果实性状，而配制了自交系 66-8-14（单瓜种子 800 粒左右，千粒重 27g 左右）与原始无权突变系（单瓜种子 200 粒左右，千粒重 55g 左右）的正反交，对收到果实的两个果系的观察，F_1 单瓜种子数和千粒重都介于两个亲本之间，而偏于母本（300～500 粒，40～50g）；F_2 两性状都表现有超亲遗传现象，出现了单瓜种子数 1000 粒以上，千粒重 20～25g 的个体。这说明西瓜单瓜种子数和千粒重都为多基因控制的数量性状遗传。同时，其单瓜种子数和千粒重两性状还表现出负相关趋向。在育种中要获得少籽、特小籽果实品种难度大。

3.3　果实大小与品质等性状的遗传变异

　　无权突变系果实偏小、可溶性固型物降低，从生理角度分析与同化器官萎缩，同化功能降低以及栽培条件等都不无关系；但最根本地还是受遗传因素制约。同化器官萎缩，枝蔓不分枝和有限生长型（后期枝蔓封顶停止生长）很可能为连锁遗传，解决的出路是打破连锁，重组不分枝和无限生长基因组合。

　　单瓜重和可溶性固型物含量为数量性状，受多基因和环境共同控制，可以通过育种改良。

　　果实花纹和果实硬度，表现为孟德尔遗传，有花纹对无花纹、深色对浅色、硬果皮对嫩果皮，均为显隐性表现，均符合孟德尔遗传分离规律。

一个西瓜雄性不育突变体的初步观察[*]

李树贤　　陆新德

（新疆石河子蔬菜研究所）

An Watermelon Preliminary Observation of Male Sterility Mutant

Li Shuxian　　Lu Xinde

(Xinjiang Shihezi Vegetable Research Institute)

对雄性不育性的遗传学了解是利用雄性不育性的重要前提。本文所观察的西瓜（*Citrullus lanatus* (Thunb.) Matsum.et Nakai）雄性不育原始材料（简称 ms），是笔者 1977 年从一个日本品种"都三号"的自然杂交种的自交材料中发现的，当时国内尚未见发现西瓜雄性不育材料的报道。经初观察，该不育体为无花粉细胞核不育。随后即将其分赠给了国内较多同行，供进一步研究。我们也继续对其进行了不同侧面的研究和测交转育，现将其遗传特性观察结果报告如下。

1　雄性不育植株的形态学观察

1.1　花器观察

在蕾期该雄性不育体（以 ms 表示，下同）的花药（雄花花药和两性花花药）表现瘦长、微显黄绿色，结构松软而瘪；可育株的花药则表现园实、饱满且为绿色。开花后 ms 株花冠表现白黄色或绿黄色，雄蕊和柱头多呈现绿黄色，花药无花粉散出；可育株的花冠呈现艳黄色，雄蕊和柱头也为黄色，花药有大量花粉散出。ms 株花冠比普通可育株约小 25%，雄蕊平均直径为 0.43cm，比普通可育株小 20% 左右（图版 XVIII，1）。

1.2　细胞学观察

ms 株成熟花药无花粉散出，破碎涂片镜检也未观察到花粉粒。切片观察花药，亦未见有药室及花粉

---

[*] 本文于 1987 年 8 月曾在新疆遗传学会第三次会议宣读。

粒（图版XVIII，2）。对发育更早的幼小花蕾的花药分段取样切片观察，始终未看到花粉母细胞进行减数分裂。而可育株的花药则可见有药室和花粉粒（图版XVIII，3）。这说明 ms 材料雄性败育时期发生在花粉母细胞进行减数分裂以前，孢原细胞分裂形成初生壁细胞和初生造孢细胞时期，这样不仅不能进一步形成药室，同时也不能形成小孢子母细胞；也有可能是孢原细胞只进行平周分裂而未进一步分化发育。这一点由所观察到的 ms 株的花药只有发达的表皮细胞和未进行分化发育的薄壁细胞（图版XVIII，4、5）可以得到佐证。子房形态大小与 ms 株近似的可育株花药切片，已可看到花药壁和花粉母细胞的形成（图版XVIII，6）。

1.3 不育株结实性的观察

经过多年的实验观察，在人工控制授粉条件下 ms 株能产生接近于可育株的果实，但大部分果实没有正常可育种子，只有许多白色秕籽或个体很小、种皮已经变硬的空壳"种子"（偶尔也会有发育不正常的"半仁"或残迹存在）。

该 ms 体人工控制授粉存在的杂交不孕性，给该 ms 体的研究和利用带来困难。为了克服这种杂交不亲和性，我们也曾反复采用 BA、NAA 和秋水仙素等药剂处理株头，以及用花粉蒙导授粉，但效果仍不显著。是否大孢子囊或大孢子发育不正常，这种可能性很小，因为在自由授粉条件下，每年都可获得一些由 ms 株产生的具有正常种子的果实，其种子数也和可育株正常果实无异；在人工控制授粉下，也能得到少数育性和种子数量都正常的果实。

该 ms 材料存在的杂交不亲和性为该材料进一步利用的首要障碍，需要进一步研究解决。

2 不育性遗传规律观察

多年观察，该 ms 体的不育性为受一对隐性基因控制的核不育型。其杂合子自交后代按 3：1 分离比率遗传（表1）。

表1　ms 杂合体自交 3：1 分离 χ^2 适合性测验（1984—1985 年）

试材	可育株株数	ms 株株数	总株数	χ^2 值
78ms4-22-278-1192	219	63	282	0.927°
ms6-25-240-126×♂1-343	103	31	134	0.159°
ms72-347-444×79ms5-2-245-790	82	23	105	0.384°
79ms3-35-498×ms13-248	105	22	127	3.593°
79ms3-35-498×ms13-484	179	58	237	0.013°

注：1. 当自由度 $n-1=1$ 时，$\chi^2_{0.05}=3.841$；若 χ^2 值 < 3.841，为测验通过，记为©。

2. χ^2 测验公式为：$\chi^2=(|A-3a|-2)^2 \cdot 3^{-1} \cdot n^{-1}$。式中，$A$ 为显性组次数，a 为隐性组次数，$n=A+a$。

该 ms 材料为受一对隐性基因控制的核不育型。其杂交亲和性的选择性，又说明其育性遗传除受一对隐性基因控制外，可能还要更复杂一些，对此尚待进一步研究。

3 生物学特性的变化

该 ms 材料初花期比可育株明显偏早，雄花出现节位比可育株平均提前 1.5 节，雌花节位的出现也偏早（表2）。

表 2　ms 株与可育株的雄花、雌花出现节位比较（1985 年 6 月 10 日）

材料	雄花出现节位			雌花出现节位		
	次数	可育株	ms 株	次数	可育株	ms 株
78ms4-22-278-1192-1⊗	70	0.81	1.56	70	4.50	3.43
78ms4-22-278-1192-1⊗	51	1.10	3.26	51	5.16	4.82

　　另外，ms 株的花期较长，可延至早霜出现，而可育株的花蕾基本上在果实采收期就因高温而干枯了。这说明 ms 体花器发育对高温的适应性较普通可育材料高。

　　ms 株的生长势和分枝性比同品种可育株明显增强。ms 株充分发育的果实果肉较硬，可溶性固形物含量普遍较高。

李树贤，陆新德：一个西瓜雄性不育突变体的初步观察　　图版XVIII

Li Shuxian, Lu Xinde: An watermelon preliminary observation of male sterility mutant Plate XVIII

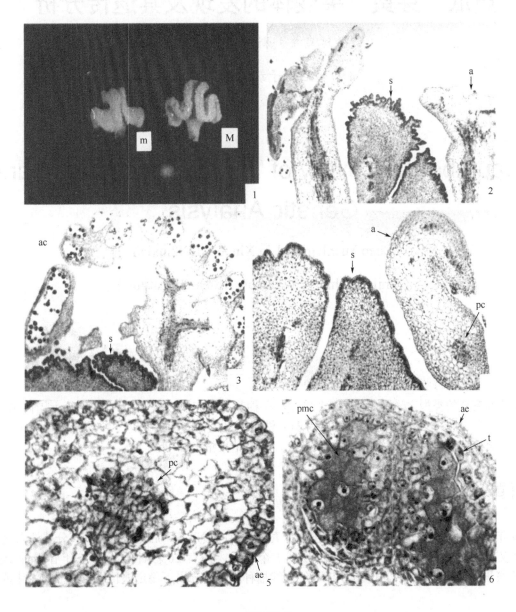

图版说明

柱头 s，花药 a，药室 ac，薄壁细胞 pc，花药表皮细胞 ae，花粉母细胞 pmc，绒毡层 t。

1．m 为 ms 株雄蕊的花药，M 为可育株雄蕊的花药；2．ms 株的子房为 11.5mm×4mm 时，花药内药室未形成，×64；

3．可育株的子房为 10.0mm×3.6mm 时，花药内有正常药室和花粉粒，×64；4．ms 株的子房为 8.5mm×2.5mm 时，未见有花粉母细胞等花粉发育状态，而在花药表皮细胞下的薄壁细胞明显可见，×120；5．图4局部，×120；

6．可育株的子房为 5mm×2mm 时，花药表面细胞下已形成花粉母细胞，×120

黄瓜"芽黄"突变体的发现及其遗传分析[*]

陈远良　刘新宇　李树贤

（新疆石河子蔬菜研究所）

Cucumber Discovery of "bud yellow" Mutant and Genetic Analysis

Chen Yuanliang　Liu Xinyu　Li Shuxian

(Xinjiang Shihezi Vegetable Research Institute)

植物基因突变的类型之一——"芽黄"突变，在棉花上研究得较深入[1, 2]。在西瓜上国内也有报道，并已应用到育种上[3, 4]。但在黄瓜上有关"芽黄"性状的报道目前还未见到。1994 年笔者在黄瓜上发现了"芽黄"突变体，并对其遗传进行了初步研究，现将结果报道如下。

1 "芽黄"突变体的获得

1994 年，在本所黄瓜育苗场地中发现了 4 株真叶黄色的黄瓜苗，后定植于露地、分单株自交授粉留种，结果仅在编号"94 黄叶-4"的植株上收到 1 个种瓜，内有 20 粒种子，1995 年春播种于露地，出苗后其表现型仍为"芽黄"，1996 年以后经连续播种观察，选出可稳定遗传的、纯合的"芽黄"突变体材料。

2 "芽黄"突变体的性状观察

具备"芽黄"性状的黄瓜植株，子叶为绿色，与正常植株没有区别。子叶展平时生长点为嫩黄色，第 1 片真叶展开比正常株稍迟，展开初期为嫩黄色，以后逐渐从第 1 片真叶的中脉附近开始变绿，并逐渐扩大，嫩黄色部分逐渐缩小。到第 2 片真叶展开时，第 1 片真叶已完全变绿，但刚展开的第 2 片真叶及更幼嫩部分均为淡黄色。以后随着植株的生长，幼嫩的心叶始终为嫩黄色，从心叶向下部叶由淡黄色逐渐向绿色过渡。有时当顶端优势减弱，植株生长缓慢时心叶嫩黄色不明显，但

---

* 中国蔬菜，2000（3）：35-36。

浇水追肥后生长加快时又表现明显。在植株生长后期，由于植株开始衰老，心叶嫩黄色表现不明显。

黄瓜"芽黄"突变体植株除了叶色与正常株有上述明显差异外，在其他方面也有差异，如叶柄、雄花、雌花及叶片的叶脉颜色都比正常株颜色淡，幼嫩的瓜条也比正常植株结的瓜颜色淡，但商品瓜与正常植株的瓜条颜色无差异，均表现绿色。另外，由于幼嫩器官黄化，影响光合作用，导致植株生长迟缓生育期稍延后。

3 "芽黄"突变体的遗传分析

为了研究"芽黄"突变体的遗传规律，在试验设计上做了具"芽黄"性状植株与正常的绿色叶片黄瓜品种的正交、反交及其 F_1 代与芽黄性状植株测交和 F_1 代的自交处理，结果表明：①正交和反交的 F_1 代植株叶色均为正常绿色；②具芽黄性状的植株分别与正交和反交的 F_1 代测交后，其绿叶植株与"芽黄"性状植株的分离比率均接近于 1∶1，经 χ^2 测验，差异不显著，符合 1∶1 的理论比率（表1）；③正交和反交的 F_1 代自交后的 F_1 代分离结果是，绿叶与芽黄性状植株的比率皆接近于 3∶1，经 χ_c^2 测验，差异不显著，符合 3∶1 的理论比率（表2）。

表 1　测交后代叶色分离比率及适合性测验

项目	"正交" F1×"芽黄"			"反交" F1×"芽黄"		
	绿叶	芽黄	总数	绿叶	芽黄	总数
实际数	63	67	130	86	90	176
理论数	65	65	130	88	88	176
χ_c^2	0.069 2			0.051		

注：$\chi_{c0.05,1}^2$=3.841，下同。

表 2　F2代叶色分离比率及适合性测验

项目	"正交" F1×"芽黄"			"反交" F1×"芽黄"		
	绿叶	芽黄	总数	绿叶	芽黄	总数
实际数	76	20	96	85	25	110
理论数	72	24	96	82.5	27.5	110
χ_c^2	0.6805			0.194		

4 讨论

国内仅见有黄瓜子叶颜色遗传规律的研究[5]，国外已见报道的关于黄瓜幼苗非致死颜色突变体有 5 个，即 v、vvi、y_c-1、y_c-2、y_p[6]，笔者发现的这一"芽黄"突变体与这 5 个突变体描述的表现型不一致。说明控制"芽黄"性状的基因为又一新基因。笔者暂把该自然突变体基因命名为 yh。该性状在黄瓜杂交制种中可作为指示性状，以"芽黄"亲本作为配制一代杂种的母本，播种后可以在苗期一次拔尽伪杂种株，从而保证大田栽培植株的杂种纯度达 100%，充分发挥杂种优势。

参考文献

[1] 李秀兰. 陆地棉芽黄和黄色叶脉突变体研究新进展 [J]. 国外农学-棉花，1985（3）：10-12.
[2] 戴日春. 陆地棉新黄绿苗突变体浙 12-12N 的遗传鉴定 [J]. 浙江农业大学学报，1995，7（2）：105-110.

［3］王凤辰，王浩波．西瓜"芽黄"新突变体简报［J］．中国西瓜甜瓜，1997（3）：14～15．

［4］马双武，张莉，尹文山．西瓜叶片后绿资源的选育及研究利用［J］．中国西瓜甜瓜，1998（1）：9-10．

［5］王玉怀，黄瓜子叶颜色遗传规律的研究［J］．东北农学院学报，1990，21（2）：196-197．

［6］Pierce LK，Wehner TC，Review of genes and linkage groups in cucumber［J］．*Hortscience*，1990，25（6）：605-615．

黄瓜两性花系 SHZ-H 选育及其应用的初步研究[*]

陈远良[1,2]　李树贤[1]　刘新宇[1]

（1 新疆石河子蔬菜研究所；2 新疆农业职业技术学院）

摘　要： 利用 0.2%浓度的秋水仙素水溶液诱导黄瓜，获得了非倍性变异体长果形两性花株，经多年系统选择，育成了综合性状优良的两性花系 SHZ-H。遗传分析，控制 SHZ-H 两性花型的基因型为 mmFF。其花性型遗传稳定，即使在夏季也表现出稳定的两性花型。植株坐果能力强，可连续坐果 4～5 个。瓜条长 24cm 左右，也有达 35cm 以上的。单瓜可育种子 40 粒左右，少数瓜无种子。植株生长势强，抗病性较强。以 SHZ-H 作父本，与任何类型（品种、自交系或杂种一代雌雄异花同株型种质或雌性系）材料做母本杂交，F_1 全部表现为雌性型。SHZ-H 的两性花系可用作黄瓜显性雌性系的保持系；可以其为核心种质同时转育新的雌性系及其同型保持系；以其作桥梁亲本（父本），与普通雌雄同株种质（自交系或杂种 F_1）为母本杂交，配制雌性型三交种、双交种、多交种，可以不用雌性系；SHZ-H 两性花系单性结实能力较强，以其配制雌性型单性结实品种，为无籽（少籽）黄瓜品种选育开创了一条新的可行途径。以 SHZ-H 两性花系配制杂交种，其杂种瓜条呈现超亲遗传，这极有可能是受两性花系 SHZ-H 所具有的特异型基因的影响所致。本项研究于 2005 年被国家授予发明专利，专利号：ZL200510074412.0。

关键词： 黄瓜；两性花系；遗传分析；应用；发明专利

The Cucumber Hermaphroditic Lines SHZ-H Preliminary Study of Breeding and Application

Chen Yuanliang[1,2]　Li Shuxian[1]　Liu Xinyu[1]

(Xinjiang Shihezi Vegetable Research Institute;

Xinjiang Agricultural Vocational Technical College)

Abstract: The use of 0.2% concentration of colchicine aqueous solution induced cucumber,Get a new type of non-ploidy variant long fruit shape hermaphroditic plant,After years of systematic selection,with good comprehensive characters was hermaphroditic line SHZ-H successful synthesis. Genetic analysis,control SHZ-H hermaphroditic type genotype is mmff. The genetic stability of flower sexual type,even in the summer also showed a stable bisexual flower type. Plant fruit setting ability Strong ,fruit of continuous 4 ~ 5. SHZ-H hermaphroditic lines of melon length about 24cm,also some than 35cm. SHZ-H hermaphroditic lines apiece fruit of fertility seed number about 40 grain,some no fertility seed. Plant Strong growth

---

[*] 本文集首次全文发表。

potential,strong disease resistance. SHZ-H as male parent,and any type (varieties,inbred lines or F₁ hybrid of Monoecious or Gynoecious lines) female parent hybridization,F₁ all show the All is Gynoecious Plant. SHZ-H hermaphroditic lines be used as the maintainer lines of department gynoecious lines of cucumber;Can be used as the core collection Simultaneous cultivate new gynoecious lines and their homotype maintainer lines;Can be used as bridge parent (male parent),With the common monoecious germplasm (inbred lines or F₁ hybrids) as female parent hybrid,assemble of gynoecious type three cross double cross many parents hybrid breed ,not use gynoecious lines;SHZ-H hermaphroditic lines flower parthenocarpic ability Strong ,used as assemble of gynoecious parthenocarpic varieties,for seedless (seed) cucumber breeding opened a new feasible way. Preparation of hybrids breed make use of SHZ-H hermaphroditic lines, The hybrid fruit length showed transgressive inheritance,This is most likely due hermaphroditic line SHZ-H a specific gene caused by influence. The study in 2005 awarded by the state invention patent,patent number: ZL200510074412.0.

Key words: Cucumber; Hermaphroditic line;Genetic analysis; Application; Invention patent

黄瓜的花性型通常多是雌雄异花同株，变异类型有纯雌性型、纯雄性型、雄全同株型、雌全同株型、两性花型等。两性花型是黄瓜植株上的花全部是雌雄同体的两性花（完全花），从花的进化上看，它被视为一种原始类型。黄瓜染色体数目较少，基因组相对较小，花性型分化丰富，已经逐渐成为研究双子叶植物花性型决定机制的模式植物。目前已报道确认地可能存在七个与黄瓜花性型相关的基因位点，分别为 F/f，M/m，A/a，In-F，gy，Tr，m-2。其中起主效作用的是 F/f，M/m，A/a 三个位点 [1]。两性花系可作为配制雌性系黄瓜杂交种的一种有效遗传工具种，而为育种家所青睐。国外早在 20 世纪 70 年代以前就已育成一些两性花型黄瓜种质并用于制种实践[2~5]。中国在 70 年代选育雌性系之后，着手选育适合我国生产需要的两性花系，尹彦等报告了其长果形两性花系的选育研究[6]；李又华等通过雌性系作母本，两性花系作父本选育出北欧型温室黄瓜新品种深青 971[7]。

我们关于黄瓜花性型的研究，始于 20 世纪 70 年代初，1979 年在湖南湘潭召开的"全国蔬菜育种新途径学术讨论会"上，李树贤宣读了"利用秋水仙素诱导黄瓜多倍体的效应"一文，报告已获得黄瓜雌性型、雄全同株型及两性体型等不同类型的花性型变异类型[8]。后经十多年的选育研究，已选育成遗传性稳定的长果型两性花系 SHZ-H，并应用于黄瓜制种。现将有关情况报告如下。

1 两性花系 SHZ-H 的获得及其特性

两性花黄瓜种质的选育可以通过雌性型与雄全同株型种质杂交、自交、回交的方式获得[2, 6]。李树贤（1979）报告，1972—1979 年，通过 0.2%的秋水仙素水溶液诱导黄瓜四倍体，其后代有四倍体，也有染色体未加倍而发生了花性型变异的二倍体，其中最先发现的有全雌型、全雄型、雌全同株型、雄全同株型等。全雄型没有利用价值；全雌型的一个共同特性是全部表现长子房，株型则有正常无限生长型、自封顶矮秧型及丛生形等。雌全同株型和雄全同株型的完全花的子房有圆形、椭圆形、棒形，也有正常长子房的。整株长子房两性花型发现较晚（1977 年；图版XIX，1）。其两性花型有可能是秋水仙素直接诱导产生的，也有可能是二次变异的结果。1990 年，在原两性花系中，选了 5 个单株，后以纯两性花、长瓜条、结籽性较强为主要目标，进行单株系统选择，育成基因型纯合、遗传性稳定的两性花系 SHZ-H（图版XIX，2）。

SHZ-H 两性花系植株上只有两性花一种花型，子房较长，始花节位第 3~6 节，各节着生的两性花数目不等，有的只有 1 个，多的可达 5 个以上。坐果能力强，可连续坐果 4~5 个。瓜条长 24cm 左右，也有达 35cm 以上的。果脐较小，种瓜中多数有种子，一般 40 粒左右，少数种瓜无种子。春季露地种植，一般从播种到开花 60 天左右。植株生长势强，抗病性较强。SHZ-H 的性型表现稳定，即使在温度较高的夏季也表现出稳定的两性花型。

2 两性花系 SHZ-H 的性型基因型分析

为了分析两性花系 SHZ-H 的性型基因型，1996 年以不同类型材料作母本，以 SHZ-H 为父本进行了杂交，其后代表现型见表 1。

表 1 几个不同类型黄瓜材料与两性花系 SHZ-H 杂交后代的性型表现

母本	类型	父本	F$_1$ 性型表现
农城三号	雌雄异花同株杂种一代	SHZ-H	全为雌性株
96Y-7	雌雄异花同株自交系	SHZ-H	全为雌性株
96C-3	雌性系自交系	SHZ-H	全为雌性株
中农 1101	雌性型杂种一代	SHZ-H	全为雌性株
新泰密刺	雌雄异花同株品种	SHZ-H	全为雌性株

表 1 中的 5 份不同类型的母本材料，96Y-7、新泰密刺、农城三号 3 份材料其花性型同为雌雄异花同株型，其他综合基因型纯合程度则差异很大，其中 96Y-7 为经多年选育的自交系，基因纯合程度较高；新泰密刺为常规栽培品种，基因纯合程度比 96Y-7 差些；农城三号为杂种一代品种，基因处于杂合状态，纯合程度更差。96C-3 为我所自育雌性系自交系；中农 1101 为中国农业科学院蔬菜花卉研究所育成的雌性系杂一代。表 1 可以看出，不管以何种类型的材料作母本，也无论其基因纯合程度如何，只要以 SHZ-H 两性花系作父本，其后代花性型表现均为纯雌性株。

1997 年，种植"96Y-7×SHZ-H" F$_1$ 代种子，并用硫代硫酸银诱雄自交得到 F$_2$ 代种子；同时 F$_1$ 还分别同亲本进行了回交，制得了两个回交后代群体。1998 年观察了 F$_2$ 代和两个回交后代的性型表现，F$_2$ 代性型表现如表 2。

表 2 [96Y-7×SHZ-H] F$_2$ 性型分离适合性测验

表现型	纯雌株	雌雄同株	两性花株	雄全同株	总株数
观察次数（O）	118	36	40	11	205
理论次数（E）	115.4	38.4	38.4	12.8	205
O-E	2.6	-1.6	1.6	-1.8	
实得 χ_c^2	0.446				
$\chi_{0.05,3}^2$	7.815				

表 2 结果表明，以雌雄异花同株自交系 96Y-7 与两性花系 SHZ-H 杂交，其 F$_2$ 代表现型有四种花性型类型：纯雌性型、雌雄同株型、两性花型、雄全同株型。各种性型的株数，经 χ_c^2 适合性测验，实得 $\chi_c^2<\chi_{0.05,1}^2$，观察次数与理论次数相符，F$_2$ 分离结果符合 9：3：3：1 的理论比例。

在观察 F$_2$ 代的同时，对两个回交后代也做了观察，其结果见表 3。

表 3 [96Y-7×SHZ-H] F$_1$ 两个回交后代花性型分离适合性测验

表现型	BC$_1$ （F$_1$×96Y-7）			BC$_{II}$ （F$_1$×SHZ-H）		
	纯雌株	雌雄同株	总株数	纯雌株	两性花株	总株数
观察次数（O）	68	59	127	75	70	145
理论次数（E）	63.5	63.5	127	72.5	72.5	145
|O-E|-1/2	4	4	0	2	2	0
实得 χ^2	0.55			0.11		
$\chi_{0.05,1}^2$	3.841			3.841		

经 χ_c^2 适合性测验，两个回交后代实得 χ_c^2 都小于 $\chi_{0.05,1}^2$，即观察次数与理论次数相符。显隐性比例为 1：1。从而进一步证实，控制黄瓜花性型的主要是两对独立遗传的基因，且各等位基因之间呈显隐性关系。

性型基因符合采用已普遍公认的 M_m、F_f。[96Y-7×SHZ-H] F_2 分离出的四种花性型基因型表示见表4。

表4 黄瓜主要花性型表现型、基因型及 F_2 比例

表现型	表示符号	基因型	F_2 表现型比例
雌性型	♀	M__F__	9
雌雄同株型	♀+♂	M__ff	3
两性花型	⚥	mmF__	3
雄全同株型	♂+⚥	mmff	1

回交后代遗传，如图1所示：

图1 [96Y-7×SHZ-H] F_1 两个回交群体 BCP_1 花性型遗传

3 两性花系 SHZ-H 在育种中的应用

黄瓜育种的一个重要突破是利用雌性系生产杂交种[4]。雌性系是雌雄异花同株植物所具有的一种特殊类型的雄性不育系。利用雌性系生产杂交种，不仅可以大大降低生产成本，而且还有利于提高杂交种的利用价值。雌性系的保持一般都采用化学诱雄方法。也有以两性花系保持雌性系的报道[2]。我们选成长果形两性花系 SHZ-H 后，对其在育种中的应用也进行了研究。

3.1 可以作为雌性系的保持系

以 SHZ-H 选育雌性系的保持系，设雌性系为 A，其花性基因型为 MMFF；SHZ-H（两性花系）为 B，其花性基因为 mmFF，选育雌性系 A 的同型保持系 A-mmFF，程序如图2所示。

通过上述程序选得的同型保持系 A-mmFF，不仅可以保持雌性系 A 的雌性型，而且还可保持雌性系 A 的其他性状。采用上述程序我们已经选育出了三个不同雌性系的保持系。

3.2 利用 SHZ-H 同时选育新的显性雌性系和其保持系

设雌雄同株系为 A-MMff，两性花系为 B-mmFF，则可按下列程序同时选育显性雌性系 A-MMFF 和其同型保持系 A-mmFF（图3）。

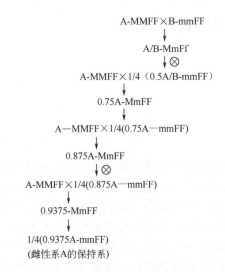

A-MMFF×B-mmFF
↓
A/B-MmFf
↓⊗
A-MMFF×1/4（0.5A/B-mmFF）
↓
0.75A-MmFF
↓
A—MMFF×1/4(0.75A—mmFF)
↓
0.875A-MmFF
↓⊗
A-MMFF×1/4(0.875A—mmFF)
↓
0.9375-MmFF
↓
1/4(0.9375A-mmFF)
（雌性系A的保持系）

图2　通过SHZ-H选育雌性系保持系的程序

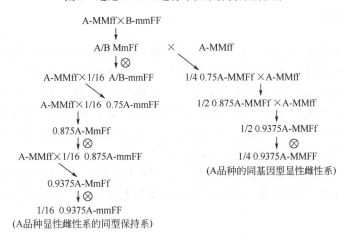

A-MMff×B-mmFF
↓
A/B MmFf　　　×　　　A-MMff
↓⊗
A-MMff×1/16 A/B-mmFF　　　1/4 0.75A-MMFf ×A-MMff
↓
A-MMff×1/16 0.75A-mmFF　　　1/2 0.875A-MMFf ×A-MMff
↓
0.875A-MmFf　　　　　　1/2 0.9375A-MMFf
↓⊗　　　　　　　　↓⊗
A-MMff×1/16 0.875A-mmFF　　　1/4 0.9375A-MMFF
↓　　　　　　　（A品种的同基因型显性雌性系）
0.9375A-MmFf
↓⊗
1/16 0.9375A-mmFF
（A品种显性雌性系的同型保持系）

图3　利用SHZ-H同时选育新的显性雌性系和其保持系

　　需要说明的是，对MmFf自交后出现的两性株，每株都要进行自交，才能判断出是否为mmFF基因型的两性株，否则就不能进行下面的程序。在选育显性雌性系的过程中，在A/B MmFf×A-MMFF 这一程序时，其后代中的雌性株也要逐株进行自交，从自交后代中出现的性型比例来判断是否为MMFf的基因型，然后才能进行以下程序。

3.3　利用两性花系 SHZ-H 配制选育杂交品种

　　设 M 代表普通雌雄异花同株（雌雄同株 Monoecious）类型的种质，A 代表雄花和完全花同株（雄全同株 Andromonoecy）类型的种质，G 代表雌性型（Gynoecious）种质，H 代表两性花系（Hermaphroditic）种质。不直接利用雌性系，以两性花系 SHZ-H 配制选育雌性系杂交品种，有如下可能的组合配制：

　　（1）由于 SHZ-H 已无突出缺点，且还具有其他种质所缺乏的某些特性，所以可以直接以 SHZ-H 作父本，以普通雌雄同株种质（自交系或 F₁ 代杂种）为母本，配制单交种或三交种（M×H、MF₁×H），其后代全部表现雌性型。

　　（2）（M×H）×M：（M×H）F₁ 全为雌性型，（M×H）F₁×M 后代雌性型和雌雄同株型为 1：1。此种组合可以是三交种或双交种，也可以是五交种。

　　在以上配制中，H（两性花系 SHZ-H），既是杂交亲本，更重要的则是将普通雌雄异花同株型转变为雌性型的桥梁种。

　　我们利用 SHZ-H 配制杂交组合，已经选育出三个表现早熟、丰产、单性结实强的品系，其中一系已通过品种审定，定名为"石黄瓜 1 号"（图版 XIX，4）。

4 讨论

4.1 两性花系的获得

黄瓜两性花系传统的获得途径是通过雌性系与雄全同株型材料杂交和回交，从后代分离群体中选择。SHZ-H 选自于 1972—1979 年，以 0.2%浓度的秋水仙素水溶液诱导黄瓜同源四倍体，所产生的非倍性花性型变异后代。其原始类型雌雄异花同株型的花性基因型为 MMff，单基因突变产生雌性型（MMFF）和雄全同株型（mmff）。两性花型（mmFF）极有可能是雌性型（MMFF）或雄全同株型（mmff）次生突变的结果。由于仍是单基因突变，所以一出现即很快纯合稳定；相对于传统的雌性系与雄全同株型杂交选育似较为简便，而且少了所采用的异型雄全同株型种质其完全花果实常表现为"瓜佬" 的遗传累赘。

4.2 黄瓜花性型基因型

决定黄瓜花性型的主效基因为 F/f，M/m，A/a[1]。基因 F/f 的作用是控制雄花的发育，当隐性基因 f 纯合时，产生雄花；显性基因 F 存在时抑制雄花的产生。基因 M/m 的作用是控制雌花和完全花的发育，隐性基因 m 纯合时产生完全花；显性基因 M 存在时产生雌花。A/a 基因为完全显性遗传，可增加雄性，A 基因上位于 F 基因，隐性基因 a 有增强雄性发育的趋势[9]。我们的研究，供试验的雌性系和两性花系均为自育纯系，以其所做的所有有关花性型的遗传实验，没有发现 A/a 基因的干扰；其性型表现均符合 F/f 与 M/m 互作的理论预期值。与 Galum，E.（1961）[10]、Kubicki，B（1974）[11]、孙小镭等（1986）[12]、陈惠明等（1999）[13] 等的研究结论一致，只是所用基因符号不尽一致。没有发现 A/a 基因的干扰，但并不能否定 A/a 基因的存在，秋水仙素诱导所出现的全雄性型植株其基因型极有可能为 mmffaa，对此尚需进一步研究。

4.3 两性花系 SHZ-H 的应用

两性花系作为全雌性型的保持者，其后代植株表现为全雌性型。尹彦等（1990）的实验，雌性系×两性花系，以纯合基因型的雌性系（G_1、G_2）为母本所配制的组合，其 F_1 的性型表现都是全雌性的；以杂合基因型雌性亲本（G_3）×两性花系，其 F_1 的性型表现仅一部分是全雌性的，而另一部分是半雌性的。我们的实验，以 SHZ-H 两性花系作父本，无论母本是何种类型（自交系、常规品种、杂一代的雌雄异花同株型或雌性系），其后代均全部表现为雌性株。这可能与所用两性花系基因型存在差异有关。

两性花系用于育种，除过型基因必须纯合外，其瓜条形状和其他经济性状还必须符合育种要求；作为雌性系的保持系还必须与其所保持的雌性系同基因型（即同型保持系）；作为亲本之一参与杂交种组合配制（单交种、三交种、双交种、多交种），不能有不良遗传累赘；并应有较高的配合力。我们历经 20 多年选育的两性花系 SHZ-H，性型表现稳定，即使在炎热夏季也表现出稳定的两性花性型。植株生长势强，抗病性较强。以其作为显性雌性系的保持系；同时转育新的雌性系和其同型保持系的遗传种质；以桥梁种和亲本材料参与各种不同类型杂交种杂交组合的配制等，2005 年获得了国家发明专利[14]。

4.4 两性花系 SHZ-H 瓜条长度的超亲遗传效应

来源于某些外引雄全株和雌性系杂交而获得的两性花系的子房多不理想。我们的两性花系 SHZ-H 来源于秋水仙素的诱变后代，后经多代系统选择育成。其正常子房的两性花型，是突变所产生。这与控制具有正常子房的两性花的 m-2 基因，来自品种 Borszagowski 的人工诱变[11] 是否为同一类型，有待进一步研究。

尹彦等（1990）所育两性花系平均果长 21.1cm，最长达 28.6cm。把植株性型表现等因素考虑在内综合评价，两性花系 H₁ 最好。以它与雌性系配制的杂种 F₁，果实长度虽然是其中最短的一个，尚不及 20cm，但它却可以作为保持全雌表型的复合母本材料用于制种。我们所育两性花系 SHZ-H，果长 24cm，最长35cm 以上，且瓜条上下基本均匀；以其配制杂交组合，瓜条长度表现超亲遗传，不仅超过两性花系 SHZ-H 果长，而且超过参与配组的雌雄异花同株型亲本（图版 XIX，2、3、4）。瓜条长度为数量性状，两性花系 SHZ-H 配制杂交组合，所出现的这种情况，极有可能是受两性花系 SHZ-H 所具有的特异型基因的影响所致，具体情况有待进一步研究。

4.5 两性花系 SHZ-H 用于配制单性结实品种的可能性

两性花系 SHZ-H 不仅坐果能力较强，而且具有较强的单性结实性能，以其和雌雄异花亲本配制组合，杂种 F₁ 表现全雌性，在无花粉可授的情况下，植株单性结实，果实无可育种子，成为无籽黄瓜。黄瓜生熟食兼用，无籽品种有高的价值。

无籽品种可通过多种途径获得，笔者在进行黄瓜多倍体育种研究中，曾多次进行过 4x×2x 的配组观察，可以获得三倍体，但其三倍体杂种可育种子极少，无法用于生产。在黄瓜中，存在着不同生态类型的单性结实现象。选育生态型单性结实无籽（少籽）黄瓜品种已有成功的报道，如日本品种"彼岸节成"。以两性花系配制雌性型单性结实品种，则又开创了一条可行的途径。笔者所育"石黄瓜 1 号"黄瓜新品种即为此类品种。

利用两性花系选配雌性型单性结实无籽（少籽）黄瓜品种，不仅要求两性花系种质性型基因纯合、经济性状优良，而且要求母本材料必须适应。为此进行包括单性结实能力及其商品性状观测等内容的配合力测验将是必不可少的。

单性结实无籽（少籽）品种，常出现果实畸形现象，解决这个问题已有喷洒相关植物激素等多方面成熟经验可供参考。

利用两性花系选配雌性型单性结实无籽（少籽）黄瓜品种，是一条可行途径，国外已有成功的报道[3]。但广泛用于生产，很多问题都还需进一步研究。

参考文献

[1] Jiahua X，Todd C. Wehner，et al.，Gene List 2001 for Cucumber［C］// Cucurbit Genetics Cooperative Report Dept of Horticultural Science，2001，24：110-136

[2] Pike L M，Mulkey W A. Use of hermaphroditic Cucumber lines in development of gynoecious hybrids［J］. Horicultural Science. 1971，6（4）：339-340.

[3] EL-shawaf，I I S，Baker L R. Performance of hermaphroditic pollen Parents in Crosses with gynoecious lines for parthenocarpic yield in gynoecious pikling Cucumber for once over mechanical harvest［J］. Journal of American society for horticultural science. 1981，106（3）：356-359.

[4] Staub J E，Balgooyen B，et al.Quality and yield of Cucumber hybrids using gynoecious and bisenual parents［J］. HoRT SCIENCE 1986，21（3）：510-512.

[5] Tasdighi M，Baker L R.Comparison of single and three-way Crosses of pickling Cucumber hybrids for fenaleness and yield by Once-over harvest［J］. Journal of American society for horticultutal science，1981，106（3）：370-373.

[6] 尹彦，方秀娟，等.长果形两性花黄瓜的选育及利用初报［J］. 园艺学报，1990，17（2）：133-138.

[7] 李又华，陈两桂，林玉群，等.北欧型温室黄瓜新品种深青 971 的选育［J］. 中国蔬菜，1998（6）：34-35，

[8] 李树贤.利用秋水仙素诱导黄瓜多倍体的效应［C］//全国蔬菜育种新途径学术讨论会论文，湖南湘潭，1979

[9] Kubicki B. Investigations on sex determination in cucumbers（Cucumis sativus L.）. VI. Androecism［J］. Genet Pol，1969，10：87-99.

[10] Galun E. Study of the inheritance of sex expression in thecucumber. The interaction of major genes with modifyinggenetic and non-genetic factors［J］. Genetica，1961，32：134-163.

［11］Kubicki B. New sex types in cucumber and their uses in breeding work ［J］. XIXth International Horticultural Congress，Warszawa，1974，475-485.

［12］孙小镭，邬树桐，宋绪峨，黄瓜性型遗传试验 ［J］. 山东农业科学，1986，5：45-46.

［13］陈惠明，刘晓红，性型遗传规律的研究 ［J］. 湖南农业大学学报，1999，25（1）：40-43.

［14］李树贤，陈远良，刘新宇.以两性花系作为桥梁工具种进行黄瓜育种的方法 ［P］. 专利号：ZL200510074412.0.

陈远良，李树贤等：黄瓜两性花系 SHZ-H 选育及其应用的初步研究　图版XIX
Chen Yuanliang, Li Shuxian et al: The cucumber hermaphroditic lines SHZ-H preliminary
study of breeding and application　Plate　XIX

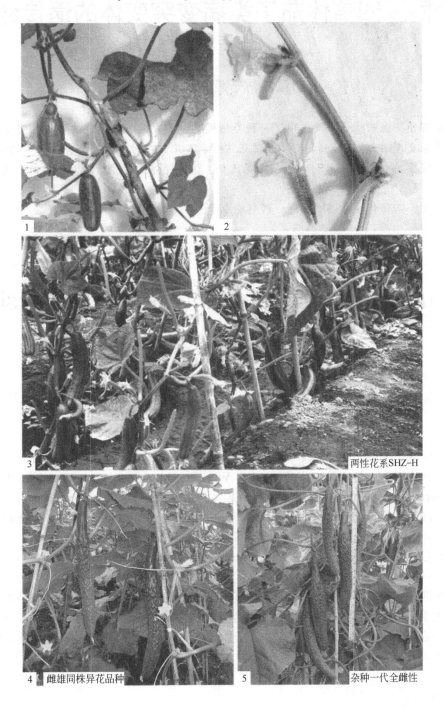

图版说明
1．两性花系原始突变体；2．两性花系之两性花和节成性；3．两性花系 SHZ-H；
4．雌雄同株之普通黄瓜品种；5．雌性型杂种一代品种"石黄瓜一号"

一个同源四倍体茄子类病变突变体的遗传分析[*]

吴志娟　李树贤

（新疆石河子蔬菜研究所）

摘　要：在茄子同源四倍体中，发现了一种类似缩叶病毒病症状但无病毒侵染的突变体，以其与正常叶系杂交、测交、正反交，F_1 均表现正常叶，F_2 正常叶对皱缩叶符合 21：1 的分离比例。F_1 与皱缩叶突变系测交，符合 3.7：1 的分离比例。该突变体为单隐性基因突变，并按染色单体进行分离。

关键词：茄子；四倍体；皱缩叶突变；遗传分析

An Autotetraploid Eggplant Genetic Analysis of Lesion Mimic Mutant

Li Shuxian　Wu Zhijuan

(Xinjiang Shihezi Vegetable Research Institute)

Abstract:Amongst autotetraploid eggplant,a kind of likeness shrink leaves virus disease symptoms but no virus infection the mutant were spotted. With its and normal leaves lines hybridization,test cross,reciprocal cross,F_1 showed normal leaves,F_2 normal leaves to shrink leaves conform 21:1 of segregation ratio,F_1 and shrink leaves mutant testcross,segregation ratio of 3.7:1. The mutant was a single recessive gene mutation according to the chromatid separated.

Key words: Eggplant; Tetraploid; Shrink leaves mutation; Genetic analysis

在茄子同源四倍体育种中，曾多次发现隐性基因突变，其中植株结果很多、果实畸形僵化的变异类型，遗传分析表明，为突变重组产生的两对相互连锁的纯合隐性基因型所致[1]。另外还发现了一种整株叶片类似缩叶病毒病的突变体，但经电镜检查并无病毒侵染，而为一类病毒病变突变体，受单隐性基因控制。现将遗传实验结果报告如下。

1　材料与方法

实验于 1993—1997 年在新疆石河子蔬菜研究所试验地进行。供试材料：C-93-4、C-93-6 为经多代选育的四倍体皱缩叶突变体纯系；4x-1、4x-2 为本所选育的 2 个正常叶四倍体纯系。

杂交及回交实验包括：皱缩叶型 4x×正常叶 4x、正常叶 4x×皱缩叶 4x、"皱缩叶 4x×正常叶 4x"

* 西北农业学报，2009，18（5）：294-296。

F₁×皱缩叶 4x、"正常叶 4x×皱缩叶 4x" F₁×皱缩叶 4x。分别观察统计其杂种 F₁、F₂ 及 BC₁ 的表现。由于茄子同源四倍体杂交和自交的亲和力都很低[2]，供试材料同一类型的叶型基因型相同，故供遗传分析的数据取同一类型实验的合计数。

2 实验结果

2.1 正反交 F₁ 的表现

以皱缩叶 4x 与正常叶 4x 杂交，其正交和反交 F₁ 的表现型见表 1。

表 1　正反交 F₁ 的叶型表现

杂交组合		F₁ 表现型		
		总株数	正常叶型株数	皱缩叶型株数
正交	C-93-4×4x-1	43	43	0
	C-93-6×4x-2	59	59	0
	合计	102	102	0
反交	4x-1×C-93-4	36	36	0
	4x-2×C-93-6	32	32	0
	合计	68	68	0

以 2 个正常叶 4x 系和 2 个皱缩叶 4x 系杂交，无论是正交还是反交，所有组合的 F₁ 都表现正常叶，皱缩叶为隐性性状，受细胞核基因控制，与细胞质基因无关。

2.2 F₂ 代表现型的分离

对皱缩叶 4x 与正常叶 4x 正反交的 F₁ 进行人工强制自交，由于自交稔性低每个组合收到的种子少，难以分别对每个组合 F₂ 表现型分离进行统计分析，又因本遗传实验所要分析的仅限于皱缩叶（相对于正常叶型）1 个性状，同一世代，不同杂交组合，其叶型（皱缩叶或正常叶）基因型都是相同的，故将所有正交和反交组合分别合并统计，分析 F₂ 叶型分离情况，可满足四倍体对较大实验群体的需求，确保实验的准确性。（见表 2）

表 2　正反交 F₁ 自交、F₂ 的表型分离

组合	总株数	皱缩叶株数	正常叶株数
"皱 4x×正常 4x" F₂	108	5	103
"正常 4x×皱 4x" F₂	93	4	89
合计	201	9	192

正交 F₂ 正常叶型对皱缩叶型为 20.6∶1；反交 F₂ 为 22.25∶1，正反交合计，为 21.33∶1。AAaa 双显式基因按染色单体分离，其显隐性个体的理论比例为 21∶1。是否符合，进行 χ^2 适合性测验：正交 $\chi_c^2 = 0.0358$，反交 $\chi_c^2 = 0.018$，综合结果 $\chi_c^2 = 0.0149$，三种情况，χ_c^2 均小于 $\chi_{0.05,1}^2$ 值（3.84），接受 H₀，符合 21∶1 的理论比率。

2.3 测交后代的分离

皱缩叶型突变系与正常叶系杂交 F₁ 表现正常叶，F₂ 显隐性分离符合 21∶1 的理论比率。对其 F₁ 以

皱缩叶系测交（即 AAaa×aaaa），正反交的测交结果见表 3。

表 3　杂种 F₁ 测交结果

组合	总株数	正常叶型	皱缩叶型
"皱 4x×正常 4x" F₁×皱 4x	62	49	13
"正常 4x×皱 4x" F₁×皱 4x	55	43	12
合　计	117	92	25

以理论比率 3.7∶1 进行 χ^2 适合性测验：正交测交 $\chi^2_c = 0.0093$，反交测交 $\chi^2_c = 0.0043$，综合结果 $\chi^2_c = 0.0078$，均小于 $\chi^2_{0.05,1}$ 值（3.84），符合 3.7∶1 的理论比率。

综上分析，该皱缩叶系为单隐性基因突变体，其基因距着丝点较远，按染色单体进行分离。

3　讨论

同源四倍体的基因突变和重组，一般认为不像在二倍体中那样重要[3]，特别是隐性突变频率较低，常会被掩盖起来。但这并不是绝对的。本研究所发现的受单隐性基因控制的四倍体类病毒病变突变体过去还未见报道，极有可能发生于染色体加倍过程——在二倍体水平上发生了单个基因突变并伴随着染色体的加倍，其具体机制还有待进一步研究。

植物类病变突变体（lesion mimic mutant，LMM），是一类表型类似感病状但无病源浸染的突变体[4]。有望在植物广谱抗性改良上发挥作用[5, 6]。本研究发现的同源四倍体茄子类病毒病变突变体其原始植株不仅表现整株缩叶，而且株型类似独秆型，且全株只结了一个果实（图 1，1）。但其缩叶并不与弱分枝及结果少的性状连锁。经多代改良选择，该突变体的分枝习性及结果性能已基本恢复正常（图 1，2），作为育种材料其农艺性状也已无明显不良遗传累赘。但能否转育并用于育种实践，则还有待进一步研究证实。

参考文献

[1] 李树贤，吴志娟，杨志刚，等. 同源四倍体茄子育种的选择Ⅰ. 畸形果性状及植株结实力的选择 [J]. 西北农业学报，2003，12（1）：48-52.

[2] 李树贤，吴志娟，赵萍. 同源四倍体茄子自交亲和性遗传的初步分析 [J]. 西北农业学报，2007，16（6）：170-173.

[3] Stebbins C L. Chromosomal evolution in higher plants [M]. London：Edward Arnold Ltd.，1971，87-93.

[4] Shirasu K，Schulzelefert P. Regulators of cell death in disease resistance [J]. Plant Molecular Biology，2000，44：371-385.

[5] Yin Z，Chen J，Zeng L，et al. Characterizing rice lesion mimic mutants and identifying a mutant with broad-spectrum resistance to rice blast and bacterial blight [J]. Molecular plant-microbe interactions，2000，13：869-876.

[6] Arase S，Fujita K，Uehara T，et al. Effects of some indole-related compounds on the infection behavior of Magnaporthe grisea [J]. Journal of Phytopathology，2000，148：197-203.

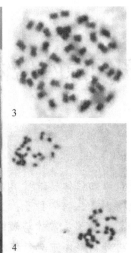

图1　1个茄子的同源四倍体类病毒皱缩叶突变体

1．原始四倍体皱缩叶突变体；2．恢复了正常分枝结果性能四倍体；

3．四倍体皱缩叶系有丝分裂中期，染色体 2n=4x=48；4．减数分裂后期 I，n=2x=24

Figure 1　An autotetraploid viroid shrink leaves mutant of eggplant

1．The original tetraploid shrink leaves mutant;

2．The tetraploid shrink leaves lines of restore normal branching and bear fruit habit;

3．Tetraploid shrink leaves lines chromosomes of mitotic metaphase, 2n=4x=48;

4．Meiosis anaphase Ⅰ,n=2x=24

茄子同源四倍体类病毒病变突变体的异倍性转育[*]

李树贤　吴志娟

（新疆石河子蔬菜研究所）

摘　要： 以四倍体皱缩叶类病毒病变突变体为母本，以不同的 2x 正常叶系为父本进行杂交，能够获得少量三倍体种子。三倍体自交，其后代会出现非整倍体、二倍体、三倍体、四倍体的倍性分离，以及正常叶与皱缩叶基因型的分离，其分离比例未呈现明显规律性。再以 2x 系为亲本，对分离群体中二倍体和四倍体皱缩叶株进行杂交选择，可以在不同世代选育获得二倍体和四倍体皱缩叶及正常叶型新种质，现已获得了熟性超亲和双亲未表现的白色果实等 5 个二倍体选系。以同一 2x 系为轮回亲本，经多代回交选择，还可以获得具有二倍体轮回亲本农艺性状的二倍体和四倍体皱缩叶近等基因系。

关键词： 茄子；四倍体；皱缩叶突变体；转育

Eggplant Autotetraploid Mimic Virus Lesion Mutant Heteroploid Transformation of Breeding

Li Shuxian　Wu Zhijuan

(Xinjiang Shihezi Vegetable Research Institute)

Abstract: Use lesion mimic mutant of tetraploid shrink leaves as female parent,and with different 2x normal leaves lines as the male parent of hybridization,can get a small amount of triploid seeds. Triploid selfing,their offspring will appear aneuploidy,diploid,triploid and tetraploid of separation,as well as the separation of the normal leaf and the shrunken leaf genotype,the separation ratio showed no obvious regularity. Then the 2x line was used as parent,for segregating population of diploid and tetraploid shrivel leaf plant conduct hybridization selection,can be selected from different generations diploid and tetraploid shrink leaves and normal leaves type new germplasm. Has now been obtained early maturity exceed parents,parents has not shown of white fruit, et al five diploid selected lines. Utilization one and the same 2x lines for the recurrent parent,after more generation backcross selection,can To obtain have diploid recurrent parent agronomic traits of diploid and tetraploid shrink leaves near isogenic line.

Key words: Eggplant; Shrink leaves mutant; Heteroploid; Transformation breeding

　　植物类病变突变体（lesion mimic mutant，LMM）由于其可能具有的广谱抗病性而受到人们的关注，通过化学和物理诱变已在拟南芥、玉米、大麦和水稻等植物中获得了一些类病变突变体，其发生机制的

* 西北农业学报，2010，19（1）：178-181。

研究也取得一定进展[1]。但有关类病变突变体用于育种的研究，目前还未见有报道。在茄子同源四倍体育种中所发现的类病毒病变突变体，遗传实验表明为依染色单体分离的单隐性基因突变体[2]。该突变体发现于四倍体，转育为二倍体不仅有利于对突变体农艺性状进行改良，而且还可以直接用作二倍体常规育种以及杂种一代育种材料。将四倍体突变体转育为二倍体，在育种技术上是完全可行的，对此已获得了一些初步的结果。

1 材料与方法

实验于 1993—2003 年在新疆石河子蔬菜研究所进行，供试四倍体皱缩叶系为本所选育的 2 个姊妹系 C-93-4、C-93-6；二倍体材料为福州条茄、河采条茄、辽茄 2 号、新茄 3 号。杂交转育开始于 1993 年，原始杂交以皱缩叶 4x 系为母本，以 2x 系为父本（反交不能产生真杂种——另行报道）。轮回亲本为二倍体系。

倍性鉴定：取植株幼龄叶片，以卡诺氏液固定，铁矾-苏木精染色，40%醋酸分色压片，普通光学显微镜观察计数染色体。转育后代农艺性状观察同常。

2 实验结果

2.1 不同组合的杂交亲和力

同源四倍体茄子不仅存在显著的自交不亲和性[3]，与二倍体杂交也存在很强的杂交不亲和性，以皱缩叶 4x 系 C-93-4、C-93-6 为母本，以不同的 2x 系为父本进行杂交，其亲和力见表 1。

表 1 不同组合的杂交亲和力

杂交组合	杂交花数	坐果数	有籽种果数	杂交果种子总数	杂交坐果率（%）	杂种单果种子数
C-93-4×福州条茄	22	6	3	21	27.27	3.5
C-93-6×河采条茄	15	3	0	0	20.00	0
C-93-4×辽茄 2 号	27	2	2	20.0	7.41	10.0
合计	64	11	5	41	17.19	3.73

以 3 个 2x 系与 4x 系配制杂交组合，2 个组合收到了种子，倍性 2n=3x=36，为真杂种。3 个组合杂交坐果率为 7.41%～27.27%，平均为 17.19%，杂交果实种子数为 0～10.0 粒。平均为 3.73 粒。以皱缩叶 4x 系与普通 2x 系进行异倍体杂交，其杂交亲和力很低，但仍有部分杂交组合可以收到少量种子，为进一步转育奠定了基础。

2.2 杂种 F₂ 的分离与回交转育

以 4x 皱缩叶系与正常 2x 系杂交，产生的 3x 基因型为杂合体（Aaa），表型为正常叶型。三倍体自交，其后代植株倍性以非整体居多，二倍体、四倍体、三倍体较少。基因型分离未发现规律性，但均有 2x 和 4x 皱缩叶型出现。以组合"C-93-4×辽茄 2 号"F₂ 为例，其分布见表 2。

表 2 Aaa 型三倍体子代的分离

观察项目	总株数	二倍体			三倍体			四倍体			非整倍体株数
		株数	正常叶型	皱缩叶型	株数	正常叶型	皱缩叶型	株数	正常叶型	皱缩叶型	
分离值	173	32	25	7	25	25	0	14	12	2	102
百分数（%）	100.00	18.50	78.13	21.87	14.45	100.00	0	8.09	85.71	14.29	58.96

子代三倍体群体中未有皱缩叶型出现，可能与三倍体产生的隐性 2x 配子（aa）在受精过程中竞争力较杂合性配子（Aa）弱有关。

以三倍体杂种分离群体中的 2x 和 4x 皱缩叶型及正常叶型为母本，再以正常 2x 系进行回交，F_2BC_1 自交，经选择即可分别获得具双亲遗传性的二倍体和四倍体皱缩叶型、正常叶型新种质。继续以同一亲本回交，对于二倍体，理论上回交选择 7 次即可获得具有轮回亲本 99% 以上基因型的皱缩叶近等基因系（图 1）。

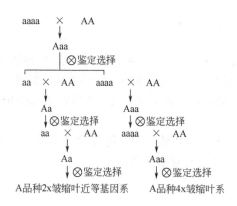

图 1　异倍体杂交转育不同倍性皱缩叶系的程式

2.3　二倍体皱缩叶新类型的选育

通过图 1 的程式不仅可以转育 4x 及 2x 皱缩叶近等基因系，而且还可以在不同世代随时获得 4x 及 2x 皱缩叶或正常叶新种质。例如，以皱缩叶 4x 系"C-93-4"（中熟、圆形红果）与"辽茄 2 号"（中熟、梨形青果）杂交，F_1 为 3x，F_2 倍性分离，对分离出的 2x 皱缩叶株分别以"辽茄 2 号"及"新茄 3 号"（早熟、紫红条茄）为父本进行回交，后经多代自交选择，获得了叶型为皱缩叶，果实长圆形，果皮为青色，成熟期表现超亲的早熟选系"97-E′-98-1-8"及其同样早熟的正常叶型姊妹系"97-E-98-2-1"；叶型为皱缩叶，果实卵圆形，果皮白色的早熟选系"97-B′-98-1-2"及其正常叶型早熟姊妹系"97-B-98-2-3"；皱缩叶，中早熟，果实短柱形，果皮紫红色选系"97-D-98-1-1"。这几个选系经染色体计数鉴定均为 2n=2x=24。具体选育程式可归纳为图 2。

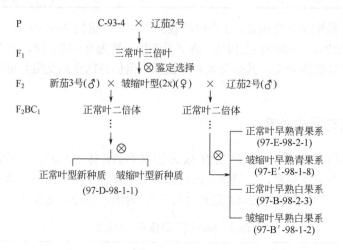

图 2　异倍体杂交选育 2x 新种质的程式

3 讨论

在茄子中，以同源四倍体为母本与二倍体杂交可以获得三倍体，但稔性很低[4]。在皱缩叶型 4x 与正常叶 2x 材料的杂交中有同样表现。杂交的低稔性给三倍体利用带来困难，但进行异倍体杂交育种却无大碍。同源三倍体茄子果实有较多的可育种子（单果种子数 $\bar{\chi}=43.15\pm30.70$ ）[4]，给育种的分离选择带来方便。在本研究中，三倍体子代群体中以非整倍体居多，其次是二倍体、三倍体和四倍体。这种趋势和糖甜菜一样[5]。基因型的分离，本研究未表现出规律性，但二倍体和四倍体都有目标性状的出现。三倍体群体中未出现目标性状，可能与不同配子在受精中的竞争力有差异，加之群体不够大有关。对此还有待进一步研究。本研究以四倍体和二倍体杂交，转育四倍体隐性突变性状，进行整倍体（二倍体和四倍体）育种，准确鉴定选择三倍体分离群体中具隐性目标性状的二倍体和四倍体植株作回交母本至关重要。隐性性状一出现即为纯合体，比较直观。但表现隐性性状的个体是否为需要的二倍体或四倍体，则必须进行准确的染色体倍性鉴定。

通过同源四倍体和二倍体杂交及其后代的自交，进行异倍体育种，不仅可以转移四倍体的有利隐性性状到二倍体中，而且还有可能获得具有其他优良性状的新种质。在本项研究中，通过中熟的四倍体和中熟的二倍体系杂交及多代自交筛选，获得了超亲的早熟系，另外还获得了杂交双亲未表现的白色果实系，对于这种超亲（或返亲）遗传现象的遗传基础还有待进一步研究。

植物的类病变突变体（LMM）常具有广谱抗病性[6]。本研究所发现的茄子四倍体类病毒病变突变体的抗病性如何，由其作亲本转育获得的异倍体——二倍体皱缩叶系的抗病性又如何，也有待进一步研究鉴定。

本研究所选育的由单隐性基因控制的四倍体和二倍体皱缩叶系，不仅可以作为种质资源供茄子育种利用，而且还可以作为标志性状用于杂交种配制。

参考文献

[1] 王忠华. 植物类病变突变体的诱发与突变机制 [J]. 细胞生物杂志，2005，27：530-534.

[2] 李树贤，吴志娟. 一个同源四倍体茄子类病变突变体的遗传分析 [J]. 西北农业学报，2009（5）：294-296.

[3] 李树贤，吴志娟，赵萍. 同源四倍体茄子自交亲和性遗传的初步分析 [J]. 西北农业学报，2007，16（6）：170-173.

[4] 李树贤，吴志娟，李明珠. 茄子同源三倍体的初步研究Ⅰ. 4x×2x 配制三倍体组合的种子结实力 [J]. 中国蔬菜，2008，（增刊）：34-37.

[5] Бормотов В Е. 糖甜菜多倍体类型细胞遗传学的研究 [J]. 李山源，郭德栋，译. 甜菜糖业（甜菜分册），1984，（增刊）：17-19.

[6] Ryals J A，Neuenschwander U H，Willits M G，et al. Systemic acquired resistance [J]. Plant Cell，1996，8：1809-1819.

李树贤，吴志娟，茄子同源四倍体类病毒病变突变体的异倍性转育　　图版XX

Li Shuxian，Wu Zhijuan: Eggplant autotetraploid mimic virus lesion mutant
heteroploid transformation of breeding　　Plate　XX

图版说明

1．1个 2x 正常叶青果系 97-E-98-2-1；2．1个 2x 皱缩叶青果系 97-E′-98-1-8；3．1个 2x 皱缩叶白果系 97-B′-98-1-2；4．1个 2x 正常叶白果系 97-B-98-2-3；5．1个 2x 皱缩叶紫红果系 97-D-98-1-1；6．1个 2x 皱缩叶红圆果系；7．体细胞染色体 2n=2x=24

Plate explanation

1．A 2x Normal leaf green fruit lines 97-E-98-2-1；2．A 2x shrink leaf green fruit lines 97-E′-98-1-8；3．A 2x shrink leaf white fruit lines 97-B′-98-1-2；4．A 2x Normal leaf white fruit lines 97-B-98-2-3；5．A 2x shrink leaf Purplish red fruit lines 97-D-98-1-1；6．A 2x shrink leaf red round fruit lines；7．Somatic chromosome 2n=2x=24

同源四倍体花粉诱导茄子无融合生殖
获得二倍体纯系的初步研究[*]

李树贤　吴志娟

（新疆石河子蔬菜研究所）

摘　要： 以新疆石河子蔬菜研究所自育同源四倍体优良选系为授粉系，对 15 份二倍体纯系品种和 F_1 代杂种材料，组成 21 个 2x×4x 组合（次），诱导无融合生殖。授粉花数 841 朵，坐果率为 21.52%；得到有效种子的共 6 份材料、11 个组合（次）；9 份材料、10 个组合（次）没有收到有效种子。无融合结籽率为 4.64%，平均单果无融合结籽数为 129.44 粒。不同基因型的二倍体材料的诱导效果差异很大。所有诱导后代倍性鉴定均为 2n=2x=24。Pa_1 均表现母本系的遗传性。对其自交，Pa_2 没有发生遗传上的分离。Pa_1、Pa_2 及其原二倍体系，始花节位、叶形指数、果形指数、植株高度的变异系数均很少超过 10%，表型性状表现出相对高的整齐度。茄子 2x×4x 可以有效地诱导获得二倍体无融合生殖纯系，但其具体的无融合生殖类型，还有待进一步鉴定。在本试验中，所选用的四倍体材料似乎都能诱导产生无融合生殖后代，但不同的 4x 授粉系（株）间，仍存在一定的差异。通过成对测交，有可能筛选出具有诱导无融合生殖特异功能的 4x 授粉系，相应工作未能继续下去。

关键词： 茄子；二倍体；同源四倍体；授粉；无融合生殖

Autotetraploid Pollen Induction Eggplant Apomixis
Acquire Preliminary Study of Diploid Pure Line

Li Shuxian,Wu Zhijuan

(Xinjiang Shihezi Vegetable Research Institute)

Abstract: using self breeding of the fine 4x lines act as pollination lines,pair 15 diploid breed and F_1 materials,consisting 2x×4x of 21 combination (Times),induced by apomixis. Pollinate flowers number 841,fruit-bearing rate 21.52%; a total 6 samples materials,11 combination (time) of get effectively seeds ; 9 materials,10 combinations (times) not received effective seeds. Agamospermy fruit rate was 4.64%,average simple fruit agamospermy number 129.44 grains. Different genotypes of diploid materials induced effect difference is very big. All induce offspring ploidy identification all is 2n=2x=24. Pa_1 All show female parent line of the hereditary,Pa_2 genetic separation did not happen. Pa_1,Pa_2 and its original diploid,beginning flower festival,leaf shape index,fruit shape index,plant height coefficient variation are rarely

---

* 1998 年 8 月完成初稿，全文本文集首次发表。

more than 10%,phenotypic traits showed a relatively high uniformity. Eggplant 2x ×4x can effectively induce diploid apomixis pure line,but the specific type of apomixis,remains to be further identified. In this experiment,adopted the tetraploid material seems to all can induced engender apomixis offspring,but different 4x pollination lines there are still some differences between the. By paired test cross,4x pollination lines with specific functions of inducing apomixis may be screened out,the corresponding work did not continue make.

Key words: Eggplant; Diploid; Autotetraploid; Pollination; Apomixis

　　无融合生殖（apomixis）是植物界存在的一种特殊的生殖方式。因其在植物遗传育种中的特殊价值而受到广泛关注。在自然界，大多数植物无融合生殖的发生频率都比较低，但并不是不能通过自然选择而获得。人工诱导无融合生殖，主要有化学药物法、物理因子法以及生物学方法等。通过生物学方法诱导无融合生殖，主要包括异源花粉蒙导、延迟授粉，离体组织培养以及体细胞融合等。花粉蒙导，已在190 多个物种中通过异源花粉诱导出孤雌生殖植株[1]。在水稻中，中国农科院作物所曾发现一些四倍体水稻由于孤雌生殖而自发回复成二倍体，这种二倍体与其亲本四倍体相比，分蘖增多、穗粒数增多、结实性变好，而且有些材料仍能保持原四倍体蛋白质含量高的特点[2]。以同源多倍体花粉诱导二倍体无融合生殖产生纯系，还未见报道。在茄子同源多倍体育种研究中，配制三倍体组合，4x×2x 可以产生三倍体；2x×4x 却只能产生倾向母本的二倍体[3]。2x×4x 只能产生倾向母本的二倍体，疑是四倍体花粉蒙导二倍体母本发生了无融合生殖所致。后连续进行了 5 年相关试验，均未得到真正 3x 杂种株，获得的全部是遗传性稳定的纯合二倍体母本株。

1　材料与方法

　　试验于 1993—1997 年在石河子蔬菜研究所试验地进行。参试材料，二倍体有自选品系：长-1-1-2-2、长-1-1-2-1、95-x-6-1、早-1；外引品种：灯笼红、北京七叶茄、辽茄 2 号、河采条茄、鲁茄 1 号、福州条茄、二芪茄、济南早长茄、辽茄 4 号（F₁）、杭茄 1 号（F₁）、黑五叶茄共 15 份。以本所选的同源四倍体 RQA 母本系的几个优良选系为授粉系。

　　杂交方式，以 15 份二倍体材料为母本，以本所自育遗传性稳定的 4x 系为父本，于对茄至"四门斗茄"花期，开花前一天对母本材料之花去雄套袋保纯，4x 系择壮束花保纯，翌日开花当天，进行成对测交和自交。操作过程用 70% 的酒精消毒防污染，登记挂牌，适期调查统计。

　　倍性鉴定，取细胞分裂旺盛的外植体，以卡诺氏液固定，铁矾-苏木精染色制片，普通光学显微镜观察。

　　植物学性状观察，2 月上旬—3 月上旬温室播种育苗，5 月上旬露地定植，行株距 60cm×40cm。鉴定材料，无融合生殖 Pa₁ 及其自交 Pa₂，以及对应的常规自交系（品种），群体均为 40 株，适期对相关项目进行规范调查。

2　结果与分析

2.1　诱导效果

　　5 年间，累计配制 21 个组合（次），诱导二倍体纯系品种和 F₁ 代材料 15 份，结果如表 1。

表1 历年 2x×4x 授粉坐果结籽登记

Table 1　The over years 2x×4x register of pollination bear fruit set seed

年份	配制组合	授粉花数	结果数	有籽果实数	坐果率（%）	诱导果率（%）	每果结籽数（粒）
1993年	长茄 1121×4x	40	7	0	17.5	0	
	辽茄 2 号-1×4x	22	1	1	4.5	4.5	75
	灯笼红×4x	100	14	5	14.0	5	214.2
	长茄 1121-2×4x	20	1	1	5	5	1
	福州条茄×4x	20	2	0	10		
	河采条茄×4x	17	5	2	29.41		
1994年	长茄 1121×4x	22	5	1	22.73	4.5	1
	辽茄 2 号-1×4x	56	18	1	32.14	8.9	235.2
	辽茄 2 号-1×4x	69	10	1	14.49	1.45	11
	鲁茄 1 号×4x	26	10	1	38.46	3.84	1
	七叶茄×4x	19	4	0	21.05		
	灯笼红×4x	8.0	7	5	8.75	6.75	83
1995年	早-1×4x	88	10	6	11.36	6.02	208.8
	辽茄 2 号-1×4x	44	6	2	13.64	4.54	329.5
1996年	早-1×4x	22	2	1	9.09	4.54	261.0
	95-x-6-1×4x	44	4	1	9.09	2.27	1
1997年	二茋茄×4x	20	13	4	65	20	1
	济南早长茄×4x	33	17	1	51.51	3.03	1
	辽茄 4 号×4x	33	19	4	57.57	12.12	27.75
	杭茄 1 号×4x	36	16	0	44.44	0	0
	黑五叶茄×4x	30	10	1	33.33	3.33	7
合计		841	181	39	21.522	4.64	5048.0

　　21 个诱导组合（次），无一例外都收获到了果实，坐果率变幅为 4.5%～65%，平均为 21.52%。2x×4x 有比较高的坐果率，但其果实大都无籽，有籽果率仅占 21.55%。有 5 个组合（次）没有收到有籽果实，另有 5 个组合（次）只收到 1 果 1 粒种子，很难确保其能传种接代，可以剔除。这样，21 个诱导组合（次）得到种子的只有 11 个（次），无融合结籽果率为 4.64%，无融合生殖单果种子数平均为 129.44 粒。诱导率相对较高。

　　不同基因型的二倍体在诱导中有不同的表现。在 15 个被诱导的二倍体材料中，有 6 份材料 2x×4x 的坐果率达到 30% 以上，其中二茋茄×4x 坐果率高达 65%，但其果实 2/3 以上（69.23%）无籽，有籽的 4 个果实，每果只有 1 粒可育种子；济南早长茄×4x，坐果率为 51.51%，17 个果实只有 1 个果实有 1 粒种子；杭茄 1 号（F₁）×4x，坐果率为 44.44%，16 个果实全都无籽；辽茄 4 号（F₁）×4x，坐果率为 57.57%，4 个有籽果实平均单果种子数为 27.75 粒。15 份二倍体诱导材料，没有收到有效种子的分别是长茄 1121、长茄 1121-2、福州条茄、河采条茄、鲁茄 1 号、北京七叶茄、杭茄 1 号（F₁）、95-x-6-1、济南早长茄共 9 个，占诱导试材的 60%；收到有效种子的共 6 份材料，占 40%。其中早-1×4x 平均坐果率为 10.91%，诱导结实率为 6.36%，平均单果种子数 216.29 粒；灯笼红×4x 平均坐果率为 11.67%，诱导结实率为 5.56%，平均单果种子数为 148.6 粒；辽茄 2 号×4x 平均坐果率为 18.32%，诱导结实率为 4.71%，平均单果种子数为 213.44 粒；辽茄 4 号（F₁）×4x 平均坐果率为 57.58%，诱导结实率为 12.12%，平均单果种子数为 27.75 粒；黑五叶茄、二芪茄，也获得了无融合生殖后代，但其诱导率相对较低。

以上结果充分说明，不同基因型的 2x 材料，其诱导效果存在明显差异。

另外，4x 的基因型对诱导效果也有明显影响，辽茄 2 号×4x，重复进行 4 次，坐果率为 4.5%～32.14%，诱导结实率为 1.45%～8.9%，结籽数为 11～329.5 粒；灯笼红×4x 重复 2 次，坐果率分别为 8.75% 和 14%，诱导结实率分别为 5% 和 6.75%，结籽数分别为 83 粒和 214.2 粒；早-1×4x 重复 2 次，坐果率分别为 11.36% 和 9.09%，诱导结实率分别为 6.02% 和 4.54%，每果结籽数分别为 208.8 粒和 261 粒。同一 2x 系不同的诱导结果，是 4x 基因型存在差异所致。

关于环境（气候）条件对诱导效果的影响，本实验缺乏严谨的科学验证，各年份表现，似无明显差异。

2.2　无融合生殖系的倍性鉴定及植物学性状变异

对 5 年间所获得的所有无融合生殖系 Pa_1 与 Pa_2 以及其亲本材料（常规自交系和品种），都进行了染色体倍性鉴定，无一例外，它们的体细胞倍性均为 2n=2x=24。

将 2x×4x 种子种植，Pa_1 均表现母本系的遗传性。对其自交，Pa_2 没有发生遗传上的分离，所有个体都显现与原母本相同的表现型，质量性状的果实形状和颜色，灯笼红×4x 的后代全部表现灯笼红所固有红色圆果；辽茄 2 号×4x 的后代全部表现辽茄 2 号故有青色棒形；早-1×4x 的后代全部表现早-1 所故有紫色条茄。1997 年将相关 2x×4x 的 Pa_1 及 Pa_1 自交结实种子（Pa_2），及其原亲本材料（对照），各种植 40 株，观察其表现型数量性状，结果见表 2。

表 2　无融合生殖系 Pa_1 与 Pa_2 及常规自交系植物学性状调查

Table 2　Survey of botanical characters of apomixis line Pa_1 and Pa_2 and conventional inbred lines

家系类型	来源	株高（cm）(x±s)	叶形指数 (x±s)	始花节位 (x±s)	果形指数 (x±s)	单株产量（kg）(x±s)
孤雌生殖系 Pa_1	灯×4x	70.50±5.84	1.466±0.089	8.200±0.529	1.131±0.088	1.5876±0.2988
	辽2号×4x	69.20±5.94	1.491±0.115	8.329±0.485	3.320±0.324	1.3228±0.2450
	早-1×4x	65.80±4.75	1.420±0.117	6.214±0.426	4.274±0.416	1.1512±0.2331
孤雌生殖系 Pa_2	灯2号×4x	70.12±5.69	1.495±0.117	8.250±0.451	1.135±0.092	1.5680±0.3102
	辽×4x	68.57±5.64	1.503±0.122	8.400±0.584	3.080±0.301	1.2965±0.2401
	早-1×4x	64.95±4.52	1.477±0.109	6.400±0.386	4.330±0.379	1.1867±0.2068
常规自交系	灯×4x	74.14±7.67	1.502±0.108	8.250±0.452	1.109±0.090	1.7076±0.3726
	辽2号×4x	72.40±6.73	1.492±0.130	8.365±0.595	3.180±0.414	1.3400±0.3136
	早-1×4x	67.10±5.46	1.472±0.126	6.500±0.425	4.170±0.425	1.2112±0.2264

由表 2 可以看出，其数量性状也表现母本型。无融合生殖 Pa_1 与常规自交系比较：生长势减弱，株高、叶指、始花节位都有降低趋势，Pa_1 与 Pa_2 比较，变化不大。果形指数 Pa_1 有增大趋势，Pa_2 则又有回复倾向。单株产量有所降低。

无融合生殖 Pa_1、Pa_2 及其亲本系的所有观察项目，增减幅度都不明显，Pa_1 与常规自交系比较，株高变幅为-3.80%，叶指为-2.0%，始花节位为-1.61%，果形指数为 3.14%，单株产量为-4.63%；Pa_1 与 Pa_2 比较，所有项目的增减幅度也都小于 5%。这说明 2x×4x 所获得的二倍体系并未引发其原有基因型的变异。

无融合生殖 Pa_1、Pa_2 及其亲本系的整齐度如表 3 所示。

表3　各品系植物学性状变异系数

Table 3　The botanical characters of each genealogy of the coefficient of variation

家系类型	来源	株高（cm）（CV，%）	叶形指数（CV，%）	始花节位（CV，%）	果形指数（CV，%）	单株产量（kg）（CV，%）
无融合生殖 Pa₁	灯×4x	8.28	6.07	6.45	7.78	18.82
	辽2×4x	8.58	7.70	5.82	10.56	19.96
	早-1×4x	7.22	8.20	6.85	9.73	20.25
无融合生殖 Pa₂	灯×4x	8.11	7.83	5.47	8.75	19.78
	辽2×4x	8.23	8.11	6.95	9.77	18.52
	早-1×4x	6.96	7.38	6.03	8.29	17.43
常规自交系	灯×4x	10.36	7.19	6.75	8.12	21.82
	辽2×4x	9.30	8.71	7.11	9.87	23.40
	早-1×4x	8.14	8.54	6.54	10.19	18.69

在所观察的项目中，变异系数单株产量＞株高＞果指＞叶指＞始花节位，这是遗传与环境共同作用的结果。相对而言，产量既受遗传基因的控制，同时也受环境因素（栽培条件）的强的影响；始花节位则更多受遗传基因控制。

2x×4x 所获得的无融合生殖后代 Pa₁、Pa₂ 及其原二倍体系，始花节位、叶指、果指、株高的变异系数均很少超出 10%，其表型性状的高的整齐度，足可以验证其为纯系（二倍体）。

3　讨论

3.1　无融合生殖类型的鉴定

茄子 2x×4x 无融合生殖后代，在理论上基因型应是纯合的，其后代不再分离。这个特点是鉴别这类二倍体无融合生殖的重要依据。通过倍性鉴定和后代植株形态及遗传行为的观察，可以判定其为无融合生殖，但却不能判断其为何种无融合生殖。

无融合生殖既可以产生单倍体，也可以产生二倍体。单倍体可以来自正常胚囊的配子体无融合生殖，其中最常见的是卵细胞的孤雌生殖（parthenogenesis）；也可经由助细胞或反足细胞无配子生殖（apogamy）直接发育为种子。二倍体可以由来自未减数胚囊的二倍体孢子生殖（diplospory）和无孢子生殖（apospory）产生；也可由减数胚囊中单倍性的卵细胞、助细胞和反足细胞发生了染色体加倍而产生；还可由珠心细胞的无孢子生殖而产生；或珠心（珠被）细胞经由不定胚生殖（adventitious embryny）而产生。此外，关于雌性单倍体的来源，还有单原起源与多原起源之说。田惠桥和杨弘远发现在韭菜未传粉子房培养中的原胚发生，是来源于卵细胞的孤雌生殖和反足细胞的无配子生殖，反足细胞的胚胎发生频率稍高于卵细胞[4]。这种情况，在活体无融合生殖诱导中，还缺乏直接的报道，但也不能完全排除。鉴定无融合生殖最直接的方法是观察子房中胚胎的发育，即胚胎学鉴定。另外，还可以通过特定的生物化学和分子标记等生物学技术鉴定。本项研究，在这方面尚且欠缺。

3.2　二倍体基因型的差异性

在花药（花粉）培养、未授粉子房（胚珠）离体培养以及体细胞染色体组消失单倍体诱导中，几乎所有的文献都证明：不同的基因型，不同的植株供体，外植体的不同发育阶段及生理状态，培养前不同的预处理，培养基及培养条件等都会对培养效果产生显著影响。对此，已探索积累了许多有效的解决方法。在茄子中，通过 2x×4x 诱导无融合生殖，不同二倍体亲本，不论是纯系还是杂种一代，基因型间均存在着显著差异，这种情况毋庸置疑。但相关试验尚不够充分，有待进一步进行深入研究。

3.3　选育特异四倍体无融合生殖诱导系的可行性

通过 2x×4x 诱导无融合生殖的机理尚不清楚，Johnston 等提出的胚乳平衡数（Edosperm balance number，EBN）假设[5]可供参考。

本实验用四倍体系作花粉源，其交配是成对测交，目的是检测 4x 授粉系的遗传差异性，探索选育特异四倍体无融合生殖诱导系的可行性。

利用具特异功能的授粉系诱导母本系孤雌生殖产生单倍体或加倍单倍体，是单倍体技术成功用于植物育种的一条重要途径。这在马铃薯（*S.tuberosum*，2n=4x=48）品种改良中最为成功[6]。在玉米中，孤雌生殖诱导系的开发与应用也取得了进展。1959 年 Coe 首先发现了能使玉米高频率产生单倍体的孤雌生殖诱导系 Stock6，从而使玉米单倍体育种成为可能[7]。

在本项研究中，所有选用的四倍体材料似乎都能诱导产生无融合生殖后代；同一二倍体亲本在不同的重复中，诱导效果的不尽相同，又说明不同的 4x 授粉者的系（株）间存在一定的差异。通过成对测交，筛选具有诱发无融合生殖特异功能的花粉诱导系，已初步做了一些工作，但稳定性不够理想，相应工作未能继续下去。

参考文献

[1] 丰嵘，张宝红. 孤雌生殖及其在作物遗传育种中应用［J］. 中国农学通报，1992，8（6）：16-18.

[2] 秦瑞珍，宋文昌，郭秀平. 同源四倍体水稻花药培养在育种中的应用［J］. 中国农业科学，1992，25（1）：6-13.

[3] 李树贤，吴志娟，李明珠. 茄子同源三倍体的初步研究Ⅰ. 4x×2x 配制三倍体组合的种子结实力［J］. 中国蔬菜，2008，（增刊）：34-37.

[4] 田惠桥，杨弘远. 韭菜未传粉子房培养中单倍体的胚胎发生和植株再生［J］. 实验生物学报，1989，22：139-147.

[5] Johnston SA，Nijs TPMD，Peloquin SJ，et al.，The significance of genic balance to endosperm development in interspecific crosses ［J］. Theoretical and Applied Genetics，1980，57（1）：5-9.

[6] 张希近，庞万福，高占旺，等. 利用孤雌生殖诱导马铃薯双单倍体技术的研究［J］. 华北农学报，1997，12（4）：131-132.

[7] Coe EH. A line of maize with high haploid frequency［J］. American. Naturalist. 1959，93：381-382.

新品种选育
Breeding of new variety

制干线椒新品种"石线一号""石线二号"选育[*]

李树贤　刘桢

（新疆石河子蔬菜研究所）

Chilli New Variety Breeding of "Shixian No.1" and "Shixian No.2"

Li Shuxian　Liu Zhen

(Xinjiang Shihezi Vegetable Research Institute)

1　育种目标

新疆为大陆性气候，作物生长季节空气湿度小，日温差大，光照充足，这对果菜类生产极为有利；不利因素是霜期长，生育期较短，对品种的早熟性要求高。制干线辣椒栽培，过去由于缺乏早熟品种，因而迟迟得不到应有的发展。为了满足新疆制干线椒生产发展的需要，我所（前身为石河子总场试验场）从 1964 年开始进行制干线椒新品种选育工作。

育种目标是：早熟性好，在当地露地直播（4 月中、下旬）条件下，于早霜到来之前（9 月下旬），70%以上的果实能够自然红熟；株型紧凑，结果相对比较集中，适宜密植；当地秋季气温下降快，不利制干，新品种要易于风干或烘干，果实出干率要高；新品种对当地辣椒的主要病害病毒病和枯萎病要有较高的抗耐性；新品种要有良好的商品性状，制干后果实颜色鲜艳，无青尖或少青尖，能满足内销和外贸的要求。

2　选育经过

育种工作首先从整理当地地方品种着手。1964 年以前，当地（石河子总场）种植的辣椒品种为一高度混杂的群体。但成熟较早，霜前能见到红果。这是引入的内地品种所没有的优点。当年从以上品群中，选得表现较好的单株 11 个，第二年从 11 系中又选得 98 个单株，1966—1967 年继续株选，1968 年中断，1969 年初步选出优良系"64-69-1"，后又连续对该系株选两代。1972 年进入家系圃，1973 年进行小面积示范，1974 年开始多点示范推广，1977 年开始出口外销，曾用名"64-69-1"，后定为"石线一号"（图 1）。

* 新疆农垦科技，1982（4）：18-22。

"石线一号"的最大优点是早熟，株型紧凑，有自封顶能力，果实簇生，在密植条件下能获得较好的产量，基本上达到了预期的育种目标；缺点是果实较短粗，辣味不够强烈。为了克服以上缺点，1969 年以"西安线椒"的一个选系"秦椒一 42"作父本，与"64-69-1"的优良单株进行杂交，后经八代连续株选，1978 年进入家系圃，1979 年开始进行品种比较试验，1980 年在继续进行品比试验的同时，进行了较大面积的生产示范栽培，并以干椒出口外销，反映良好。新品系最初田间区号为"72-73-2"，现定名为"石线二号"（图2）。选育程序详见图3。

图1 石线一号　　　　　　　　　　图2 石线二号

3 新品系品种比较试验资料（1980 年）

试验在本所试验地进行，小区面积 66.24m²，重复三次，4 月 13 日塑料大棚育苗，5 月 25 日定植，行株距 60cm×10cm，每穴留双株，亩保苗 22000 株，为了促进更多的果实成熟，9 月下旬曾喷 300ppm 乙烯利一次。

对照品种为"石线一号"，参加品系有："石线二号"、74-2-1-1、72-4-2-2、64-69-1-4-3、64-69-1-4-4 等，如表 1 所示。

3.1 生育期

表1 各品系生育比较表

品名	项目								
	播种期	出苗期	定植期	现蕾期	开花期	坐果期	果着色期	红熟期	采收期
石线一号（CK）	4-13	4-20	5-25	6-22	7-5	7-18	8-24	9-13	9-20-10-6
石线二号	—	4-18	—	6-18	6-28	7-12	8-20	9-8	
74-2-1-1	—	4-22	—	6-20	7-1	7-20	8-24	9-12	
72-4-2-2	—	4-21	—		7-5	7-18	8-27	9-16	
64-69-1-4-3	—	—	—		7-5	7-20	8-26	9-16	
64-69-1-4-4	—	—	—		7-1	7-19	8-22	9-14	

注：红熟期，植株有 1/3 及以上果实红熟。

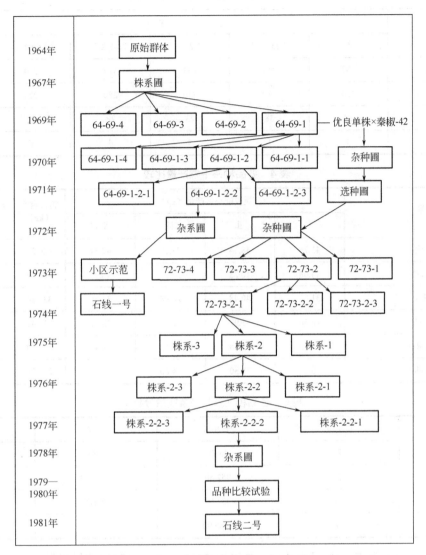

图3 "石线一号"与"石线二号"选育程序

3.2 产量资料

各品种产量统计见表2～表5。

表2 各品种（系）红鲜椒产量比较

品种（系）	各重复小区产量（kg）				折合亩产（kg）	较对照品种（%）	名次
	I	II	III	平均			
石线一号（CK）	144	166	128	146.00	1469.8	100.00	2
石线二号	116	106	143	121.67	1224.8	-16.67	4
74-2-1-1	137	176	126	146.33	1473.2	+0.23	1
72-4-2-2	102	114	140	118.67	1194.6	-18.72	5
64-69-1-4-4	120	152	146	129.33	1402.7	-4.75	3
64-69-1-4-3	89	91	80	86.67	872.5	-40.64	6

表3　各品种（系）果实干缩率比较

项目	品种（系）					
	石线一号（CK）	石线二号	74-2-1-1	72-4-2-2	64-69-1-4-4	64-69-1-4-3
每千克鲜果数	262	417	264	327	264	350
每 kg 鲜果之干重（g）	290	380	230	280	220	300
干缩数（%）	29	38	23	28	22	30
名次	3	1	5	4	6	2

表4　各品种系干椒产量比较

品种系	重复间小区产量（kg）				折合亩产（kg）	较对照品种（%）	名次
	I	II	III	平均			
石线一号	41.76	48.14	37.12	42.34	426.24	100.00	2
石线二号	44.08	40.28	54.34	46.23	465.42	+9.19	1
74-2-1-1	31.51	40.48	28.98	33.66	338.84	-20.50	3
72-4-2-2	28.56	31.92	29.20	33.26	334.49	-21.53	4
64-69-1-4-4	26.40	33.44	32.12	28.45	308.59	-27.60	5
64-69-1-4-3	26.70	27.30	24.00	26.00	261.75	-38.59	6

表5　各品种（系）产量变量分析

变异原因	自由度	平方和	变量	F 值
重复间	2	45.71	22.855	
品种间	5	852.50	170.500	5.9265
机误	10	287.69	28.769	
总和	17	1185.90	—	

$n_1=5$，$n_2=10$，查 F 值表，1%时为 5.64，F 值 5.9265>$F_{0.01}$，品种间差异极显著。

各参试品种（系）与对照比较，以及各参试品种（系）间比较，t 测验结果见表6。

表6　品种（系）间产量差异显著性比较

品种（系）	平均产量（kg/小区）	各品种（系）间产量的差异				
石线一号（CK）	42.34					
石线二号	46.23	+3.89				
74-2-1-1	33.66	-8.68	-12.57*			
72-4-2-2	33.23	-9.11	-13.00*	-0.43		
64-69-1-4-4	28.45	-13.89*	-17.78*	-5.21	-4.78	
64-69-1-4-3	26.00	-16.34*	-20.23*	-7.66	-7.23	-4.65

注：超过最低显著标准差。

差异的标准差（Sd）=$\sqrt{2S^2/n}=\sqrt{2\times28.769/3}=4.38$，$t=(\bar{X}_1-\bar{X}_2)=\sqrt{2S^2/n}$。$n=n_1+n_2=2+2=4$。

1%时为 4.60，5%时为 2.78，最低显著标准差=$t\times$Sd=2.78×4.38=12.18。

品种间差异大于 12.18 者为显著。供试的五个品种（系）和对照相比，"石线二号" 虽然增产 9.19%，但仍然够不上显著。其他 4 系均减产，其中"64-69-1-4-3"和"64-69-1-4-4"减产显著，其余不显著；4

系与"石线二号"相比,则全都显著减产。

4 "石线一号"和"石线二号"生产表现和推广情况

"石线一号"从 1974 年开始推广以来,目前已成为玛河流域的主栽品种。内地一些兄弟省区引种后反映也很好,陕西反映:"极早熟,直播可以和当地品种育苗栽培相比,经济收益很大"。关于各地的面积和产量没有进行准确统计,反映干椒产量都在 200kg 以上。"石线二号"1980 年开始大面积栽培,1982 年开始出口外销。本所 1980 年种植 20 亩,亩产 200～300kg(不同班组、地块,产量有差异,下同);1981 年,50 亩平均亩产 220kg,其中 10 亩亩产 320kg。从两个品系的生产表现来看,"石线二号"较"石线一号"更具丰产性,产品制干率、辣味、色泽、果形等性状也要更好一些,今后将重点推广"石线二号"。

5 "石线一号"和"石线二号"品种简介

5.1 石线一号

自封顶类型,株形紧凑,分枝少,株高 35cm 左右,开张度 15～20cm。第一花着生于第 10～12 节,果实簇生,每簇 1～6 果,果长 12～13cm,粗 1.2cm 左右,干椒枣红色,无青尖现象,辣味强,生长期 150 天左右,极早熟。石河子地区四月中旬露地直播,宽窄行,宽行 40cm,窄行 20cm,株距 8～10cm,每亩保苗 22000 株左右,亩产干椒可达 300kg 以上。"石线一号"对病毒病有较强的抗性,一般年份很少发病。

5.2 石线二号

无限生长类型,株形较紧凑,分枝中等,株高 40cm 左右,开张度 18～25cm。第一花着生于第 12～13 节,果实单生或簇生,每簇 1～3 果,果长 14～15cm,粗 1.0cm 左右;干椒大红色,无青尖现象,辛辣味强,易干燥。对病毒病和枯萎病有一定的抗性。生长期 150 天左右,极早熟。石河子地区 4 月中旬露地直播,行距 60cm,株距 10cm,留双苗,每亩保苗 22000 株左右,亩产干椒可达 400kg 以上。

制干线辣椒新品种"新椒 4 号"的选育[*]

李树贤　吴建平　宋文胜　李　新

（新疆石河子蔬菜研究所）

摘　要："新椒 4 号"是由"朝天 73-8×七寸红"杂交选育而成的常规品种，无限生长类型。总生育期 150 天左右，早熟。抗病毒病、耐细菌性斑点病、疫病。适应性强，丰产，易制干。品比试验较对照品种增产 19.88%～24.45%；在北疆线辣椒主栽地区生产示范，直播栽培，平均亩产干椒 320kg 左右，较对照增产 20% 以上。1995 年 12 月通过新疆维吾尔自治区农作物品种审定，适宜在南北疆大部分地区推广种植。

关键词：线辣椒；育种；新椒 4 号

Chilli New Variety Breeding of "Xinjiao No.4"

Li Shuxian　Wu Jianping　Song Wensheng　Li Xin

(Xinjiang Shihezi Vegetable Research Institute)

Abstract: The "Xinjiao No.4" is by "chaotianjiao73-8 x qicunhong" hybrid breeding of conventional varieties,the infinite growth type. Total growth period of 150 days or so,precocious.Antiviral disease,resistance to bacterial spot disease and loemia.Strong adaptability,high yield,easy to dry. Varieties experiment of compare,Compared with the control variety. Increase production 19.88%～24. 45%; Production demonstration in chili planting region in northern xinjiang,direct seeding cultivation,average yield of dried pepper is about 320kg/667m^2,compared with the control variety,increase production more than 20%. In December l995 was certification by the Xinjiang Uygur Autonomous Region crop variety,suitable for planting in most areas of southern and Northern Xinjiang.

Key words: Thread pepper; Breeding; Xinjiao No.4

　　线辣椒是一种有广泛用途、高效益、能创汇的经济作物。新疆特别是北疆地区因无霜期短，过去长期没有适宜种植的品种，八十年代初，"石线一号""石线二号"的育成，使新疆有了自己的线椒品种。此后，线椒的种植面积逐年扩大，新疆不仅可以满足自己的辣椒干需求，而且成为我国一个新的辣椒干生产出口基地。线辣椒的生产不仅给广大农民带来了实惠，也给自治区创汇做出了贡献。然而由于没有建立完善的良繁体系，生产单位又不注意合理留种，在全疆广泛种植的"石线一号""石线二号"品种，近年来已相当混杂，商品性状明显下降，对新的流行病害抗性差，给线椒生产造成了严重损失。20 世纪 90 年代初，有关部门曾再度从内地引种，由于晚熟，在新疆的气候条件下不能充分表现其优良性状，花

---

　　* 中国蔬菜，1996（6）：6-7。

了钱而未能解决问题。新疆的线椒品种更换迫在眉睫，而品种的立足重点又应放在适应新疆生态环境的育种上。本项目任务的提出，就是选育适应新疆生态条件的早熟、丰产、抗病的线辣椒新品种，以适应生产的需要。

1　选育经过

杂交工作于 1974 年春在石河子总场蔬菜试验地进行，杂交组合为"朝天椒 73-8×七寸红"。母本"朝天椒 73-8"为"四川朝天椒"的一个选系（渗入了核心种质"64-69-1"的早熟基因），植株有限生长型。果实簇生，青果乳白色，生理成熟果红色，果形小锥形，辛辣；父本"七寸红"为甘肃地方品种，植株无限生长型，株型较分散，果实单生，果形细长（18～20cm），味辛辣。杂交组合于 1979 年选型，后选育工作曾一度停顿。1984 年后又重新接续工作，1992 年开始进行生产示范，1993 年在生产试验、示范的同时，再次进入家系圃，混合选择作为原种，1994 年重新编号为"79-93-9"，1995 年秋后提交新疆维吾尔自治区农作物品种审定委员会进行品种审定，定名为"新椒四号"。

2　品比试验和生产示范

"新椒四号"（79-93-9）的品比试验从 80 年代后期开始，连续进行过多次，对照品种统一为"石线二号"。最新的结果来自 1993 年和 1995 年，其中 1993 年"79-93-9"（新椒 4 号）折合亩产 372.47kg，较对照"石线二号"增产 24.45%；1995 年折合亩产 407.88kg，较对照"石线二号"增产 19.88%。病害调查平均值，"79-93-9"病毒病发病率为 4.44%，病指为 0.74；细菌性斑点病发病率为 7.77%，病指为 1.11；疫病发病率为 6.67%。对照品种"石线二号"病毒发病率为 12.2%，病指为 1.61；细菌性斑点病发病率为 13.33%，病指为 2.47；疫病发病率为 21.16%。"新椒四号"（79-93-9）对三大病害的抗耐性均优于对照品种。

生产试验主要在北疆线辣椒主栽区进行，包括昌吉地区、石河子地区、奎屯地区。示范面积约 2500 亩，直播栽培平均亩产干椒 320kg 左右，较对照品种增产 20% 以上。

3　品种标准化

3.1　类型

无限生长类型（株型紧凑，分枝性能中等），早熟品种。

3.2　特征特性

3.2.1　植物学性状

株高 60cm 左右，开展度 30cm 左右，叶长卵圆形，长 6.5cm 左右，宽 3cm 左右，叶色深绿，第一花着生节位 11～13 节，果实单生、双生或簇生，每簇 1～3 果，果实长 14～16cm. 粗 1.2cm 左右。果形线形细长，果实顶部渐尖，花萼下包果实基部，果面皱折较多，青熟果绿色，单果鲜重 3～5g 左右，心室 2 个，红熟鲜果干缩率 30%～40%，干果深红色，无青尖现象，味辛辣，易制干。

3.2.2　生物学特性

总生育期为 150 天左右，适应性强，对病毒病、疫病有一定的抗耐性，对肥水条件要求不严格，在充足的肥水条件下丰产潜力大，亩产干椒一般可达 300kg 以上。

4 栽培要点

大面积商品生产采用大田直播栽培。土壤选择中性或微偏酸性，不宜连作。秋翻每亩翻入优质厩肥5000kg 左右，也可同时翻入 8～10kg 磷化肥，立茬越冬，开春后整地保墒。

播种期以地温稳定在 10℃左右，出苗后恰好断霜为宜。石河子地区适合的播种期是四月中旬。发芽率 80%以上，净度 90%以上，一般亩用种 1kg 左右。可采用 60cm+30cm 宽窄行式或 45cm 等行距，地膜覆盖，拖拉机播种。

苗齐后，进行间苗，4～5 片叶时定苗，亩保苗 30000 株左右。苗期注意防治地老虎，及早中耕，松土，清除杂草。定苗后封垄前每亩追施氮磷复合肥 30～40kg。6 月以后及时防治蚜虫和细菌性斑点病。合理灌溉，苗期合理蹲苗，定苗开沟灌透水，进入 6 月以后灌水以早晨为宜，防疫病蔓延。

秋季分次分级采收、晾干，也可以霜前一次性分级采收。制干辣椒含水量以 18%左右为宜。

制干辣椒新品种"石线四号"的选育[*]

宋文胜　李树贤　薛琳

（新疆石河子蔬菜研究所）

Chilli New Variety breeding of "Shixian No.4"

Song Wensheng　Li Shuxian　Xue Lin

(Xinjiang Shihezi Vegetable Research Institute)

1　选育经过

"石线四号"为复合杂交组合（64-69-1×七寸红）×羊角72-6的后代。有三个亲本，经两次杂交配组，多代选育而得。初次杂交始于1972年，组合为64-69-1×七寸红，64-69-1为石线二号原系号，有限生长型，果实簇生，线形，极早熟；七寸红为甘肃地方品种，无限生长型，株形较分散，果实单生，果形细长（果长18~20 cm），味辛辣。杂种经多代单株选择，后以其优良选系为母本，羊角72-6为父本，于1978年进行复交。羊角72-6是沙湾牛角椒变异系，早熟，无限生长型，果实单生，果形细羊角形，果面多皱折，辛辣味强。三交杂种后代又经多代单株选择，辅以间歇式开放授粉，聚合了多个品种的优良基因，品种性状分离很大，种性稳定经历了较长时间。于1993年选得四个不同类型，对类型4经4代选育于1997年进入家系圃，1998年网室隔离扩繁，1999年在新疆石河子蔬菜研究所进行品比试验，2000—2001年参加石河子地区多点区域试验，同时进行生产示范，2002年1月通过新疆维吾尔自治区石河子市农作物品种审定委员会审定。

2　选育结果

2.1　丰产性

1999年在石河子蔬菜研究所进行品种比较试验，小区面积10m²，3次重复，随机区组排列。试验结果，"石线四号"比对照"新椒4号"增产31.0%，达极显著水平。2000—2001年在石河子地区三个地点进行区域试验，2000年"石线四号"较"新椒4号"增产幅度在17.1%~34.6%之间，平均每亩干椒产量为325.4 kg；2001年增产幅度在14.9%~37.9%之间，平均每亩干椒产量为373.8kg。增产达显著水平。2000—2001年在石河子地区142团场、143团场、石总场等地进行"石线四号"的生产示范，示范面积13340 m²，"石线四号"平均亩产干椒350kg，比"新椒4号"增产15%以上。

* 蔬菜，2003（7）：13。

2.2 抗病性

"石线四号"抗病毒病、细菌性斑点病能力均强于"新椒4号"，其病情指数两年平均，分别低于"新椒4号"39.4%和18.4%（表1）。

表1 区域试验田间抗病性调查结果

年份	品种	病毒病病情指数	比对照（±%）	细菌性斑点病病情指数	比对照（±%）
2000	石线四号	15.0	−33.0	44.9	−15.1
	新椒4号	22.4	—	52.9	—
2001	石线四号	12.7	−45.7	20.9	−21.7
	新椒4号	23.4	—	26.7	—

疫病的发病率"石线四号"较对照低10%，在发病较重的143团场试验点，"石线四号"的死亡株率为1.4%，"新椒4号"为6.1%。"石线四号"抗病能力强于"新椒4号"。

2.3 熟性

"石线四号"为早熟品种，第一花节位14～15节。出苗至红熟120天左右，红熟期比"新椒4号"晚4.8天。

3 品种特征特性

"石线四号"为无限分枝型，二杈分枝，株高65～70 cm，株幅30～40cm，侧枝中等。叶长卵圆形，叶色深绿。第一花着生节位14～15节，青果光滑绿色，成熟果深红色，果面多皱折，细长，果实顶部渐细尖，花萼下包果实基部，果长14～16 cm，粗1.0～1.2 cm。果实多簇生，每簇3～4果，少数单生或双生，结果集中。抗病毒病能力强，抗疫病，早熟，全生育期150天左右，亩产干椒可达300 kg以上。

4 栽培技术要点

新疆北疆地区4月上中旬播种，每亩用种量1 kg，可采用宽窄行栽培，宽行60 cm，窄行30 cm，地膜覆盖，滚筒等距破膜点播或膜下条播，及时放苗，单株苗距8～10 cm，每亩保苗数1.8万～2.0万株。定苗后封垄前，分两次追施氮磷复合肥50～60kg/亩。注意合理蹲苗，开花前控水肥。忌大水漫灌，6月份以后，以早晨浇水为宜。及时防治病虫鼠害。适时采收、制干。

抗病毒病甜椒新品种和抗原材料选育*

李树贤　罗德铨　杨品海　赵建军

（新疆石河子蔬菜研究所）

摘　要： 参加国家"六五"科技攻关，育成抗病毒病甜椒新品系"84-2-1"，抗当地毒源 CMV，双抗北京和辽宁的 CMV 和 TMV 及吉林的 CMV。平均单产 4476.3～5768.3kg，比对照品种"茄门"增产 12.3%～39.4%，后被审定命名为"新椒 5 号"。育成抗源材料"85-13"，生长势强，产量高，对当地 CMV 和 TMV 双抗，同时兼抗北京、辽宁的 CMV，抗北京、辽宁、吉林的 TMV，耐吉林 CMV，是一个有利用价值的抗源材料。

关键词： 甜椒；新品种；抗病毒病材料；选育

Breeding of Antiviral Disease Sweet Pepper New Varieties and Antigen Materials

Li Shuxian　Luo Dequan　Yang Pinhai　Zhao Jianjun

(Xinjiang Shihezi Vegetable Research Institute)

Abstract: The science and technology attack of To participate in state　sixth five-year plan ,Bred antiviral disease bell pepper new strain "84-2-1", Resist local virus　CMV ,the　CMV and TMV of Beijing and liaoning of double resist , and resist　jilin in CMV. Average yield of 4476.3～5768.3 kg/mu,than contrast Varieties "eggplant door" yield increased by 12.3%～39.4%,After examination and approval have been named as the "Xinjiao No. 5". Bred of resis virus materials　85-13,Strong growth potential,high yield,double resist local CMV and TMV,Beijing and Liaoning CMV of at the same time resistance, Resistance Beijing、Liaoning、Jilin to TMV,endure Jilin CMV ,Is a useful of resist virus materials.

Key words: Pimento; New variety; Resist virus materials; Breeding

　　甜椒不仅是人们日常生活所喜爱的提味、增色食物，而且也是人们获得低热量维生素 A、维生素 C 的重要来源。近年来由于病毒病的蔓延危害，甜椒产量急剧下降，致使国内一些大、中城市出现供不应求现象。为满足人们生活之需，国家科委曾于"六五"期间，组织全国部分高等农业院校和科研单位，进行抗病新品种选育攻关。我们作为参加单位，在鉴别当地主要毒源类群基础上，选育出优质、高产、抗病毒病甜椒新品种"84-2-10"和抗原材料 85-13 各一份。现报告如下。

---

* 本文集首次发表。

1 材料与方法

1.1 品种"84-2-1"的选育和抗性鉴定

1976 年在原"巴彦甜椒"生产田中选得优良自然杂种株，F_0 田间编号为 D-24-1。1982 年参加国家"六五"科技攻关，后按全国统一规范进行室内外抗性鉴定及相关育种活动。并对栽培技术及毒源流行规律进行了研究。经 8 年系统选育（1984 年为 F_8），其植物学性状和丰产性能已基本稳定，田间编号改为 84-2-1，进入品比试验。

1.2 毒源液制备和接种方法

本地毒源液由石河子植保植检站制取，外省市毒源由各地研究院所提供，纯度均通过血清检测。接种方法、缓冲液备制及抗性指标，按国家统一规定执行。

2 结果

2.1 新品种"84-2-1" 选育

2.1.1 "84-2-1"丰产性

1983—1986 年品比试验资料表明，84-2-1 具有显著的丰产性，四年平均单产为 4476.3～5768.3kg/亩，比对照"茄门"茄门品种增产 12.3～39.4%；比"苏联大椒"增产 34.1%（农一师养畜场 1985），比"早丰 3 号"增产 60.7%，（农八师 143 团，1985 年），比"四平头"增产 61.4% 和 20.9%（农八师 145 团，1985 年，1986 年），比"世界冠军"增产 124.5%（农八师 121 团，1986 年），比"羊角椒"增产 17.5%（农八师 148 团，1986 年）。

2.1.2 抗病性鉴定

经本地和参加南京全国统一室内抗性鉴定表明：甜椒新品种"84-2-1"，不仅对当地主导毒源 CMV 表现良好的抗性，而且对种子传毒的 TMV，其感病程度也显著低于对照"茄门"品种（表 1）。

表 1　84-2-1 抗当地毒源的鉴定结果（1984—1986）

鉴定地点	本地鉴定（石河子）		全国统一鉴定（南京）	
病毒	CMV	TMV	CMV	TMV
84-2-1	4.9	44.8	9.8	39.87
对照茄门	8.7	51.4	29.01	77.77

同时还兼抗性北京、辽宁的 CMV、TMV，抗辽宁的 CMV（表 2）。

表 2　84-2-1 参加全国统一鉴定结果[①]

（江苏南京，1985 年）

鉴定地点	北京		江苏		辽宁		吉林	
病毒	CMV	TMV	CMV	TMV	CMV	TMV	CMV	TMV
84-2-1	11.11	4.44	31.67	31.75	13.89	11.85	11.11	30.72

① 抗性分级标准：0～2 高抗，2～15 抗，15～30 耐，30 以上感。

2.1.3 国家攻关验收组专家评价

1985 年 8 月，国家科委攻关局专家组 14 人，实地考察验收了本所项目，其中对新品系"84-2-1"的评价："该品种株型紧凑，坐果率高，果型整齐，商品性好，两年平均产量比较试验比茄门分别比产 12% 和 39%，经室内和田间鉴定证明，该品种对 CMV 有较强的耐病性，对 TMV 的抗耐性也优于对照茄门，验收组田间抽查，84-2-1 病毒病的病情指数是 0.12，比茄门低 45%。"

2.2 抗原"85-13"的选育和抗性鉴定

2.2.1 材料来源

抗原"85-13"是从辣椒品种"石线 2 号"中，经多年系选和抗性汰选而育成。

2.2.2 材料性状

生长势强，株高 70cm 左右，开展度 45~60cm，10~12 节着生第一果，果实羊角型、多单生，嫩果深绿色，成熟果深红色，单果平均重 15.2g，果长 8.5~15cm，横径 2.4~2.9cm，2~3 个心室，肉厚 0.2cm，味辣，单株结果 15 个以上，一般亩产鲜椒 2500kg 左右。

2.2.3 抗性表现

经本所和参加全国统一抗性鉴定："85-13"不仅对当地 CMV 和 TMV 表现抗（表 3），同时对北京、辽宁的 CMV 和 TMV 也表明双抗，另外还抗吉林的 TMV，耐吉林的 CMV（表 4）。

表 3 "85-13"对当地毒源的抗性结果（1984—1985 年）

范围	本地鉴定（石河子）		全国统一鉴定（南京）	
病毒	CMV	TMV	CMV	TMV
85-13	4.3	11.7	9.09	8.89
对照什邡椒	3.8	5.5	18.51	23.46

表 4 "85-13"参加全国统一鉴定结果（江苏南京，1985 年 10 月）

来源地	北京		江苏		辽宁		吉林	
毒源	CMV	TMV	CMV	TMV	CMV	TMV	CMV	TMV
85-13	6.84	11.85	38.89	31.75	11.11	9.72	15.08	8.15

2.2.4 国家攻关验收组专家评价

"85-13 为抗病辣椒原始材料，经室内和田间鉴定对 TMV 和 CMV 均有较好的抗性，验收经田间抽查，病毒病病情指数为 0.11，是一个有利用价值的抗原材料。"

3 结论

经全国统一抗性和本地生产实践证明，"84-2-1"甜椒新品种，不仅抗当地主导毒源 CMV，而且对 TMV 的抗性也优于推广品种（茄门）。较当地其他栽培品种普遍增产 20%以上。此外，尚可减少防蚜次数，减轻农药对人和环境的污染。"85-13"生长势强，单产高，对当地 CMV 和 TMV 表现双抗，同时兼抗北京、辽宁的 CMV，抗北京、辽宁、吉林的 TMV，耐吉林 CMV，是一个有利用价值的抗原材料。"84-2-1"甜椒新系后经新疆维吾尔自治区农作物品种审定命名为"新椒 5 号"。

早熟茄子新品种"新茄2号" *

李树贤　吴志娟　李明珠

（新疆石河子蔬菜研究所）

Early Maturing Eggplant New Varieties "Xinqie No.2"

Li Shuxian　Wu Zhijuan　Li Mingzhu

(Xinjiang Shihezi Vegetable Research Institute)

"新茄2号"是"北京六叶茄 × 灯笼红"杂交，后代经多年选育而成的早熟、品质好的优良品种，1998年 12月由新疆农作物品种审定委员会审定命名。

1　选育经过

1986年，用北京六叶茄为母本，灯笼红为父本进行杂交，从后代中选择果实形状似六叶茄，果肉白色、果皮色泽似灯笼红的单株，品系代号 D-4，后代严格自交，以早熟优质、高产、抗逆性强为选育目标，同时兼顾商品外观。1995—1998年进行单株集团留种，同时进行初级比较试验；1997—1998年进行品比试验及多点试验。

2　试验结果

2.1　早熟性

"新茄2号"熟性早，平均始花节位为 6.75 节，开花早，果实膨大速度快，从定植到始收 35 天左右，比北京六叶茄提早 4～5 天，平均前期产量为 32247.75kg/hm^2，比北京六叶茄平均增产 35.66%（表1）。

表1　前期新茄2号品种比较试验结果

年份	品种	前期		总体	
		平均产量（kg/hm^2）	比对照增加（%）	平均产量（kg/hm^2）	比对照增加（%）
1997	新茄2号	36541.18	+39.42	82519.5	+33.93
	北京六叶茄	26209.5	—	61609.5	—

* 新疆农业科学，2001，38（1）：47-48。

续表

年份	品种	前期		总体	
		平均产量（kg/hm²）	比对照增加（%）	平均产量（kg/hm²）	比对照增加（%）
1998	新茄2号	27953.7	+31.90	81411.0	+20.17
	北京六叶茄	21191.4	—	67753.5	—
平均	新茄2号	32247.75	+36.02	81965.25	26.72
	北京六叶茄	23707.95	—	64681.5	

2.2 丰产性

1997—1998 年，在石河子蔬菜研究所试验地进行品种比较试验，1997 年试验在露地进行，1998 年在大棚保护地条件下进行，采用随机区组排列，重复三次，小区面积 6.3m²，每小区种植 35 株，以北京六叶茄为对照，结果表明，新茄 2 号在露地栽培，前期产量较对照增产 39.42%，总产量较对照增产 33.93%；在大棚栽培，前期产量较对照增产 31.9%，总产量较对照增产 20.17%。

1997—1998 年同时进行区域试验，试验主要在石河子垦区一四三团场、一四五团场、一三六团场，乌鲁木齐四十户农场，同时进行了生产示范。1997 年"新茄 2 号"平均前期产量为 29002.95kg/hm²，总产量为 67846.95kg/hm²，分别比对照北京六叶茄增产 40.11%和 18.71%。1998 年平均前期产量 34878.75kg/hm²，总产量为 61511.25kg/hm²，分别比对照增产 23.996%和 17.12%。

2.3 果实营养成分分析

"新茄 2 号"干物质含量为 7.31%，蛋白质 9.99%，维生素 4.8mg/100g，纤维素 10.1%（表 2）。

表 2　新茄 2 号果实营养成分

品种	干物质（%）	蛋白质（%）	Vc（mg/100g）	总糖（%）	纤维素（%）	脂肪（%）
新茄 2 号	7.31	9.99	4.8	3.03	10.10	3.27
北京六叶茄	7.80	9.01	4.2	2.94	11.4	3.02

3 特征特性

"新茄 2 号"植株生长势中等，株型矮小，平均株高 55cm，开展度 65cm×40cm，二层三分枝，平均始花节位 6.75 节，开花早，果实膨大速度快，从定植到始收 35 天左右。果实近圆形，果皮底色红浮色黑亮，果面有浅沟，果肉洁白细嫩，单果质量 350～450g，产量 60000kg/hm²。

4 适应性及栽培要点

"新茄 2 号"适合于保护地栽培及露地栽培，适宜苗龄 85～90 天，二片真叶分苗，分苗后，灌足分苗水，后适当控水，以白天温度 25～28℃，夜温 15～18℃为宜。防止高温高湿造成徒长，定植前加大放风量，加强幼苗锻炼。大棚栽培，定植株距 35cm，行距 50cm；露地栽培，株行距 40cm×50cm，栽苗45000～57000 株/hm²。施农家肥 52500～75000kg/hm²，磷酸二铵 450kg/hm² 作基肥；果实开始膨大时追施第一次肥，盛果期进行二次追肥，生长过程中及时去除老叶病叶，及时打杈，进行双干整枝，结果期用 30～35mg/L 2,4-D 保花保果。苗期重点防治猝倒病和立枯病，定植后注意防治黄萎病及红蜘蛛、蚜虫和青虫等危害。

极早熟紫长茄"新茄3号"的选育[*]

吴志娟　李树贤　李明珠

（新疆石河子蔬菜研究所）

摘　要："新茄3号"是利用同源四倍体茄子花粉，诱导二倍体杂种无融合生殖，产生二倍体纯合株，而获得的早熟性突出（从定植到始收30天左右）、抗病性强的新品种。该品种耐低温性强，对黄萎病有较强的抗性。果实纵径21.2cm，横径4.84cm，果皮紫红色浮有暗绿条，单果质量150g左右，平均产量 $4.5 \times 10^4 \mathrm{kg/hm^2}$ 以上。

关键词：极早熟；新茄3号；育种；栽培要点

Extremely Early Ripeness Purple Long Eggplant Variety Breeding of "Xinqie No.3"

Wu Zhijuan　Li Shuxian　Li Mingzhu

(Xinjiang Shihezi Vegetable Research Institute)

Abstract:"Xinqie No.3" is utilize autotetraploid eggplant Pollen, induce diploid hybrid apomixis, Generate diploid homozygous strain,acquired of the earliness highlight (from planting to begin harvest about 30 days),new variety with strong disease resistance. The varieties of low temperature resistance is strong, Have stronger resistance to verticillium wilt performance. Fruit longitudinal diameter 21.2 cm, transverse diameter 4.84 cm,Fruit purple cover there are dark green stripe,One fruit mass is about 150 g,average yields more than $4.5\times 10^4 \mathrm{kg/hm^2}$.

Key words: Very early maturing; Xinqie No.3; Breeding; Cultivation points

1　选育经过

1993年从本所条茄杂种后代L-12群体中选得的一株前期生长势弱，坐果节位低，结实能力强，早熟性突出的材料，对其自交，分离出坐果节位低，开花早，果实短棍棒形的优良系93-Ⅱ-1。1995年对杂种93-Ⅱ-1-5系授以4x茄子花粉，诱导杂种93-Ⅱ-1-5无融合生殖，产生纯系"93-Ⅱ-1-5"（2n=2x=24）。1997—1998年进行品比试验及多点试验。1998年12月通过新疆维吾尔自治区品种审定委员会审定，定名为"新茄3号"。

---

* 新疆农业科学，2001，38（2）：95-96。

2 选育结果

2.1 早熟性

"新茄 3 号"熟性极早，平均始花节位 6.15 节，开花极早，从定植到始收 30 天左右，果实膨大速度快，连续坐果能力强，1997—1998 年品比试验结果，"新茄 3 号"较对照品种"杭茄 1 号"提早 12 天采收。1997 年在露地栽培条件下（表 1），前期产量平均为 3.70×10^4kg/hm^2，较对照"杭茄 1 号"增产 36.19%。1998 年在大棚保护设施条件下栽培，前期平均产量 4.10×10^4kg/hm^2，较对照"杭茄 1 号"增产 138.34%。"新茄 3 号"对保护地设施条件有较强的适应性，可以作为保护地栽培专用品种。

2.2 丰产性

2.2.1 品种比较试验

1997—1998 年，在本所试验地进行品种比较试验，其中 1997 年在露地进行，1998 年在大棚保护设施条件下进行，试验采取随机排列，小区面积 6.3m^2，重复三次，对照为"杭茄 1 号"。两年平均前期产量为 3.91×10^4kg/hm^2，较对照"杭茄 1 号"增产 75.78%，两年平均总产量为 6.51×10^4kg/hm^2，较对照"杭茄 1 号"增产 32.2%（见表 1）。

表 1 "新茄 3 号"品种比较试验结果

年份	品种	前期		总体	
		平均产量（kg/hm^2）	比 CK（±%）	产量（kg/hm^2）	比 CK（±%）
1997 年	新茄 3 号	3.71×10^4	+36.19	4.04×10^4	+23.18
	杭茄 1 号	2.72×10^4		4.50×10^4	
1998 年	新茄 3 号	4.10×10^4	+138.34	7.48×10^4	+39.85
	杭茄 1 号	1.72×10^4		5.35×10^4	
平均	新茄 3 号	3.9×10^4	+75.78	6.5×10^4	+32.20
	杭茄 1 号	2.2×10^4		4.9×10^4	

2.2.2 区域试验和生产示范

1997 年、1998 年"新茄 3 号"在石河子垦区 143 团场、145 团场、乌鲁木齐 40 户农场、克拉玛依 136 团场进行区域试验，同时进行生产示范。1997 年 4 个点平均前期产量 3.15×10^4kg/hm^2，较对照"杭茄 1 号"增产 84.11%，总产量为 5.43×10^4kg/hm^2，较对照增产 21.13%；1998 年 4 个点平均前期产量为 2.86×10^4kg/hm^2，较对照增产 90.61%，总产量为 5.74×10^4kg/hm^2，较对照增产 40.41%。

2.3 抗病性

田间调查对黄萎病的抗性，结果见表 2。两年"新茄 3 号"黄萎病的发病率和病情指数都较对照"杭茄 1 号"低，表现出较强的抗耐病能力。

表 2 "新茄 3 号"田间抗病性调查

年份	品种	发病率（%）	病情指数
1997 年	新茄 3 号	14.0	8.34
	杭茄 3 号	53.15	36.21

续表

年份	品种	发病率（%）	病情指数
1998 年	新茄 3 号	47.01	15.51
	杭茄 3 号	54.63	20.70

3　主要特征特性

"新茄 3 号"是极早熟茄子品种，从定植到始收 30 天左右。株高 45cm 左右，植株开展度 40～50cm，可密植，分枝习性二层三分枝。茎及叶柄绿色，叶片正面绿，背面少紫晕，叶形椭圆形（叶指 1.49），果实为短棒形（果指 4.0～5.0），果皮紫红浮有暗绿条，平均单果质量约 150 g，一般产量在 $4.5 \times 10^4 kg/hm^2$ 以上。

4　适应性及栽培技术要点

4.1　培育适龄壮苗

"新茄 3 号"日历苗龄 80 天左右，生理苗龄 5～6 片叶初现花蕾。一般两片叶时分苗，从营养盘分栽到 9cm×11cm 营养袋中，白天温度 25～28 ℃，灌足分苗水，后适当控水，防止高温高湿造成徒长。定植前加大放风量，加强秧苗锻炼。

4.2　合理密植，适时整枝

"新茄 3 号"适宜温室、大棚种植，行距 45cm，株距 30cm，每公顷栽苗 7.5×10^4 株。生长过程及时去除老叶、病叶，结果期用 30～35mg/kg 2,4-D 保花保果。

4.3　肥水管理

每公顷施农家肥 5.3×10^4～7.5×10^4kg+磷酸二铵 30kg 作基肥，果实开始膨大时进行初次追肥，盛果期再追肥两次。

4.4　地膜覆盖及病虫害防治

温室大棚保护地栽培要覆盖地膜保温保湿，苗期重点防治猝倒病和立枯病，定植后防治黄萎病及红蜘蛛、蚜虫、青虫的危害。

黄瓜新品种"新黄瓜3号"的选育[*]

陈远良　刘新宇　李树贤　张　扬

（新疆石河子蔬菜研究所）

摘　要："新黄瓜3号"是以Y99-2-58-6自交系为母本，以Y99-5-61-8自交系为父本杂交育成的黄瓜一代杂种。植株生长健壮，不易徒长，熟性早，从播种到始收60～65天，主蔓结瓜为主，结回头瓜能力较强。第1雌花着生在第5节左右，以后每隔2～3节着生1雌花，瓜条发育快、深绿色，刺较密，白刺，外观好。瓜把短，腰瓜长32 cm左右，粗约3.5 cm，平均单瓜质量200 g，每亩产量可达7000kg以上。田间调查抗枯萎病、细菌性角斑病、霜霉病和白粉病能力强于对照"冬冠先锋"。适合温室、大棚、小拱棚等保护地栽培。在新疆已大面积推广种植。

关键词：黄瓜；新黄瓜3号；F_1杂种；选育

Cucumber New Varieties Breeding of "Xinhuanggua No.3"

Chen Yuanliang　Liu Xinyu　Li Shuxian　Zhang Yang

(Xinjiang Shihezi Vegetable Research Institute)

Abstract: "Xinhuanggua No.3"　is Y99 3-2-58-6 inbred line as female parent,Y99-5-61-8 inbred line as male parent hybridization breeding of cucumber hybrid generation varieties. Plants grow robustly,Not easy to spindling,Earliness is strong,From sowing to Beginning harvesting　60 ~ 65 d,Lord tendril knot melon mainly,knot back melon ability is stronger. First female flower node in verse 5 or so,after every 2 ~ 3 pitch inserted 1 female flowers,Melon bar fast development,thorn white dense,surface good. Melon handle short,waist melon length of about 32 cm,diameter of about 3.5 cm,average single melon quality about 200g,per 667 m^2 yield can reach 7000 kg above. Field investigation to blight resistance,bacterial spot,downy mildew and powdery mildew stronger than contrast varieties "Dongguanxianfeng". Suitable for glasshouse greenhouse,small arch shed etc　protected cultivation,in xinjiang already generalize planting on large area.

Key words: Cucumber;Xinhuanggua No.3;F_1 hybrid;Breeding

* 中国蔬菜，2010（8）：88-90。

1 选育过程

母本 Y99-2-58-6 是 1993 年从引进的中农 5 号黄瓜中发现的 1 株叶片为黄绿色植株，后经过 3 代自交，然后又进行转育，经过 3 代回交、自交分离选择育成的优质、丰产、抗病自交系。子叶和真叶都呈黄绿色，可作为标志性状鉴定一代杂种的纯度。长势稍弱，瓜色绿，叶片中等大小，雌花节率高，瓜条发育速度快，瓜长 32cm，单瓜质量 200g 左右，白刺，瘤小，少黄条纹，抗病性强；父本 Y99-5-61-8 是 1995 年从引进的杂交种中经连续 6 代自交分离和选择育成的优质、抗病高代自交系。第 1 雌花节位始于第 5～7 节，生长势强，分枝中等。瓜长 28cm，单瓜质量 220g 左右，瓜色深绿、有光泽，白刺，瘤较大，微棱，抗病性强。

2002 年配制组合，2003—2004 年进行配合力测验和品种比较试验。2005—2006 年进行区域试验和生产示范。2009 年获准新疆维吾尔自治区非主要农作物品种登记办公室登记，定名为"新黄瓜 3 号"。目前，已在新疆地区推广种植 50hm² 左右。

2 选育结果

2.1 丰产性

2.1.1 品种比较试验

2003—2004 年在新疆石河子蔬菜研究所塑料大棚进行春茬品种比较试验，以"津春 3 号"和"冬冠先锋"为对照。小区面积 4.95m²，垄距 0.55m，株距 0.3m。随机区组排列，3 次重复。每小区 30 株。地膜覆盖，垄背双行栽植，采用滴灌供水。

由表 1 可以看出，"新黄瓜 3 号"两年的平均前期产量为 1202.7kg/亩，比"津春 3 号"和"冬冠先锋"分别增产 10.6 % 和 13.3 %，差异显著。"新黄瓜 3 号"两年平均总产量为 9431.6kg/亩，比"津春 3 号"和"冬冠先锋"分别增产 12.1% 和 13.4%，差异显著。

表 1 "新黄瓜 3 号"品种比较试验产量结果

年份	品种	前期			总产量		
		产量	较 CK₁（±%）	较 CK₂（±%）	产量 kg/亩	较 CK₁（±%）	较 CK₂（±%）
2003 年	新黄瓜 3 号	1253.1	10.2*	14.0*	10302.0	10.0*	14.3*
	津春 3 号（CK₁）	1137.2	—	—	9366.8	—	—
	冬冠先锋（CK₂）	1099.8			9015.2		
2004 年	新黄瓜 3 号	1152.2	10.9*	12.7*	8561.2	14.7*	12.3*
	津春 3 号（CK₁）	1038.6	—	—	7465.2	—	—
	冬冠先锋（CK₂）	1022.3			7624.5		

注：产量单位 kg/亩，前期产量为始收 15 天内的产量；※表示差异显著（d=0.05）；下同。

2.1.2 区域试验和生产示范

2005—2006 年在石河子市、奎屯市、和硕县、吐鲁番市进行区域试验，以"冬冠先锋"为对照，小区面积 4.95m²，垄距 0.55m，株距 0.3m。随机区组排列，3 次重复。每小区 30 株。地膜覆盖，垄背双行栽植。"新黄瓜 3 号"两年平均前期产量为 922.2kg/亩，比对照增产 3.4%；两年平均总产量为 8227.9kg/亩，比对照增产 6.2%。

表 2 "新黄瓜 3 号"区域试验产量结果

年份	地点	前期产量（kg）			总产量（kg）		
		新黄瓜 3 号	冬冠先锋（CK）	较 CK（±%）	新黄瓜 3 号	冬冠先锋（CK）	较 CK（±%）
2005 年	石河子	987.2	945.5	+4.4	7598.1	7135.3	+6.5
	奎屯	1024.1	982.2	+4.3	8515.2	7501.3	+13.5
	和硕	854.3	864.3	−1.2	7214.5	7325.1	−1.5
	吐鲁番	653.2	614.2	+6.3	8565.5	7623.2	+12.4
2006 年	石河子	1012.3	987.8	+2.5	8542.2	7865.2	+8.6
	奎屯	986.5	912.2	+8.1	6952.3	7112.5	−2.3
	和硕	984.0	925.3	+6.3	7412.3	7519.6	−1.4
	吐鲁番	875.6	912.5	−4.0	11023.5	9875.6	+11.6

自 2006 年以来，在石河子、克拉玛依、塔城等地，塑料大棚和日光温室中进行生产示范，示范面积 6.7hm²。"新黄瓜 3 号"表现早熟，丰产，平均每亩产量在 7500kg 以上，较当地主栽品种增产 8%～12%。

2.2 抗病性

2006 年田间抗病性调查结果表明，"新黄瓜 3 号"霜霉病病情指数为 24.5，低于对照"冬冠先锋"（36.3）；枯萎病、白粉病、细菌性角斑病的发病率分别为 2.3%、3.8% 和 25.6%，均低于对照（14.5%、36.2%、65.2%）。2008 年 7 月 9 日由石河子农业技术推广总站在本所试验地进行田间抗病性调查，"新黄瓜 3 号"未发生白粉病，也未发现其他病害；而对照"冬冠先锋"的白粉病发病率为 100%，病情指数为 30。

2.3 商品性

"新黄瓜 3 号"瓜条深绿，无黄条纹，刺较密，白刺。外形美观，商品性好。2008 年 7 月 28 日经农业部食品质量监督检验测试中心（石河子）检测，其 VC 含量为 193mg/kg，高于对照"冬冠先锋"（188mg/kg）；可溶性固形物含量为 4.4%，与对照"冬冠先锋"（4.5%）相当。

3 品种特征特性

"新黄瓜 3 号"植株生长健壮，不易徒长，熟性早，从播种到始收 60～65 天，主蔓结瓜为主，结回头瓜能力较强。第 1 雌花着生在第 5 节左右，以后每隔 2～3 节着生 1 雌花，瓜条发育快、深绿色，刺较密，白刺，外观好。瓜把短，腰瓜长 32cm 左右，粗约 3.5cm，平均单瓜质量 200g，每亩产量可达 7000kg 以上。田间调查抗枯萎病、细菌性角斑病、霜霉病和白粉病能力强于对照"冬冠先锋"。适合保护地栽培。

小型西瓜新品种"新优45号"的选育[*]

陈远良　李树贤　薛　林　刘新宇　田丽丽　赵　萍

（新疆石河子蔬菜研究所）

摘　要："新优45号"是以自交系 LL-8 为母本，以自交系 LL-13 为父本育成的小型西瓜一代杂种。早熟露地栽培生育期80天左右，果实生育期28天左右，保护地栽培生育105天左右。植株生长势较强，坐果整齐。果实高圆形，果形指数1.15；果皮深绿底覆墨绿隐条带，皮韧性好；果肉红色，中心可溶性固形物含量12.0%；平均单瓜质量2.0 kg，露地栽培每亩产量2000kg左右，保护地吊蔓栽培每亩产量4000 kg左右。对白粉病抗性较对照"梦驼铃"强。

关键词：小型西瓜；新优45号；一代杂种；育种

Small-sized Watermelon New Variety Breeding of "Xinyou No.45"

Chen Yuanliang　Li Shuxian　Xue Lin　Liu Xinyu　Tian Lili　Zhao Ping

(Xinjiang Shihezi Vegetable Research Institute)

Abstract: "Xinyou No. 45" it is a by female parent inbred line LL-8 and the male parent inbred line LL-13 hybridize F_1 generation of selection small-sized watermelon new varieties. Precocity,open field cultivation growth period 80 days,the fruit development period 28 days or so,protected culture growth period 105 days. Plant the strong growth potential,sit fruit neatly. Fruit high circular,fruit shape index 1.15; Peel green bottom cover dark green hidden stripe,good toughness;Red flesh,central soluble solids content is 12%; The average single fruit weight is 2 kg,open field cultivation every $667m^2$ yield is 2000 kg,The protected area facilities hanging vine cultivation every $667m^2$ yield is about 4000 kg. The resistance to powdery mildew was stronger than that of the control varieties "Meng tuo ling".

Key words: Small-sized watermelon;　Xinyou No.45; F_1 hybrid; Breeding

1　选育过程

母本 LL-8 是从国外引进的小型西瓜材料，经 7 代分离系统选育而成的优良自交系。该自交系植株生长势中等偏弱，节间较短；早熟，全生育期75天；果实圆形，果形指数1.0；皮色淡绿底覆绿条带，平均单瓜质量1.5 kg，瓤红色，质地细脆，味甜多汁，中心可溶性固形物含量12%。皮厚0.5cm，韧性

---

[*] 中国蔬菜，2009（10）：73-75。

强；种子深褐色，千粒质量55g。父本LL-13是从郑州果树研究所引进的小西瓜材料，经多年分离选育获得的高代优良自交系。该自交系植株生长势较强，节间较长，早熟，全生育期80天，果实椭圆形，果形指数1.3；果皮深绿底覆墨绿隐条带，平均单瓜质量2.0 kg，瓤红色，质地细脆，味甜多汁，中心可溶性固形物含量11.5%。皮厚0.5～0.6cm，种子深褐色，千粒质量42g。

从1999年开始，经多年系统选育获得多份优良的高代自交系。2003年春季，在新疆石河子蔬菜研究所温室中配制16个组合，经配合力测定，红瓤小西瓜最优组合为LL-8×LL-13。2004年春季，进行品种比较试验。2006年、2007年连续两年参加新疆维吾尔自治区种子管理站组织的精品西瓜区域试验，2007年参加其组织的精品西瓜生产试验。同时，从2004年开始，在新疆生产建设兵团农八师石总场、152团场，农九师162团场，农七师131团场等单位进行了生产试验。2008年通过新疆维吾尔自治区农作物品种审定委员会审定，定名为"新优45号"。

2 选育结果

2.1 品种比较试验

2004年春，在本所试验地进行品种比较试验，2月15日播种育苗，3月16日定植在日光温室中，随机区组排列，3次重复，小区面积8.4 m²，行距1.2m，株距0.4m，每小区保苗34株，以"黄小玉"为对照，温室吊蔓栽培，单蔓整枝。结果表明，"新优45号"植株生长势较强，早熟，春季温室栽培生育期104天，坐果整齐，平均单瓜质量1.6kg，每亩产量3658kg，较对照"黄小玉"增产15.2%。平均中心可溶性固形物含量11.6%，中心和边部平均10.9%，较对照"黄小玉"高0.4个百分点。

2.2 区域试验

2006年和2007年，参加自治区精品西瓜区域试验，2006年4个点，2007年3个点，小区面积16m²，随机区组排列，3次重复，株距0.4 m，行距2.0 m，每小区种植20株，以"梦驼铃"为对照。四周设保护行，水肥及整枝方式同各地西瓜大田管理。试验结果表明，"新优45号"全生育期83天。植株生长势中等，抗病性强，坐果整齐，不裂果，果实椭圆形，果皮深绿底覆墨绿隐条带，果肉红色，多汁，中心可溶性固形物含量11.9%。平均单瓜质量1.86kg，每亩产量1998.4kg，较对照增产2.2%（表1）。

表1 "新优45号"区域试验结果

年份	地点	品种	生育期（天）	单瓜质量（kg）	中心可溶性固形物（%）	折合亩产量（kg）	比CK（±%）
2006年	昌吉西域种业	新优45号	85	1.94	13.3	1786.7	+25
		梦驼铃（CK）	80	1.85	12.1	1743.9	—
	石河子蔬菜所	新优45号	83	2.40	10.7	2703.7	+0.8
		梦驼铃（CK）	81	2.30	10.5	2683.1	—
	农六师农科所	新优45号	81	1.65	12.4	2128.0	-9.6
		梦驼铃（CK）	83	1.64	11.5	2353.0	—
	农十二师农技推广站	新优45号	82	2.17	12.3	1657.6	+20
		梦驼铃（CK）	80	2.08	11.3	1625.5	—
2007年	昌吉西域种业	新优45号	70	1.70	12.9	1916.7	-1.3
		梦驼铃（CK）	70	1.64	12.1	1941.7	—
	石河子蔬菜所	新优45号	84	2.20	11.9	2210.3	+17.0
		梦驼铃（CK）	88	1.98	10.8	1889.9	—

续表

年份	地点	品种	生育期（天）	单瓜质量（kg）	中心可溶性固形物（%）	折合亩产量（kg）	比 CK（±%）
2007 年	农六师农科所	新优 45 号	81	1.54	10.9	1578.8	+0.9
		梦驼铃（CK）	82	1.34	10.9	1565.1	—

2.3 生产试验

2007 年参加自治区组织的精品西瓜生产试验，设 4 个点，小区面积 133.4m，随机区组排列，2 次重复，株距 0.4 m，行距 2.0 m，以"梦驼铃"为对照。四周设保护行，水肥及整枝方式同各地西瓜大田管理。试验结果表明，"新优 45 号"产量、果形、品质表现稳定，平均产量 1632.6kg/亩，较对照增产 2.4%（表 2）。

表 2　"新优 45 号"生产试验结果

地点	品种	生育期（天）	单瓜质量（kg）	中心可溶性固形物（%）	折合亩产量（kg）	比 CK（±%）
昌吉西域种业	新优 45 号	70	1.70	12.0	1296.7	1+3.4
	梦驼铃（CK）	70	1.64	12.1	1342.0	—
石河子蔬菜所	新优 45 号	84	1.68	11.9	2118.9	+13.7
	梦驼铃（CK）	88	1.39	10.8	1863.8	—
农六师农科所	新优 45 号	81	1.16	11.1	1482.2	-6.0
	梦驼铃（CK）	82	1.18	10.4	1577.5	—
平均	新优 45 号	78	1.51	11.7	1632.6	+2.4
	梦驼铃（CK）	80	1.40	11.1	1594.4	—

2.4 抗病性

2007 年新疆维吾尔自治区品种审定委员会对田间抗病性进行调查，"新优 45 号"白粉病发病率为 52.5%，对照"梦驼铃"为 70%；枯萎病等其他病害未发生。

3　品种特征特性

"新优 45 号"为早熟品种，露地栽培生育期 80 天左右，果实发育期 28 天左右，保护地栽培生育期 105 天左右。幼苗期生长势较弱，伸蔓后，植株生长势明显增强，主蔓第 7～8 节着生第 1 雌花，以后每隔 4 节左右再现 1 雌花，坐果整齐。果实高圆形，果形指数 1.15，果皮深绿底覆墨绿隐条带，皮韧性好；果肉红色，中心可溶性固形物含量 12.0%；平均单瓜质量 2.0kg，露地栽培每亩产量 2000kg 左右，保护地吊蔓栽培每亩产量 4000 kg 左右。对白粉病抗性，较对照"梦驼铃"强。

4　栽培技术要点

在新疆南疆地区日光温室栽培，一般于 1 月上旬播种，2 月上中旬定植；大棚栽培，一般于 2 月上中旬播种，3 月中下旬定植。在北疆地区日光温室栽培，一般于 1 月底～2 月上旬播种，2 月底～3 月上旬定植；大棚栽培，一般于 3 月上中旬播种，4 月上中旬定植。

整地时施足基肥，混合施入适量磷钾肥。定植密度因整枝方式不同而异，若采用爬地栽培，3～5 蔓整枝，行距 2.00m，株距 60～70cm；2～4 蔓整枝，一般行距为 2.00m，株距 50～60cm；若采用主蔓整枝，行距 2.00m，株距 40～50cm。搭架栽培时，采用单蔓整枝、2 蔓或 3 蔓整枝，当蔓长达到 40cm 左右时要及时引蔓。花期需人工或昆虫授粉，以提高坐果率。果实达到 0.5 kg 大小时及时吊瓜。果实膨大期及时追肥。整个生育期注意病虫害防治。果实成熟前 7 天控制浇水，及时采收。

大白菜"新白1号"的选育及栽培要点[*]

李树贤　吴建平

（新疆石河子蔬菜研究所）

Chinese Cabbage "Xinbai No.1" of the Breeding and Cultivation Main Point

Li Shuxian　Wu Jianping

(Xinjiang Shihezi Vegetable Research Institute)

"新白1号"是新疆石河子蔬菜研究所杂交育成的大白菜新品种，新疆农作物品种审定委员会1992年7月予以审定并命名。

1　选育经过

"新白1号"是用本地品种石河子小包心与天津中青麻叶杂交选育而成。石河子小包心生育期短，适应性强，净菜率高，但对白菜三大病害（病毒病、霜霉病、软腐病）抗性较差（病害流行年份常大幅度减产，甚至绝收），不耐贮藏，窖藏后期常有苦味。天津中青麻叶抗病性及耐藏性均较强，品质及口感也较好，在肥水条件充足，有效积温能满足其生长发育要求时可获高产，但它叶帮比较小，适应性较差，结球期生长发育较慢，一般年份叶球紧实度较差，商品率较低。1976年，我们以石河子小包心为母本、天津中青麻叶为父本进行有性杂交，经过4代单株选择、自交纯化，两代集团选择，选出了性状互补、遗传性基本稳定的品系76-79-10。1984—1988年一边继续选纯（其间又经一次单株选择），一边进行品比试验及生产试验和示范。

1984—1986年的品比试验在本所进行，参试品系1984年9个，1985年和1986年各分别淘汰了两个，编号为05的选系即"新白1号"一直表现较好。1984年气候比较正常，05选系产量名列第一，合117.62 t/hm²，较对照石河子小包心增产34.64%；1985年和1986年秋气候反常，大白菜三大病害大流行，对照几乎绝产，05选系产量分别为79.36t/hm²和58.33t/hm²，名列第三和第一。田间病害调查表明，1985年05选系软腐病、病毒病、霜霉病的发病率分别为10.00%、13.33%和36.67%，病情指数分别为3.33、5.56和17.78；1986年此选系上述三病害的发病率分别为26.67%、42.22%和40.10%，病情指数分别为14.44、16.67和18.89。05选系对三大病害表现出较高的抗耐性。

1989—1991年，05选系参加由新疆种子管理站主持的分别在喀什、石河子、奎屯、伊犁进行的区域试验，3年平均单产合152.48t/hm²，较对照焉耆中包心增产36.34%。3年区试田间病害情况4个点基本

＊ 新疆农业科学，1993（2）：70-71.

一致，05 选系对软腐病表现抗（病指 1.66），对病毒病表现较抗（病指 2.64），对霜霉病表现轻感（病指 5.6）。

1987 年，05 选系开始在南北疆生产示范。莫索湾垦区 1987—1991 年种植 233.33 hm²，平均产量为 105t/hm²，最高达 150 t/hm²；塔城 1987 年种植 9.33 t/hm²，平均产量 97.5 t/hm²；焉耆县 1988 年和 1989 年种植 10.08hm²，平均产量 147.6 t/hm²，最高达 187.5 t/hm²，比当地品种增产 18.4%。

2　特征特性

本品种为直筒型，株高 50～60 cm，株型较紧凑；外叶深绿色，叶面略皱，叶缘波状，绒毛少，外叶长 60cm 左右，宽 30 cm 左右，中肋长 40cm 左右；叶柄白绿色，宽 7～9 cm，厚 1.0～1.3cm；叶球球形指数 3.6 左右，球顶平，球内短缩茎卵圆形，侧芽不明显；包心类型为合抱，球心形状为舒心，心叶黄白色，心叶叶柄白色；平均单株重 4.5kg 左右，叶球净重率 70%以上。

本品种属中晚熟品种，生育期 90～95 天，莲座前生长较慢，但较耐高温干旱，对病毒病抗性较强；结球期对较低温度（日均温低于 15℃）适应性较强，叶球形成需要的有效低温较低，对软腐病抗性突出，耐霜霉病，不易发生干烧心。叶球耐贮藏，窖藏后期无苦味。

本品种适应性广，南北疆大部分地区均能种植。对肥水条件要求较高，在有机质比较丰富、土壤肥力高、水分条件适宜的情况下，丰产潜力大。

3　栽培要点

首先要施足底肥，整好地，并根据各地气候条件，适期播种，合理密植，行距 60 cm，株距 40～45cm，保苗 $3.9×10^4$ 株/hm² 左右。播种时宜带适量种肥，定苗后追第一次肥，封垄前追第二次。定苗到莲座期要适当蹲苗，进入结球期后要经常保持地面潮湿。要做好病虫害防治。收获前半个月停水，收获时注意保护好外叶，以利储运。

同源多倍体育种研究

Autopolyploids Research of Breeding

四倍体甜瓜诱变和育种初报[*]

李树贤

（石河子地区 145 团良种站）

Tetraploid Melon Mutagenesis and A Preliminary Report of Breeding

Li Shuxian

(Xinjiang shihezi region 145 regiment well-bred breeding station)

1972—1974 年，我们用秋水仙素诱变甜瓜。1972 年所用材料是当地早熟品种中选出的两个品系 6405（金黄甜瓜自然杂交后代）及 69-71-1（黄旦子×6405 的选系）；1973 年所用材料是老铁皮、波斯皮牙孜、70-2-2（白皮脆×"黄旦子+6405"的杂交后代）；1974 年是白兰瓜、小梨瓜、黄金龙、黑眉毛密极甘。这些品种（系）除小梨瓜为薄皮早熟品种外，其余均为厚皮系统的早、中、晚熟品种。

诱变处理都是在春季 15～20℃的温度下进行种子处理。其中除白兰瓜有部分是处理萌动的种子外，其余均是处理干种子，以不同浓度的秋水仙素水溶液和时间浸泡干种子，后再用清水冲洗 10～20 分钟，再在药水中泡 8～10 小时。然后催芽，露白后播种，当幼苗长至 5～6 片真叶时，按形态变化选择定苗，尽可能保留变异苗。

染色体细胞学鉴定：在植株生长过程中，选取分裂盛期的根尖、幼叶或幼蕾花药，预先以 0～2℃的低温处理 24 小时，或者经 0.002mL 8-羟基喹啉处理 4 小时，再用卡诺氏液（酒精：冰醋酸）固定，甲醇浓盐酸1：1 离析，铁矾-苏木精染色，涂抹制片。

1 不同处理的诱变效果

1972 年以 0.2%的秋水仙素处理的两个品系 2～24 小时都发生了变异。其中以 4 小时和 8 小时的效果最好，缺苗少、变异株比较多，而且基本上都是四倍体；2 小时的诱变株不少是混倍体或枝变嵌合体；16 小时的胚根开始受害，发芽率和成苗率都受到影响，诱变株除四倍体外，还有四倍体和八倍体的混倍体；处理 24 小时的胚芽严重受害，相当部分不能成苗，诱变株除四倍体外，还有个别八倍体和两性不育株。

1973 年，因为用的是陈旧药液，诱变效果较差。2 小时处理当代没有明显变异；4 小时以上的各处理有变异（表 1）。1974 年用 0.1%浓度的秋水仙素，浸种处理白兰瓜和黑眉毛密极甘两个品种，均以浸种 24 小时效果较好。小梨瓜和黄金龙两个品种，当代没有发生明显变异，小梨瓜可能与品种类型有关（1975 年用 0.2%浓度浸种 24 小时对小梨瓜再次诱变，也未出现明显变异）。品种黄金龙可能与陈种子有

* 遗传与育种，1976（3）：20-21.

关；白兰瓜萌动和干种子间无明显差异（表1）。

表1　不同处理的诱变效果

年份	材料	浓度	每处理种子数	点播穴数	2小时 保苗株数	2小时 变异株数	4小时 保苗株数	4小时 变异株数	8小时 保苗株数	8小时 变异株数	16小时 保苗株数	16小时 变异株数	24小时 保苗株数	24小时 变异株数
1972年	67-71-1 6405	0.2%	100	20	20	9	20	14	20	18	18	12	9	4
			100	20	20	7	20	12	20	16	19	10	12	5
1973年	67-71-4 70-2-2 老铁皮 波撕皮 牙孜	同上（陈旧液）	60	20	20	0	20	0	20	2	20	2	20	1
			102	34			34	1	34	2	34	1		
			72	24	24	0	24	2	24	3	24	1	24	1
			150	50			50	1	50	3	50	2		
1974年	白兰瓜 黑眉毛 密极甘 黄金龙 小梨瓜	0.1%	100	20			萌动种子8小时		20	7			20	10
			125	25			20	8					25	12
			150	50									50	0
			150	50									50	0

2　植株形态变异

根据观察，四倍体甜瓜在形态上除了种芽变得又粗又壮外；其叶片变得肥大（图1）；植株长成后，具有明显的"巨大性"，叶色较深；雄花花冠大；雌花子房粗壮；果实果形指数较小，果脐显著变大。还有一个有益的变异就是果肉加厚，心室变小，果实的比重也增大（图2、表2）。

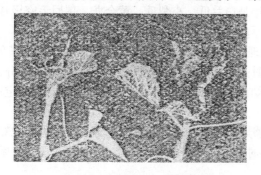

图1　植株枝叶的变异
左：二倍体；右：四倍体

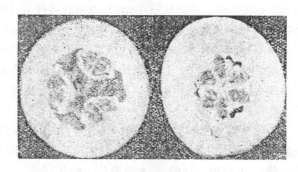

图2　果实剖面
左：二倍体；右：四倍体

果实中不孕籽的比例高，二倍体可育种子约占93%，四倍体可育种子只占20%，且可育种子种皮较厚。四倍体种子的千粒重也较重，为49.69g，二倍体为43.0g（表2）。

表2　四倍体甜瓜果实的变化

（1974年，10个果实平均值）

品系	果脐直径（cm）	果实质量（g）	果实体积①（cm³）	密度（g/cm³）	果实纵轴（cm）	果实横径（cm）	果形指数	果肉厚度（cm）	果皮厚度（cm）	心室直径（cm）	可溶性物质（%）
2x 69-71-1	0.2	954.0	1318.1	0.72	14.16	13.05	1.09	2.55	0.5	6.96	12.3
4x 69-72-408	3.4	1100.0	1182.8	0.93	11.41	12.88	0.89	3.32	0.6	5.03	14.86

① 体积用溢水法测定。

3 染色体倍数的变化

我们选形态变异较典型的植株作了细胞染色体鉴定,看到了四倍体 2n=48 及正常的二倍体 2n=24(图3),还看到八倍体和各种各样的嵌合体。八倍体植株叶片和茎蔓都特别粗大,但发育迟缓,果实很小,没有应用价值。嵌合体根据我们初步观察,共有四种,即枝变嵌合体、体质嵌合体、种质嵌合体、体质与种质嵌合体。枝变嵌合体的特征是植株总体是二倍体,但有的子蔓变为四倍体;体质嵌合体是生殖器官(花、果、种子)没有发生明显变化,仅个别叶片或叶片的一部分变得肥厚了;种质嵌合体是植株营养器官变异不明显,生殖器官发生了某些变异,如不孕籽比例有所增高,或者杂有变大的种子。另外,我们还在诱变当代和后代分离中多次发现有雌雄性不育株。

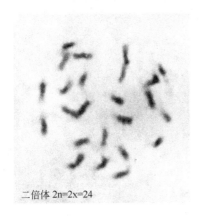

二倍体 2n=2x=24

图 3 二倍体染色体

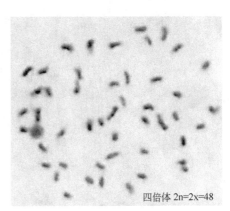

四倍体 2n=2x=48

图 4 四倍体染色体

以上变异后代倍性的变异,我们也做了观察,凡诱变当代为四倍体的植株,其后代都是四倍体,极个别分离出了不同倍性的植株。枝变嵌合体,四倍体枝条上的所结的果实(种子),其后代为四倍体;二倍体枝条上所结的果实(种子),后代为二倍体。体质嵌合体的后代未分离出四倍体植株来;种质嵌合体和混倍体后代都有四倍体植株分离出来。比例大小可能与嵌合体(混倍体)的变异程度有关。

在多倍体育种中,理想的是在诱变当代就能够产生出四倍体植株来,这样经过 1~2 代就可以选出倍性基本稳定的四倍体来。如果诱变当代没有四倍体植株,就必须对嵌合体下功夫。关于对嵌合体的选择,根据我们的经验,应注意这几方面:①选择变异较好的混倍体自交保纯,继续种植让其分离。②注意发现枝变嵌合体,并对变异枝条自交留种,在后代分离中进行选择。③在果脐大的果实中选不育籽比例高的,再从中选宽大肥厚的种子播种观察。

4 四倍体甜瓜的经济价值

我们初步选育出的几个四倍体材料,特别是从 69-71-1 和 6405 诱变的品系,根据观测研究及群众品评:①抗病性增强了,二倍体品种常因病毒、枯萎和白粉病的侵害,每年 8 月份以后,植株就逐渐衰亡。而四倍体植株直到霜前都还是叶片葱绿富有生气;②品质显著改善了,四倍体甜瓜果实质密而香甜;③产量明显提高,四倍体甜瓜的单瓜重量早代较二倍体略低,但经 1~2 代选择,就很快超过了二倍体。表 2 中的 60-72-408 是 69-71-1 的四倍体选系,不仅可溶性固型物含量较二倍体高 20.8%,而且单瓜重增加了 15.3%。另外,四倍体甜瓜还有一个很大的优点,就是雌花比例高,瓜结得多,因此群体产量较二倍体增产更显著;④四倍体甜瓜的耐藏性有所增强。炎夏果实采收后,二倍体品种 3~4 天就开始霉烂,四倍体可贮存一周以上。

　　四倍体甜瓜目前表现出来的突出缺点是饱满的可育种子少，繁殖系数低，不育籽带有发育正常的种壳，不易区别，给播前选种带来一定麻烦；对温度要求比较敏感，出苗较慢，生育期较长，成熟较晚。这些都有待进一步研究解决。

　　此外，四倍体甜瓜自交不亲和性有所增强，这为今后配制三倍体甜瓜带来了方便。我们选育的四倍体甜瓜 69-72-408 初步定名"石甜 401"，已开始在生产上试种。

关于甜瓜倍性育种的讨论[*]

李树贤

（新疆石河子蔬菜研究所）

摘　要: 甜瓜同源多倍体育种迟迟未能取得重大突破，原因是多方面的。甜瓜多倍体可以直接育成品种，但作为遗传资源价值更高。改变思路，变单一多倍化为结合杂交，多倍化、去多倍化双向育种，有广阔的前景；异倍体杂交进行二倍体育种，在甜瓜上已有报道，但其作用还远未充分发挥；非整倍体及异染色体系创建，在甜瓜上还未见报道；非倍性效应的利用也有待发掘。倍性操作在甜瓜育种中，能够发挥重要作用。

关键词: 甜瓜；同源多倍体；倍性操作；育种

About Discussion on Melon Ploidy Breeding

Li Shuxian

(Xinjiang Shihezi Vegetable Research Institute)

Abstract: Melon autopolyploid breeding has failed to make a major breakthrough,there are a variety of reasons.The polyploid of melon can be directly bred into varieties,but as genetic resource value is higher. Change train of thought,Change a single polyploidization,become combined with hybridization,two-way breeding of polyploidization and depolyploidization,has a broad prospect; Diploid breeding of heteroploid hybridization,melon there have been reports, but its role is still far from full play; Aneuploid and alien chromosome line create,on the melon has not reported; Non ploidy offect also awaiting discovery. Ploidy operation in the breeding of melon,can play an important role.

Key words: Melon; Autopolyploids; Ploidy operation; Breeding

　　甜瓜同源多倍体育种，国内外都曾有人进行过探索，但迟迟未能取得重大突破。其原因可能与如下方面有关：①甜瓜的果肉与种子分离，食用方便，不像西瓜那样果肉与种子镶嵌在一起，为方便食用而对无籽性状要求迫切，三倍体无籽品种即应运而生；②不同种群、不同基因型的甜瓜对染色体的加倍反应存在较大差异，薄皮甜瓜（*Cucumis melo* var.*makuwa*）染色体加倍（同源四倍体）的产量优势显著，但薄皮甜瓜中的小梨瓜以果肉酥脆、香甜为佳，脆肉为隐性性状，染色体加倍，同源四倍体隐性性状不易表现，脆肉品种的酥脆性状几乎丧失；③厚皮甜瓜（*C.melo* var.*saccharinus*）中的大果型品种，同源四倍体果实往往较其原二倍体大幅度变小，在产量上为负优势；④甜瓜生产中——特别是一些老产区，如新疆，某些病害，如枯萎病（*Fusarium oxysporum*）、病毒病（CMV、MMV、WMV）、细菌性果斑病

---

* 2006 年 6 月完成初稿。

（*Pseudomonas pseudoalcaligenes* subsp. Citrulli）已成为严重影响甜瓜生产的毁灭性病害，一些著名的老牌名优品种，因抗病性差而已近绝种。甜瓜抗病品种的选育，因缺乏必要的抗原材料而进展缓慢。倍性育种对抗病性未能显示出独特的优越性；⑤甜瓜的消费量远不如西瓜大，相对而言，从事甜瓜育种研究的人员也较少。目前甜瓜倍性育种研究，大多局限在诱变方法的探讨，以及对少数诱变材料的观察上。

随着研究工作的深入，倍性育种在甜瓜育种中，还是应该能够发挥应有的作用的。

1　甜瓜多倍体品种选育的可行性

甜瓜的倍性育种，最直接、最现实的潜能，可能在于目前广泛以设施栽培为主的圆果型厚皮甜瓜的品种改良上。对于此类品种的改良，多倍体在产量和品质等方面都具有优势。

四倍体甜瓜果实品质显著改善，这是所有从事过甜瓜倍性育种的同仁的一致反映；关于产量的表现，由于所用材料和育种方法（世代）的不同，有不同的反应。笔者通过较长时间（世代）的观察研究，可以认定，植株坐果能力四倍体普遍较二倍体增强。同源四倍体植株坐果能力强，在黄瓜和茄子上表现得很突出；在甜瓜上也不例外，而且不分果型大小，同源四倍体都表现出强的坐果能力（图版XXI，2、3）；关于果实大小，在诱变的较低世代不表现优势，但单果质量圆果形的四倍体却较原二倍体增加。圆果形四倍体果实大小，在基本处于自然选择状态下，经较长世代的种植，一般都能得到恢复，甚至超过原二倍体（图版XXI，1）。另外，同源四倍体甜瓜的适应性增强；再加上果实品质（如可溶性固型物含量等）改善；果实比重增大，果肉致密，有利于提高单果质量和增强果实耐储运性等，这些对提高品种的竞争力都有益处。

同源四倍体甜瓜果实的脆肉和绿色为隐性性状，笔者曾试图通过同源四倍体途径，改良新疆主要外销品种"红心脆（炮台红）"，但其果肉的松脆性状丧失；对深受消费者欢迎的"白兰瓜"进行加倍、选择，其果肉绿色几近消失。加倍四倍体等位基因由2个变为4个，4个等位基因为纯合隐性基因型的概率很低，但并非完全不可能产生。在茄子同源四倍体育种中，曾多次发现隐性基因突变，其中四倍体"类病变突变体"（lesion mimic mutant，LMM），即受单一隐性基因控制；植株结果很多、果实畸形僵化的变异类型，遗传分析表明，为突变重组产生的两对相互连锁的纯合隐性基因型所致。甜瓜的多倍体育种被隐去的隐性优良经济性状，通过相应的遗传改良手段并非完全不能恢复。

2　多倍化、去多倍化双向育种

甜瓜倍性育种，最具潜力、目前还未引起广泛重视的可能是多倍化、去多倍化双向育种。以分解育种为结合部，进行双向育种，在水稻、大麦等作物上，已有很好的工作报道。但总体上还未引起更多人的重视。

甜瓜倍性育种，改变思路，变单一多倍化为结合杂交，多倍化、去多倍化双向育种，应该有广阔的前景。

3　异倍体杂交，进行二倍体育种

通过异倍体杂交，进行二倍体育种，在多倍体育种中是一个新动向。这种异倍体杂交产生二倍体，有多种不同的情况：以多倍体为母本，二倍体为父本，如 3x×2x 或 4x×2x，杂交后代为真杂种，后发生了父本染色体组的消失，在染色体消失过程中发生了部分 DNA 片段的整合，之后合子在分裂过程中经染色体加倍而成为二倍体纯合体。这种情况发生在 $F_2 \sim F_3$，被称作"早稳系"，四川农业大学的周开达等在水稻上，笔者等在蔬菜作物的黄瓜上，都曾获得过此种类型的"早稳系"。

在茄子中，笔者等以四倍体皱缩叶类病毒病变突变体为母本，以不同的二倍体正常叶系为父本进行杂交，能够获得少量三倍体种子。三倍体自交，其后代会出现非整倍体、二倍体、三倍体、四倍体的倍性和不同叶型的分离，再以 2x 系为父本，对分离群体中二倍体和四倍体皱缩叶株进行杂交选择，在不同世代选得了二倍体和四倍体皱缩叶及正常叶型新种质，其中包括熟性超亲和双亲未表现的白色果实等 5 个二倍体选系。

以四倍体为授粉系与二倍体杂交，诱导无融合生殖，获得二倍体纯系，在茄子中笔者等曾做过相关研究。同时，还以四倍体为授粉系诱导无融合生殖，育成了二倍体极早熟紫长茄新品种"新茄 3 号"（吴志娟，李树贤等，2001）。在甜瓜中，邹祖申等（1987）利用厚皮甜瓜同源四倍体系"石甜 401"和薄皮甜瓜"广州密瓜"杂交，后代出现了倍性分离，选择获得了新的经济性状优良的薄皮甜瓜、厚皮甜瓜及中间类型的种质材料，薄皮类型果皮薄而肉脆，可溶性固型物含量 17%～22%，是目前所有薄皮甜瓜最高的，是一个极有经济价值的优良材料；厚皮甜瓜型生长旺盛，抗性强，适应性广，可溶性固型物含量 15%左右，是厚皮甜瓜东移的良好材料。同源四倍体作为育种亲本材料及工具种，发挥了普通二倍体不可替代的作用。

4　非整倍体及异染色体系创建

在进行非整倍体及异染色体系育种中，多倍体作为基础材料无可替代。非整倍体及异染色体系，在禾谷类植物特别是小麦族中有广泛的研究利用。在蔬菜和瓜类作物中还不够广泛。三倍体是获得单体和三体特别是三体的重要材料，其方法多是利用三倍体自交或 3x×2x，通过 n 和 n+1 两种配子的融合而产生 2n+1 的三体合子。另外，通过四倍体小孢子培养建立三体系，也已在大白菜、甘蓝等十字花科蔬菜中取得了进展（申书兴等，2002）等。

甜瓜生产最大的威胁是病害，解决甜瓜抗病性的出路是引入抗病基因，其育种路线之一可能是：双二倍体→异附加系→异代换系→异源易位系。异附加系的研究，除小麦族外，在棉花、水稻、大麦、油菜、甜菜、西红柿、白菜、黄瓜以及其他一些作物中，都有报道。在甜瓜属（*Cucumis*）以栽培黄瓜（*Cucumis sativus*，2n=14）品种"北京截头"与同属野生种 *C.hystrix*（2n=24）进行种间杂交，通过染色体加倍得到了双二倍体新种（*C.hytivus* Chen & Char.）之后，又以"北京截头"为母本与双二倍体进行回交、自交，经抗病性接种鉴定，细胞学和 RAPD 分子标记鉴定，筛选获得了抗霜霉病的二倍体（2n=14）异源易位系 CT-01（曹清河和陈劲枫等，2005）。

甜瓜非整倍体及异染色体系创建，目前还未见报道，但这一步终归要迈开，甜瓜抗病的问题终究要解决。

5　非倍性效应的利用

秋水仙素能够诱导染色体加倍，产生倍性效应；也能诱导产生非倍性效应。在对黄瓜的同源四倍体诱导中，曾不止一次地发现过一些染色体未加倍、株型与花性型在二倍体水平上发生了变异的类型。其花性型有全雌型、雄全同株型、雌全同株型及两性体等类型（李树贤，1979）。甜瓜的全雌性系在甜瓜杂种优势育种中有独特的价值，国外早有甜瓜全雌性系的报道。国内笔者曾多次在薄皮甜瓜和厚皮甜瓜中发现过全雌性变异体，其中一次是在当地品种"炮台红"中发现的（图版XXI，8）。"炮台红"曾作为同源四倍体的诱变材料被诱变为四倍体（图版XXI，7），这一雌性型变异体是否与秋水仙素的诱导有关，没有进行相应的研究。

笔者有关甜瓜多倍体育种，断断续续几十年，但一直未能深入下去。有一些体会，加以粗略整理，也算一个交代。

李树贤：关于甜瓜倍性育种的讨论　图版 XXI

Li Shuxian: About discussion on melon ploidy breeding Plate　XXI

图版说明

1. 石甜 401 多代后之植株；2. 石甜 405 稳定株系；3. 石甜 403（白兰瓜 4x）稳定株系；4. 石甜 401 果实；
5. 石甜 407 果实；6. 有丝分裂中期染色体 2n=4x=48；7. 石甜 413（"炮台红 4x"）株系；8. "炮台红"
雌性株，连坐 5 爪；9，10. 减数分裂终变期，染色体有多价体构型；11. 减数分裂中期Ⅰ，染色体构型 24Ⅱ；
12. 减数分裂后期Ⅰ，两极各有 24 个染色体

无籽西瓜新品种"新优38号"的选育*

陈远良　薛　琳　李树贤　赵　萍　田丽丽　刘新宇

（新疆石河子蔬菜研究所）

摘　要: "新优38号"为中早熟无籽西瓜一代杂种，母本S401-1是利用秋水仙素诱变获得的四倍体自交系，父本H201是从二倍体材料中选出的抗病、优质自交系。该品种全生育期为90d左右，果实发育期为32 d左右；果实椭圆形，新疆地区露地栽培果形指数为1.25左右，南方地区露地栽培果形指为数1.15左右；果皮浅绿色覆深绿色宽条带，光滑美观，果皮厚约1.0cm，瓤鲜红色，质脆多汁，口感风味好，中心可溶性固形物含量为11.4%左右，白色秕籽小而少；单果质量4～6kg，每亩产量为3500kg左右。

关键词: 无籽西瓜；新优38号；一代杂种；育种

Seedless Watermelon New Variety Breeding of "Xinyou No.38"

Chen Yuanliang,Xue Lin,Li Shuxian,Zhao Ping,Tian Lili,Liu Xinyu

(Xinjiang Shihezi Vegetable Research Institute)

Abstract: "Xinyou No.38" is a new seedless watermelon F_1 hybrid variety. Tetraploid female parent inbred line S401-1 is a obtained by colchicine mutagenesis,Paternal H201 is a disease resistant high quality from diploid inbred line. This variety whole growth period was 90 days,the fruit development period was about days of about32 days; The fruit oval,Xinjiang area open field cultivated fruit shape index of 1.25,south area field open cultivated fruit shape index of about 1.15; Peel is light green cover wide green strip,smooth and beautiful,pericarp thickness 1.0 cm,sarcocarp a bright red,crisp and juicy,delicious,central soluble solids content of 11.4%,white abortive seeds small and less; Single fruit quality 4~6 kg,per 667m^2 yield is 3500 kg.

Key words: Seedless watermelon; Xinyou No.38; F_1 hybrid; Breeding

1　选育过程

"新优38号"母本S401-1，是高代二倍体自交系Ym1经秋水仙素诱变得到的四倍体，经4年10代自交选择，育成的高糖、优质四倍体自交系。植株生长势中等偏弱；早中熟，全生育期85天；果实高圆形，果形指数1.1；果皮浅绿色覆细网纹；平均单果质量4.2 kg；瓤鲜红色，质地细脆，味甜多汁，中心

* 中国蔬菜，*China vegetables*，2008（5）：40-41.

可溶性固形物含量11.5%；果皮厚1.0～1.2 cm；种子黄褐色，千粒质量59g。父本H201，是从郑州果树研究所西瓜甜瓜种质资源室引进材料，经4年西瓜连作地病圃筛选出的高抗株系，经多代自交、筛选而成的高糖、抗病、优质自交系。植株生长势中等偏强；中熟，全生育期90～100天；果实长筒形，果形指数2.1左右；果皮浅绿色覆绿色宽齿带；平均单果质量6kg；瓤粉红色，质脆多汁，中心可溶性固形物含量11%左右；果皮厚0.8～1.0cm，坚韧，不裂果；种子黑褐色，千粒质量37g。

2003年春根据育种目标在日光温室中试配组合16个，2003年夏进行组合筛选，从中选出目标组合S401-1×H201。2004年进行品种比较试验，2005～2006年参加了新疆维吾尔自治区种子管理站组织的无籽西瓜区域试验，2006年进行生产试验。2007年2月通过新疆维吾尔自治区农作物品种审定委员会审定，定名为"新优38号"。

2 选育结果

2.1 品种比较试验

2004年在新疆石河子蔬菜研究所试验田进行品种比较试验，4月26日播种，以"黑蜜2号"为对照，随机区组排列，3次重复，小区面积24 m²，每小区保苗20株，小拱棚覆盖栽培，三蔓整枝，花期进行人工辅助授粉，施肥水平中上，其他管理同常规生产。

表1 "新优38号"品种比较试验结果

品种	全生育期（天）	果实发育期（天）	可溶性固形物（%）		瓤色	质地	着色秕籽	单果质量（kg）	小区产量（kg）	折合亩产量（kg）	比CK（±%）①
			中心	边部							
新优38号	89	32	11.5	10.1	红	细脆	无	5.3	162.4	4513.4**	15.6
黑蜜2号（CK）	89	34	11.3	10.1	红	细脆	无	4.3	140.5	3904.7	—

① 表述与对照差异极显著（$\alpha = 0.01$）。

试验结果表明（表1），"新优38号"生育期89天，坐果整齐，平均单果质量5.3 kg，每亩产量4513.4kg，较对照"黑蜜2号"增产15.6%，差异达极显著水平。

2.2 区域试验

2005—2006年参加了新疆维吾尔自治区种子管理站组织的区域试验，设4个点，小区面积16m²。"新优38号"全生育期89天，植株生长势强，坐果整齐，中心可溶性固形物含量11.4%，平均每亩产量3549.8 kg，较对照"黑蜜2号"增产17.6%（表2）

表2 "新优38号"区域试验结果

年份	品种	全生育期（天）	中心可溶性固形物（%）	单果质量（kg）	产量（kg/亩）	比CK（±%）
2005年	新优38号	87	11.4	4.4	3656.8	22.7
	黑蜜2号（CK）	87	11.5	3.5	2979.4	—
2006年	新优38号	90	11.3	4.3	3442.8	12.6
	黑蜜2号（CK）	90	11.5	3.7	3057.8	—
平均	新优38号	89	11.4	4.4	3549.8	17.6
	黑蜜2号（CK）	89	11.5	3.6	3018.6	—

2.3 生产试验

2006 年参加新疆维吾尔自治区中熟西瓜品种生产试验，小区面积 1334m²，"新优 38 号"全生育期 89 天，植株生长势强，抗病性强，坐果整齐，不裂果，果实椭圆形，果皮浅绿色覆深绿色宽条带，瓤鲜红色，质脆多汁，中心可溶性固形物含量 11.0%，平均单果质量 4.31 kg，每亩产量 3562.4kg，较对照"黑蜜 2 号"增产 17.9%（表 3）

表 3 "新优 38 号"生产试验结果

地点	品种	全生育期（天）	中心可溶性固形物（%）	单果质量（kg）	产量（kg/亩）	比 CK（±%）
昌吉西	新优 38 号	78	11.0	4.77	3719.0	13.0
域种业	黑蜜 2 号（CK）	78	11.3	4.39	3291.9	—
农 12 师	新优 38 号	91	11.0	4.44	3769.9	9.8
推广站	黑蜜 2 号（CK）	93	11.1	4.04	3432.1	—
农 6 师	新优 38 号	97	11.1	3.73	3198.3	36.6
农科所	黑蜜 2 号（CK）	95	10.8	3.39	2341.0	—
平均	新优 38 号	89	11.0	4.31	3562.4	17.9
	黑蜜 2 号（CK）	89	11.1	3.94	3021.7	—

2.4 抗病性

2006 年由新疆维吾尔自治区品种审定委员会组织进行田间抗病性调查，"新优 38 号"白粉病发病率 1.2%，对照"黑蜜 2 号"为 1.87%；枯萎病等其他病害均未发生。

3 品种特征特性

"新优 38 号"属中早熟三倍体无籽西瓜一代杂种，全生育期 90 天左右，果实发育期 32 天左右。植株长势稳健，叶片肥大，茎蔓粗壮，易坐果，抗病性强。第 1 雌花节位出现在主蔓第 8～10 节，以后每隔 4～5 片叶再现雌花。果实椭圆形，新疆地区露地栽培果形指数 1.25 左右；南方地区露地栽培果形指数 1.15 左右。果皮浅绿色覆深绿色宽条带，光滑美观，瓤鲜红色，质脆多汁，口感风味好，中心可溶性固形物含量 11.4%左右，白色秕籽少而小。果皮厚约 1.0 cm，坚硬耐运，采收后室温下可贮藏 20 天左右。单果质量 4～6kg，最大果可达 20kg，每亩产量 3500kg 左右。

4 栽培技术要点

南方地区可采用育苗移栽，北方地区一般可采用地膜覆盖破壳控温催芽，或破壳直播等方式育苗，定植株距 0.4m 行距 2.0m 每亩保苗 750～800 株。采用双蔓或三蔓整枝，主蔓第 2、3 雌花或侧蔓第 2 雌花留果，需人工辅助授粉，以保证坐果整齐。可在无籽西瓜生产田中按（8～10）：1 配植普通二倍体植株作为授粉品种。坐果期适当控制肥水，以免植株徒长，坐果后 7～10 天应及时疏果。进入果实膨大期应提供充足而均匀的水肥供应，忌大水漫灌、忽干忽湿。坐果 25 天左右逐渐停止水肥供应，以确保果实品质。适时采收，长途运输和贮藏的可在七八成熟时采收，就地销售的在九成熟时采收。

利用秋水仙素诱导黄瓜多倍体的效应[*]

李树贤　刘桢

（新疆石河子地区 145 团良种站）

摘　要：利用秋水仙素诱导黄瓜同源四倍体，以 0.5%的水剂浸种 48 小时和 1%的羊毛脂制剂滴苗 2~3 次效果较好。四倍体黄瓜花粉粒大，萌发孔多为四个，可用作初步鉴别倍性的指标。四倍体黄瓜的花芽分化能力正常。雌花节率和植株分枝能力不同材料及同一材料不同植株间有明显差异，通过选择能够提高四倍体黄瓜的经济产量。四倍体黄瓜种子结实力低，有 1/4~3/5 的果实没有饱满可育种子；有种子的果实每果种子数变化在 1~39 粒之间，提高种子结实力是黄瓜同源多倍体育种的关键。秋水仙素不仅可以诱导黄瓜染色体加倍，而且还可以诱发非倍性变异。已获得二倍体具正常子房的雄全同株、雌性型和两性花型种质，为进行黄瓜特殊花性型育种积累了材料。

关键词：秋水仙素；诱导；黄瓜；多倍体；效应

The Use Colchicine Induced Cucumber Effect of Polyploidy

Li Shuxian　Liu Zhen

(Xinjiang stone river in the area of the 145 regiment thoroughbred station)

Abstract: Use of colchicine inducement cucumber autotetraploid. With 0.5% of the water soaked for 48 hours and 1% lanolin drops seedlings of good effect of 2~3 times. Tetraploid cucumbers pollen grains Germinate aperture most of is four,can be used as a preliminary identification index of ploidy. Tetraploid cucumber flower bud differentiation ability of normal. Female flower section rate and plant branching ability,between different materials and the same material different plant with obvious show differences,By select to improve of tetraploid cucumbers the economy yield is availably. Tetraploid cucumber seed-bearing ability is very low,there are 1/4~3/5 fruits without fertile seeds; seeded fruits of number seeds per fruit changes between 1~39 grain,improve the seed-bearing ability is the key of autopolyploid cucumber breeding. Colchicine can not only induction chromosome doubling,also can induce to produce certain of non ploidy variation. Have obtained the diploid possess normal ovary andromonoecy type,gynoecious type,hermaphroditic type germplasm, for cucumber special flower sexual type breeding accumulated material.

Key words: Colchicine; Inducement; Cucumber; Polyploidy; Effect

---

[*] 全国蔬菜育种途径学术讨论会论文，中国园艺学会，湖南湘潭，1979。

我们从 1972 年开始进行黄瓜四倍体诱变，通过几年摸索，对有些问题有了初步的认识，现报告如下。

1 诱导方法和效果

利用秋水仙素诱导黄瓜四倍体，方法包括：不同浓度、不同浸种时间浸风干种子或萌动种子；以水剂或羊毛脂制剂于子叶平展期滴苗等。先后共诱变 20 多个材料（表 1）。

表 1 利用秋水仙素诱导黄瓜多倍体的方法和效果（1972—1979 年）

年份	诱导材料	处理方法	效果
1972 年	北京小刺瓜	0.2%水溶液浸风干种子 8、16、24 小时	处理 24 小时，变异率 1.33%
1973 年	北京小刺瓜，津研一号，河南线黄瓜	0.2%浓度浸风干种子 24 小时	变异率：0.5%～1.2%
1974 年	石家庄铁皮，宁阳刺瓜，津研一号	0.2%浓度浸风干种子和萌动种子 24 小时	变异率都在 2%以下，差异不明显
1975 年	津研二号，津研四号	0.2%浓度浸风干种子 24 小时、48 小时	变异率：1%～3.5%
1976 年 1977 年	北京小刺瓜，津研四号，汶上黄瓜，上海乳瓜，小八杈，干八杈，宁阳刺瓜，温室刺瓜等	0.2%水剂滴苗，早晚各一次（生长点放脱脂棉球）滴 3～5 天	变异率：19%～53%
1978 年	北京小刺瓜，汉中黑汉腿，74-18、73-2、385，干八杈 r₁，宁阳刺瓜 r₁，河线准雌系，长春密刺，河线 r₁ 等	0.5%水剂浸风干种子 24 小时和 48 小时	变异率：24 小时为 3.8%～6.7%，48 小时为 5.1%～9.6%
1979 年	河线准雌，北京小刺瓜，长春密刺、宁阳刺瓜等	1%羊毛脂制剂滴苗，早晚各一次，1～3 天	滴苗次数越多，变异率越高。3 天 6 次者，最高达 80%以上

各种方法比较大体情况是：①0.2%的浓度浸种 48 小时有较好的效果，变异率可达 3.5%左右；②0.5%的浓度浸种 24～48 小时变异率可达 3.8%～9.6%；③0.2%水剂滴苗，早晚各一次，共滴 3～5 天，变异率可达 19%～53%；④1%的羊毛脂制剂滴 1～3 天效果良好，滴苗 3 天 6 次者变异率可高达 80%以上。

表 1 中的变异株并不全是 4x，尤其是在 0.2%浓度浸种 24 小时的处理中真正的 4x 很少。在 0.2%水剂滴苗和 1%羊毛脂制剂滴苗以及 0.5%水剂浸种 48 小时的处理中，变异株四倍体较多。综合诱变效果、省药、简便三个方面，以 1%羊毛脂制剂早晚滴苗 1～3 天（2～3 次）和 0.5%的浓度浸种 48 小时效果较好。

2 诱变植株的形态变异

秋水仙素诱导黄瓜染色体加倍，所引起的植物学性状变异主要有：①种芽肥壮、畸形（浸种）；②第 1～3 片叶畸形（浸种），甚至萎缩"退化"仅保留残迹（滴苗）；③茎蔓粗壮，节间变短，叶片肥大，叶色浓绿，植株表现"巨大性"（图版 XⅫ，1、2）；④叶缘锯齿较明显，叶缘上翘多皱折，叶基靠近叶柄处相接甚至重叠（图版 XⅫ，4）；⑤花器大，雌花子房粗壮（图版 Ⅰ，5）；⑥果形指数（L/D 率）下降，果肉变厚，心室变小（图版 XⅫ，6）；⑦种子大而比较宽阔（图版 XⅫ，7）；⑧植株分枝能力降低等。

在变异植株中，有可能是纯合的四倍体，更多的则可能是不同倍性细胞的嵌合体或非整倍体。另外，也还会出现倍性更高的八倍体。八倍体植株节间更短，叶色更深更暗，叶片更加肥厚，叶面和叶缘皱折更多、更明显，生长发育受抑（图版 XⅫ，3、13，2n=56），雌花子房较四倍体更加短粗，有时甚至变为圆球形。但圆果形并不是八倍体所特有，四倍体以及没有加倍的二倍体有时也有。

3　变异后代的细胞学鉴定

对四倍体黄瓜的倍性鉴定，最简便的间接指标是观察花粉的大小及其萌发孔，四倍体黄瓜的花粉粒一般都明显大于 $2x$，其萌发孔在小孢子从四分孢子体中分离出来时格局就已确定，是一个遗传性稳定的质量性状。二倍体黄瓜的花粉萌发孔一般多为三个，也有两个和一个的；四倍体的发芽孔以四孔为主，少数为三孔和五孔（图版XXII，8、9）。观察花粉粒大小及其萌发孔，可以开裂花药涂抹载玻片，以醋酸洋红染色观察，取材容易，方法简便，有较高的可靠性。

在花粉大小及萌发孔鉴别的基础上，为了具体确定倍性则必须进行染色体计数。制片选用种芽、幼龄叶片、幼龄花蕾、幼龄子房等为试材，以卡诺氏液固定，铁矾-苏木精染色，40%醋酸分色压片，可获得良好效果。以幼龄花蕾制片，既可以观察花药内壁分生细胞的有丝分裂，还可以观察花粉母细胞的减数分裂。二倍体黄瓜体细胞染色体数 2n=14（图版XXII，10）；四倍体体细胞染色体数 2n=28（图版XXII，11），正常的减数分裂，后期 I n=14（图版XXII，12）。纯合倍性应该是在所检查的制片中所有的分裂相都表现同一结果。

4　秋水仙素的非倍性效应

关于秋水仙素的植物学效应，长期以来都认为只能引起染色体的加倍，其非倍性效应迟迟未引起人们的重视。在黄瓜中，秋水仙素诱发的变异并不只限于染色体的加倍，除倍性效应外，还出现了大量可遗传的非倍性变异，例如子房形状的变异，种子大小和形状的变异，花性型的变异，植株形态的变异等。其中花性型变异有全雌型、雌全同株型、雄全同株型、两性花型等（图版XXIII，14、15、16）。种子的变化，有变大的，也有变小的，还有变为比较瘦长的（图版XXIII，7）。株型变异主要是由分枝长蔓型变为弱分枝短蔓型和丛生型，例如全雌性自封顶型（图版XXIII，17、18）；具正常子房的雌性丛生型（图版XXIII，19）等。这些不同的新类型——特别是雌性型、雄全同株型和两性花型，具有高的应用价值，值得进一步选育研究。

5　经济性状的初步观察

四倍体黄瓜植株生长势强，果实肉厚多汁，食用品质好；但♀/♂率（结果率）和植株分枝能力却常有不同的表现。1979 年曾对露地栽培的 5 系 7 株四倍体进行了调查，结果见表2。

从表2可以看出，四倍体黄瓜的分枝性能因品种不同而有差异。"小刺 C_1-1"基本不分枝；"74-18 C_1-1"和"385 C_1-1"分枝较晚；"河线准雌"的四倍体后代有接近正常的分枝潜能。花芽分化能力，5 系 7 株都无明显降低，在大多数情况下，每一节都不只形成一朵花，而是 2 朵、3 朵，甚至成簇。除"河 C_1-3"和"385 C_1-1"的单花节数比例较高外，四倍体的♀/♂率不同诱变品种也有不同的表现，"74-18 C_1"的♀/♂率<10%，"385C_1-1""小刺 C_1-1"的♀/♂率变化在 50%左右；"河 C_1"的不同植株有不同的表现，其中"河 C_1-2"和"C_1-3"特别是河"C_1-2"在第一雌花出现后连续 9 节（即 5～13 节）都是雌花，基本上保持了原准雌性系的特性——侧枝也是如此。植株结瓜能力，"74-18 C_1-1"和"小刺 C_1-1"明显降低；"河 C_1-1""河 C_1-2"和"宁 r_1-C_1-1"有所增强，每株能同时结 3～5 条种瓜。特别应该关注的是"宁 r_1-C_1-1"雌花出现节位由原亲本（宁 r_1）的 6～7 节提前到 4～5 节，瓜口密度也由非节成性变为半节成性。其早熟性在同源四倍体中是比较少见的，有待进一步研究讨论。

表2　四倍体黄瓜植株开花、结果及分枝性能

（1979年，6月15日，6月27日，7月4日，7月11日调查）

株系	主蔓						侧枝				全株		
	调查节数	显雌节位	雌花节数	多花节数	♀/♂	结果数	侧枝数	长蔓数	两节内 ♀/♂	结果数	调查雌花节数节数	♀/♂	结果数
河C_1-1	20	5	11	13	12/30	3	7	2	3/1	2	24	14	15/31	5
河C_1-2	16	5	12	13	26/12	3	6	2	8/0	1	20	16	34/12	4
河C_1-3	6	4	4	2	5/3	1	5	1	1/1	1	8	4	6/4	2
74-18C_1-1	10	8	2	8	2/23	1	3	0	0	0	10	2	2/23	1
385C_1-1	14	5	7	4	7/15	2	4	0	0	0	14	7	7/15	2
宁r_1-C_1-1	20	5	11	10	12/22	3	4	1	1/3	2	22	12	13/25	3
小刺C_1-1	14	6	9	8	10/19	1	0	0	0	0	14	9	10/19	1

注：1. 株系"河C_1"诱变亲本为'河线准雌'；"74-18C_1""385C_1""小刺C_1"为普通"♀+♂"型品种诱变后代；"宁r_1-C_1"为"宁阳刺瓜"先经$^{60}C_0$-γ射线8万伦琴处理，再经加倍诱变后代。

2. 主蔓调查节数为第一个雌花出现以后的节数。

3. 侧枝数和♀/♂率为6月15日的调查结果；结果数为7月11日最后确定数，标准是瓜条直径已达3cm以上。

4. 多花节数是同一节有2朵以上雌花的节数。

6　四倍体黄瓜的种子结实力

同源四倍体种子结实率降低这是所有植物的共同特点。在瓜类作物中，黄瓜更为突出。1972年以来，因为诱变后代大多数极少有饱满种子，再加上栽培不善，而造成年年诱变年年丢失，有些四倍体系甚至到第五代、第六代都还是丢失了，真正保留下来的选系很少。现以1979年的部分工作为例，结果见表3。

表3　四倍体黄瓜自体授粉的种子结实率（1979年）

品（变）系		上代	自交果实数	无饱满种子		有饱满种子			
				果实数（粒）	占⊗果实（%）	果实数（粒）	占⊗果实（%）	种子数范围	平均数（单瓜）
四倍体	河线准雌	C_0	4	1	25.0	3	75.00	5～12	7.66
	黑丹一号	C_0	11	7	63.64	4	36.36	1～19	8.50
	宁r_1	C_0	9	5	55.56	4	44.44	1～17	7.25
	河r_1	C_0	5	2	40.0	3	60.00	5～10	8.00
	干八权r_1	C_0	4	1	25.0	3	75.00	1～39	17.67
	宁阳刺瓜	C_4	4	2	50.0	2	50.00	4～10	7.00
	河南线黄瓜	C_5	5	2	40.0	3	60.00	1～11	7.33
	北京小刺	C_6	1			1		2	2
二倍体	河线准雌		20	0	0	20	100.00	154～281	217.5
	黑丹一号		13	0	0	13	100.00	143～274	181.3
	宁阳刺瓜		16	0	0	13	100.00	168～247	207.6
	北京小刺		5	0	0	5	100.00	122～249	167.2
	干八权		11	0	0	11	100.00	173～320	239.8

表3的表现基本上无规律可循。不同世代无饱满种子果实占自交果实数的1/4～3/5。有饱满种子的果实种子数少者为1粒，最多为39粒，稍多于二倍体品种的1/10。"宁r_1-C_0"比"宁-C_4""河r_1-C_0"较"河-C_5"种子数较多，是γ射线处理的效应，还是偶尔的巧合，有待进一步研究。较高世代的单瓜种子数并不比C_0代高，可能与世代虽然较高但并未进行必要的选择，遗传基础并无大的改良有关。

种子结实率低是黄瓜多倍体育种最突出的问题，探讨原因，提出有效解决办法，是黄瓜多倍体育种的关键。

李树贤，刘桢：利用秋水仙素诱导黄瓜多倍体的效应　　图版XXII
Li Shuxian, Liu Zhen: The use colchicine induced cucumber effect of polyploidy　Plate XXII

图版说明

1. 2x 植株；2. 4x 植株；3. 8x 植株；4. 叶片（上 2x，下 4x）；5. 花（左 2x，右 4x）；6. 果实（左 2x，右 4x）；
7. 种子（左上 2x，右下 4x；右上、下为不同的 2x 变异类型）；8. 2x 花粉粒；9. 4x 花粉粒；10. 2x 体细胞染色体；
11. 4x 体细胞染色体，2n=28；12. 4x 后期 I，n=14；13. 8x 体细胞染色体，2n=56

李树贤，刘桢：利用秋水仙素诱导黄瓜多倍体的效应　　图版XXⅢ

Li Shuxian, Liu Zhen: The use colchicine induced cucumber effect of polyploidy　　Plate　XXⅢ

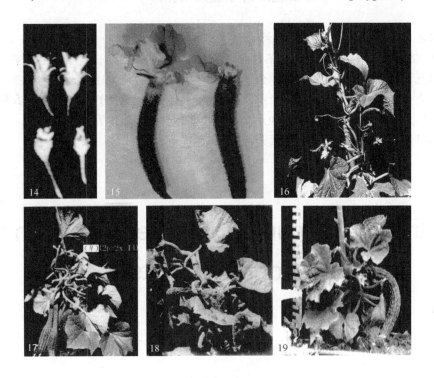

图版说明

14．具短子房和圆子房的两性花；15．具正常长子房的两性花；16．正常株型的雌性型；

17，18．自封顶矮秧雌性型；19．具正常子房的雌性丛生型

四倍体黄瓜有关经济性状的变异[*]

李树贤

（新疆石河子蔬菜研究所）

摘　要: 同源四倍体黄瓜诱变当代植株分枝性能减弱，雌花率和坐果率降低。对诱变前经 $^{60}C_0$-γ射线处理的四倍体系进行选择，不仅分枝性能够恢复，而且还出现了强分枝突变型；植株节成性、雌花总数亦能恢复或超过原二倍体水平，特别是坐果能力还能大幅度增强。四倍体黄瓜果形指数变小，但果肉增厚，心室变小，瓜条整齐、商品性状良好。四倍体黄瓜单瓜质量普遍增加，植株产量有较大潜力，以增加产量为目的进行同源多倍体育种可能有效。

关键词: 四倍体；黄瓜；经济性状；变异

Tetraploid Cucumber Related Variation of Economic Traits

Li Shuxian

(Xinjiang Shihezi Vegetable Research Institute)

Abstract: Autotetraploid cucumber mutagenesis contemporary,branching performance of the plant decreased,female flowers and fruit setting rate decreased. Aim at mutagenic before pass 60C0-γ ray dispose,and then selection of induction tetraploid,not only can the branch restore,but also a strong branch mutant; Plants continuous fruit bearing habit and total number of female flowers,can also restore or exceed the original diploid level. Especially the continuous fruit-bearing capacity can also greatly enhanced. Tetraploid cucumber fruit shape index diminution,but the sarcocarp thickening, ventricular diminution,the melon article tidy,commodity good traits. Tetraploid cucumbers single fruit quality generally increase,for the purpose of increase production,autopolyploid breeding could effectively.

Key words: Tetraploid; Cucumber; Economic characters; Variation

　　黄瓜多倍体育种的价值和前景为一些研究者所怀疑，其原因除了种子结实率特别低以外，还有报道认为：四倍体黄瓜花芽分化受抑，雌花稀少，♀/♂率和结果率都很低，每株往往只能结一个瓜；不分枝或分枝能力很弱；缺乏能使黄瓜结实增加的证据，将不会用于增加黄瓜的产量[1, 2]。笔者等的初步观察，四倍体黄瓜的花芽分化能力正常，每节并不只形成一朵花，多花节数并不比二倍体少；♀/♂率及分枝能力不同诱变材料表现有所不同[3]。通过近几年的连续工作，对上述有关问题有了进一步的认识。

---

* 中国遗传学会第二次代表大会暨学术讨论会论文摘要汇编，福州，1983：319。

1 雌花形成及结果能力

四倍体黄瓜的雌花率和坐果率，在当代（C_0）明显降低，C_1 代开始分离，C_1 代雌花率和坐果率高的单株，C_2 代虽然还有分离，但总体上仍保持了较高的水平（表1）。

表 1　四倍体黄瓜植株结果能力的变异

系号	代号	世代	株数	调查节数	雌花节数	雌花节率（%）	雌花总数	坐果数
宁 8-2x	CK_1	1981 年	2	23.50	6.00	25.53	10.00	3.00
		1982 年	4	19.25	4.75	24.68	9.50	3.00
宁 8-2-39	4x-14	81-C_1	1	23.00	5.00	21.74	13.00	3.00
		82-C_2	22	20.45	7.91	38.66	13.36	3.69
宁 8-2-76	4x-18	81-C_1	1	18.00	9.00	50.00	18.00	4.00
		82-C_2	10	19.80	8.80	44.44	16.74	5.80
宁 8-2-5	4x-8	81-C_4	1	18.00	6.00	33.33	11.00	3.00
		82-C_5	4	16.75	8.00	47.76	19.50	3.75
河线-2x	CK_2	1982 年	3	17.00	4.67	27.47	13.33	2.67
河线-4x	4x-26	81-C_1	1	21.00	11.00	52.38	20.00	4.00
		82-C_2	3	19.67	11.67	59.30	18.60	7.00

从雌花节率看，"宁 8"系（诱变材料经 ^{60}Co-γ射线 8 万伦琴处理，代号：宁 8、河 8 等）的 4x 后代 "4x-14"C_1 代较对照 2x 降低了 14.85%，C_2 代超过对照 2x 56.65%；"4x-18"的 C_1 和 C_2 代，"4x-8"的 C_4 和 C_5 代都高于对照 2x，变幅为 30.55%～95.85%。"河线" 4x C_1 代和 C_2 代分别较对照 2x 高 90.68% 和 115.81%。雌花总数，4x 系全都高于对照 2x 品种，其中，'宁系'高 10%～105.26%，"河系"高 39.53%～50.04%。坐果率所有 4x 后代都高于 2x 对照。"宁系"（4x-18 C_2）较 2x 高 93.33%；"河系"（4x-26 C_5）较 2x 高 162.17%。

4x 不仅坐果总数普遍增多，而且还出现了几节连续坐果和一节同时坐 2～3 个瓜的类型（图版 XXIV，1、2）。

2 植株分枝性能

黄瓜植株分枝能力对于主侧蔓同时结瓜和以侧蔓结瓜为主的品种是一个重要的经济性状。从几年的情况看，4x 黄瓜的分枝能力 C_0 代几乎所有诱变材料都降低了，大多数甚至可以说不分枝；但从 C_1 代开始，诱变材料之间的差异即明显出现（见表2）。

表 2　四倍体黄瓜植株分枝习性的变异

系号	代号	世代	调查株数	主蔓节数	分枝总数			两节以上短枝		与主蔓并长的分枝	
					单株变幅	均数	分枝节数	单株变幅	均数	单株变幅	均数
宁 8-2x	CK_1	1981 年	2	23.50	—	1.00	0.04	—	1.00	—	—
		1982 年	4	19.25	0～5	1.75	0.09	0～3	1.25	—	—
宁 8-2-39	4x-14	81-C_1	1	23.00	—	3	0.13	—	2.00	—	—
		82-C_2	22	20.45	0～8	1.45	0.07	0～3	0.64	—	—
宁 8-2-76	4x-18	81-C_1	1	18.00	0	0	0	—	—	—	—
		81-C_2	10	19.80	0～7	1.10	0.06	0	0	—	—

系号	代号	世代	调查株数	主蔓节数	分枝总数			两节以上短枝		与主蔓并长的分枝	
					单株变幅	均数	分枝节数	单株变幅	均数	单株变幅	均数
宁 8-2-5	4x-8	81-C$_4$	1	18.00	—	4.00	0.22	—	2.00	—	—
		81-C$_5$	4	16.75	0～9	5.00	0.290	0～4	1.75	—	—
宁 8-2-14	4x-6	81-C$_1$	1	23.00	—	12.00	0.52	—	8.00	—	4.0
		81-C$_2$	19	25.16	7～16	10.47	0.42	5～13	7.77	0～12	2.7
河线 2x	CK$_2$	1982 年	3	17.00	2～9	5.00	0.29	0～8	3.30	—	—
河线 4x	4x-26	81-C$_1$	1	21.00	0	0	0	—	—	—	—
		82-C$_2$	3	19.67	1～6	3.00	0.15	1～2	1.30	—	—

在"宁 8"4 个 4x 株系中，"4x-18"基本上不分枝，表现为主蔓结果型；"4x-6"为强分枝型，以侧蔓结果为主，1982 年 19 株平均每株坐种瓜 2.53 个，侧枝占 1.95 个，为总数的 77.08%；"4x-8"分枝性较对照 2x 强；"4x-14"上下代变异较大，均数较 2x 对照无明显降低；"河线系"4x 上代无分枝，下代分枝性得到恢复，但仍较 2x 对照为低（图版 XXIV，3、4、5、6）。

3 果实形态变异

4x 黄瓜果实多为短棒形，果形指数（L/D 率）普遍较原二倍体品种小。但不同材料、不同株系的变异程度有差别（表 3）。

表 3　四倍体黄瓜果实形态的变异　　　　　　　　（1982 年春，温室，石河子）

系 号	代 号	株数	种瓜数	果形指数			果肉厚（cm）	心 室	
				长（L）（cm）	粗（D）（cm）	L/D		直径（cm）	心室直径÷果实横径
宁 8-2-2x	CK$_1$	3	3	32.67	4.93	6.63	1.03	3.07	0.62
宁 8-2-5	4x-8	4	15	25.66	5.85	4.39	1.38	3.15	0.54
宁 8-2-5	4x-9	2	6	25.32	5.53	4.58	1.14	3.39	0.61
宁 8-2-39	4x-14	22	76	26.94	6.52	4.13	1.69	3.53	0.54
宁 8-2-65	4x-16	9	26	25.25	6.02	4.19	1.37	3.18	0.53
宁 8-2-76	4x-16	10	55	26.29	6.11	4.30	1.45	3.24	0.53
河 8-2x	CK$_2$	3	5	40.3	4.48	9.00	0.82	2.84	0.63
河 8-3	4x-21	1	8	27.38	5.8	4.72	1.33	3.24	0.56
河 8-5	4x-28	3	14	30.85	6.22	4.96	1.70	2.96	0.48
河线 2x	CK$_3$	3	6	44.58	4.68	9.53	1.07	2.77	0.59
河线 4x	4x-26	3	21	46.36	5.67	8.18	1.43	2.67	0.47
河线 4x	4x-27	10	26	30.86	5.89	5.24	1.11	2.71	0.46

"宁 8"系 L/D 率分别为对照的 62.32%～69.08%；"河 8"2 株系分别为对照的 52.44% 和 55.11%；"河线"4x-26 瓜条平均长 46.36 cm，较原 2x 品种还长，但因瓜条增粗，L/D 率还是有所下降，为 2x 的 85.83%。"4x-26"的这种少见表现，还有待进一步观察研究。

四倍体黄瓜果实瓜把（和果柄相连而无心室的部分）不明显，特别是心室变小，果肉增厚，可食比例提高。9 个 4x 系果肉厚分别较原 2x 增加 3.74%～107.32%；"心室直径/果实横径"的值毫无例外的都较 2x 小。

四倍体黄瓜的瓜条不论其长短如何，一般发育都正常，很少出现 2x 中常存在的"大肚子""歪把子"等畸形现象。这不仅使四倍体果实的商品价值大为提高，而且还说明四倍体黄瓜对肥、水的吸收能力和同化作用能力有可能较二倍体为高。关于这一点还需要进一步研究。

4 果实产量变异

关于四倍体黄瓜的经济产量，以种瓜成熟时一次性采收计算，结果如表 4。在表 4 中，二倍体对照品种仅列出单瓜重变幅和平均种瓜重，其他项目没有列出。原因是 2x 品种同时坐果能力低，以种瓜计产量可比性差。通过表 4 可以看出，四倍体黄瓜不论是坐果数、单瓜重、单株产量，变异幅度都很大。结瓜数，最高的单株可同时坐果 10 个（出现于 4x-18 中），其次是 8 个（出现于 4x-21、4x-14、4x-26）；坐果能力最强的系是 4x-26（株系平均 7 个/株），其次是 4x-18（5.5 个/株），4x-28（4.67 个/株）；4x-21 只有一株，不能作为一个系来对待。单瓜重，大部分 4x 系都较 2x 对照品种高，增加幅度最大的是 4x-28 （+78.21%），其次是 4x-26（+54.64%）；1/3 的 4x 系的单瓜重低于 2x 品种，其中减少幅度最大的是 4x-27 （-22.02%），其次是 4x-18（-17.77%）和 4x-16（-4.05%）。单株产量最高的单株出现在 4x-26（6.75 kg），平均单株产量最高的系也是 4x-26（5.52 kg）；其次是 4x-21（3.74 kg），4x-28（2.85 kg）。同源四倍体黄瓜的经济产量，不同诱变材料的不同株系及同一株系的不同单株变异都很大，通过选择，有可能获得增产幅度较大的四倍体系。多倍体黄瓜对于温室栽培有实际意义[4]，这一结论是可信的。

表 4 四倍体黄瓜的种瓜产量（1982 年春，"温室"，石河子）

系号	代号	株数	结瓜数	单株瓜数变幅	平均单株结瓜数	单瓜质量变幅（g）	平均单瓜质量（g）	单株产量变幅（kg）	平均单株产量（kg）
宁 8-2x	CK₁	3	3	—	—	250～650	423.00	—	—
宁 8-2-39	4x-14	22	76	1～8	3.45	130～1000	538.00	0.79～3.12	1.86
宁 8-2-5	4x-8	4	15	2～5	3.75	80～1200	429.30	1.05～2.05	1.61
宁 8-2-5	4x-9	2	6	2～4	3.00	210～790	443.30	0.69～1.98	1.33
宁 8-2-65	4x-16	9	26	1～6	2.89	105～660	405.85	0.25～2.58	1.17
宁 8-2-75	4x-18	10	55	1～10	5.50	295～595	347.82	0.45～7.55	1.91
河 8-2x	CK₂	5	7	—	—	185～600	343.25	—	—
河 8-3	4x-21	1	8	—	8	140～760	434.25	—	3.74
河 8-5	4x-28	3	14	3～7	4.67	240～890	611.71	2.15～3.86	2.85
河线 2x	CK₃	3	6	—	—	240～940	510.00	—	—
河线 4x	4x-26	3	21	5～8	7.00	60～1200	788.67	4.57～6.57	5.52
河线 4x	4x-27	10	26	1～6	2.60	110～720	397.69	0.28～2.59	1.03

参考文献

[1] SMITH O S，LOWER R L. Effects of induced polyploidy in cucumbers [J]. Journal of American society for horticultural science，1998：118-120.

[2] 王鸣，杨鼎新. 染色体和瓜类育种. 黄瓜的多倍体育种 [M]. 郑州：河南科学技术出版社，1981：192-204.

[3] 李树贤. 利用秋水仙素诱导黄瓜多倍体的效应 [C] //全国蔬菜育种新途径学术讨论会论文. 湖南湘潭，1979.

[4] 杜比宁. 植物育种的遗传学原理 [M]. 赵世绪，等，译. 北京：科学出版社，1974：362.

李树贤：四倍体黄瓜有关经济性状的变异　　图版XXIV

图版说明

1．选系 4x-14 群体；2．选系 4x-8 连续坐果，上节结了 1 个瓜，下节结了 3 个瓜；3．选系 4x-18，
主侧蔓同时结瓜，一株结了 10 个瓜；4．基本不分枝，主蔓结瓜的 4x 系；5．分枝能力正常的选系
4x-8，每条侧枝均能结瓜，为主侧蔓结瓜型；6．染色体倍性 2n=4x=28

四倍体黄瓜种子生产能力的变异[*]

李树贤

（新疆石河子蔬菜研究所）

摘　要： 四倍体黄瓜种子结实率在 C_0 代一般都很低，后随着世代的延续有增加的趋势，通过扩大诱变圃，辅之以γ射线处理，以及连续选择，有可能使其繁殖系数得以提高。四倍体黄瓜种子大，千粒重较二倍体高 25%～50%，发芽率一般都可达 80% 以上。温度、湿度是影响四倍体黄瓜受精和胚胎正常发育的重要外界条件，20～22℃的气温和 70% 左右的相对空气湿度可能比较适宜；多雄花多量花粉授粉和多次重复授粉，对提高四倍体黄瓜种子产量有明显的效果。通过育种及改进授粉技术有可能使四倍体黄瓜种子繁殖系数达到 100 以上。

关键词： 黄瓜；四倍体；种子结实率；变异

Variation of Seed Productivity in Tetraploid Cucumber

Li Shuxian

(Xinjiang Shihezi Vegetable Research Institute)

Abstract: The seed setting rate of tetraploid cucumber was generally low in C_0 generation,after the continuation of for generations,have increase trends. By expanding mutagenesis nursery, Complemented by γ ray treatment,as well as continuous selection,possible to improve the reproductive coefficient. The tetraploid cucumber seeds were big,the thousand-grain weight was higher than diploid 25%～50%,and the germination rate could reach more than 80%. Temperature and humidity are the important external conditions that affect the normal fertilization and embryo development of tetraploid cucumber,temperature of 20～22℃ and relative humidity of about 70% may be more appropriate; The many male flowers many pollen and repeated pollination,that there were obvious effects on improving the seed yield of tetraploid cucumber. The reproductive coefficient of tetraploid cucumber could be more than 100 by breeding and improving pollination techniques.

Key words: Cucumber; Tetraploid; Seed setting rate; Variation

同源四倍体黄瓜的经济产量有较大的潜力，但其种瓜 1/4 到 3/5 为无籽果实，有饱满种子者，每条种瓜的种子数一般不超过二倍体品种的 1/10（李树贤，1979）。种子结实率低是制约四倍体黄瓜应用的最主要的因素。

---

[*] 中国遗传学会第二次代表大会暨学术讨论会论文摘要汇编，福州，1983：319。

1 种子结实力的变化

同源四倍体黄瓜种子结实力低，且不同基因型、不同年分常有不同的变化（表1）。

表1 四倍体黄瓜种子结实力的遗传变异

系号	代号	1980年单瓜种子数	1981年单瓜最大种子数	1982年（春季温室栽培）						无籽果实数	无籽果实率（%）
				株数	种瓜数	单瓜种子数变幅	平均单瓜种子数	单株种子数变幅	平均单株种子数		
宁8-2x	CK$_1$	—	—	4	6	136~306	196.5	138~527	294.75	0	0
宁8-2-4	4x-5	4	21	7	22	1~44	20.91	2~120	65.72	0	0
宁8-2-3	4x-7	—	22	8	14	4~76	22.93	2~96	40.13	0	0
宁8-2-39	4x-14	11	69	22	76	0~76	16.66	2~127	57.55	8	10.53
宁8-2-65	4x-16	9	55	9	26	0~81	26.73	0~215	77.22	1	3.85
宁8-2-76	4x-18	6	39	10	55	0~71	20.15	11~457	110.8	4	7.27
宁8-2-5	4x-8	—	33	4	15	11~60	28.53	55~141	107.0	0	0
宁8-2-5	4x-9	—	23	2	6	1~59	26.33	14~144	79.0	0	0
河8-2x	CK$_2$			3	5	0~158	93.4	0~269	155.67	1	20.0
河8-3	4x-21	7	2	1	3	3~136	47.0	—	141.0	0	0
河8-5	4x-28	4	14	3	14	0~39	15.79	40~106	73.69	1	7.14
河线2x	CK$_3$			3	6	0~200	99.5	68~324	199.0	1	16.67
河线4x	4x-26		38	3	21	0~47	14.48	49~137	101.36	5	23.81
河线4x	4x-27	16	18	10	26	0~51	19.88	1~177	51.69	2	7.69

表1中"宁8-2-5"1980年为C$_3$代，1981年收获两个种子最多的单瓜，分别编号4x-8和4x-9于1982年春在温室栽培。其余4x系1980年均为C$_0$代，1982年为C$_2$代。"河线4x"C$_0$代单瓜种子数16粒，C$_1$代（1981年）收到两个自交单瓜分别编号为4x-26和4x-27。

C$_0$代单瓜种子数一般都很少，随着世代的延续有增加的趋势。播种C$_1$代种子最多的单瓜，C$_2$代9个系平均单瓜种子数有4系接近或超过了C$_1$代水平；5系低于C$_1$代数值。世代较高的"宁8-2-5"的两个姊妹系，4x-8 C$_5$代平均单瓜种子数28.53粒，较C$_4$代降低了13.55%，但最高单瓜种子数（60粒）却增加了81.82%；4x-9不仅最高单瓜种子数增加了156.52%，而且平均数也增加了14.48%。

1982年3个不同基因型，"宁8"4x的7个系平均单瓜种子数23.18粒；"河8"2个4x系平均单瓜种子数31.40粒；'河线'2个4x系平均单瓜种子数17.18粒。同一基因型不同株系的单瓜种子数也有差异，但其差异程度总体较基因型间为小（"河8"2系较大）。另外，"宁8"4x系和"河8"4x系单瓜种子数显著高于"河线"4x系，是否与γ射线诱变有关，有待进一步研究。

单瓜种子数少是同源四倍体黄瓜种子生产力低的主要因素，但不是唯一因素。在种子繁殖植物中重要的是单株繁殖系数。决定单株繁殖系数的因素包括坐果率、无籽果实率和单瓜种子数三个方面。四倍体黄瓜植株同时坐果能力远较原二倍体为强（另有报告）；无籽果实不仅四倍体存在，二倍体品种也常存在。在本实验中几个4x系种瓜的无籽果实率普遍不高，有的还低于2x，这与露地栽培（李树贤，1979）差异很大，可能与温室条件有利于种胚的发育有关。4x黄瓜的繁殖系数不同选系和同一选系不同植株变异幅度都很大，表1中的3个4x系有4个系单株种子数超过100粒，其稳定性和大群体表现如何，还有待进一步观察。鉴于同源四倍体黄瓜种子结实力普遍很低，如其他经济性状优良，则繁殖系数（单株种子数×发芽率）接近或超过100，即可考虑在生产中推广。

2 种子性状及发芽率

四倍体黄瓜有生活力的种子大而宽厚，其发芽率较二倍体没有太大的变化（表2）。

表2　四倍体黄瓜种子性状及发芽率[①]

系号	代号	检查粒数	种子形态			千粒重（g）	发芽率	
			长（mm）	宽（mm）	长/宽		发芽温度（℃）	发芽率（%）
宁 8-2x	CK₁	140	8.59	3.86	2.22	27.43	34	100
宁 8-2-5	4x-8	176	9.29	4.78	1.94	34.52	34	83
宁 8-2-39	4x-14	92	9.84	4.96	1.98	43.5	34	83
宁 8-2-76	4x-18	162	9.27	4.64	2.0	35.93	34	93
河 8-2x	CK₂	593	8.88	3.98	2.23	27.07	34	100
河 8-3	4x-21	185	9.14	4.91	1.86	35.84	34	96
河线 2x	CK₃	546	8.25	3.84	2.15	22.97	34	76
河线 4x	4x-27	154	9.14	4.54	2.01	34.55	34	80

① 1982 年春季温室栽培，采种晒干后立即测定。

3 个不同诱变材料的不同 4x 选系，种子体积都远较二倍体大，千粒重也大幅度增加，其中"宁 8"4x 系增加了 25.85%～58.59%；"河 8"4x 系增加了 32.4%；"河线"4x 系增加了 50.41%。发芽率，"宁 8"4x 系为 83%～93%；"河 8"4x 系为 96%；"河线 4x"为 80%，高于对照 2x（5.26%）。总的来看，利用发育良好的 4x 种子播种栽培，保苗不存在很大的困难。

3 温、湿度条件与种子结实力

环境因素——授粉时的温湿度变化，常会对植物的正常受精产生一定的影响，从而影响种子结实率。为探讨温湿度对四倍体黄瓜种子结实力的影响，1982 年曾在温室栽培条件下对"宁 8"4x 的 7 个株系进行了跟踪授粉观察。授粉从 2 月 15 日开始，到 4 月 2 日结束，每天上午 8：00—10：00 授粉（标记）。温湿度观测设两个观测点，每天观测四次（9：00—10：00，14：00—15：00，19：00—20：00，23：00—24：00），取平均值。气温表和干湿球温度表设置在距地面一米的高处。资料记载从 1981 年 12 月 26 日开始，连续进行到种瓜采收以后。种瓜成熟后采收并进行考种（图1）。

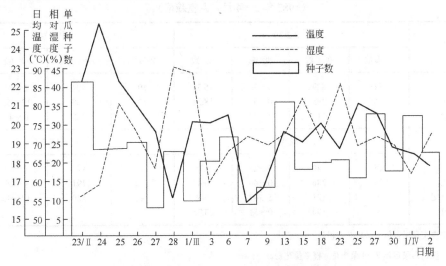

图1　温湿度条件与四倍体黄瓜的种子结实力

对获得的资料进行相关分析（没有收到自交种瓜或只收到1～2条种瓜的日期剔除），在所观察的温湿度范围内（气温15.8～25.2℃，相对空气湿度为55%～89%），4x黄瓜单瓜种子数与温湿度之间无明显相关性，其中与温度的相关系数 r=0.3326；与相对空气湿度的相关系数 r=0.3029。种子数量有四个授粉日比较高，最高的是2月23日，平均单瓜种子数40.45粒，温度22℃，湿度55%；其次是3月13日，种子数35粒，温度19.5℃，湿度72%；3月27日居第三位，种子数32.13粒，温度20.5℃。湿度71%；第四是4月1日，种子数31.81粒，温度18.3℃，湿度61%。难以直接看出温湿度条件的明显影响。在一个因子相对一致的条件下，对另一个因子进行比较分析，结果见表3。

表3 温湿度对4x黄瓜单瓜种子数量的影响

（1982年2—4月，本所温室）

授粉	温度（℃）	湿度（%）	单瓜种子数量		
			最低数	最高数	平均数
24/Ⅱ	25.2	58	0	45	22.67
3/Ⅲ	19.9	59	5	33	19.33
7/Ⅲ	15.8	71	5	13	8.33
27/Ⅲ	20.5	71	3	60	32.13
13/Ⅲ	19.5	72	23	47	35.0
2/Ⅳ	17.7	72	0	66	21.67
23/Ⅱ	22.0	55	11	136	40.45
25/Ⅱ	22.1	80	0	49	22.86
1/Ⅳ	18.3	61	9	71	31.81
23/Ⅲ	18.5	85	15	24	19.5
6/Ⅲ	20.4	67	9	45	26.33

表3表明：在相对空气湿度较低（55%～59%）的情况下，相对较高的气温（22℃左右）有利于4x黄瓜的受精和种胚发育。低温高湿（15.8℃，71%；18.5℃，85%）和低温低湿（19.9℃，59%）都不利于4x黄瓜的受精和种胚发育。综合考察，20～22℃的温度和70%左右的相对空气湿度对4x黄瓜的正常受精和种胚的正常发育，以及种子生产力的提高有利。

4 授粉方式与种子结实力

多量花粉和多次重复授粉，对提高4x黄瓜种子结实力有明显作用（表4）。

表4 授粉方式与四倍体黄瓜种子结实力

（1982年2—4月，温室栽培）

授粉方式	宁8-2-39				宁8-2-65			
	种瓜数	种子数	变幅	均数	种瓜数	种子数	变幅	均数
自由授粉	54	829	0～76	15.35	19	404	1～81	21.26
花期一次自交	16	293	0～59	18.31	10	268	12～66	26.8
多次重复授粉	5	114	4～42	22.8	3	82	0～45	27.33
授粉方式	河线4x				宁8-2-5			
自由授粉	15	140	0～22	9.33	7	175	1～49	25.0
花期一次自交	14	286	0～40	20.43	7	191	4～60	27.29
多雄花多花粉自交	5	123	5～47	24.6	4	120	12～43	30.0
多次重复授粉	8	190	0～51	23.75				

注：1. 花期1次自交是采自体一朵雄花授粉。

2. 多雄花多花粉授粉为采自体2～4朵雄花，授多量花粉。

3. 多次重复授粉，包括3天3次和1天3次者。

  表 4 列举的 4 个选系，人工自交授粉毫无例外地都较自由授粉种子结实力高。其中增加幅度最小的是 "宁 8-2-5"（9.16%）；最高的是 "河线 4x"（118.97%）。多花粉授粉，不仅高于自由授粉（+163.67% 和+9.14%），而且还高于花期一次自交授粉（+20.41%和+9.93%）；多次重复授粉，较自由授粉高 28.55%～154.56%；较花期一次自交高 1.98%～24.52%。

  以上情况说明，采用多雄花多量花粉授粉和多次重复授粉，对于提高四倍体黄瓜种子产量是有效的。其中尤以采用多雄花多量花粉授粉简便易行。本实验人工自交授粉种子结实率高于开放自由授粉，可能与温室内传粉昆虫较少，授粉不良有关。有待进一步观察研究。

四倍体黄瓜种子结实力变异的细胞遗传学基础[*]

李树贤

（新疆石河子蔬菜研究所）

摘　要: 同源四倍体黄瓜花粉母细胞常存在多核仁现象，但和减数分裂异常似无必然的联系。多核仁对种子结实力的影响，不同选系间无规律性变化，系内植株间表现为负相关性。花粉母细胞的减数分裂多异常，6 个 4x 系中期 I 染色体构型平均为 1.737 I +5.81 II +1.617 III +2.448 IV。其中二价体频率和种子结实力之间呈极强的正相关性，单价体及三价体表现强的负相关性，四价体在 0.025 水平上表现为负相关性。不同选系正常四分孢子体的频率为 34.59%～86.57%，减数分裂指数对种子结实力的影响不同选系间差异不显著，系内植株间表现强的直线正相关。四倍体花粉粒的萌发孔多为 3 个和 4 个，4 孔频率变化在 5.06%～80.19%，平均为 28.85%。花粉粒还常存在多核现象，多核花粉频率变化在 4.17%～32.53%，平均为 15.98%。

关键词: 四倍体; 黄瓜; 细胞遗传学; 种子结实力

Tetraploid Cucumber Cytogenetic Basis of Seed Productivity Variation

Li Shuxian

（Xinjiang Shihezi Vegetable Research Institute）

Abstract: The pollen mother cells of autotetraploid cucumber of there are often multi-nucleolus phenomena. But and after there is no certain connection between the abnormalities of meiosis. Many nucleolus influence on seed-bearing ability,no regularity change between different selection lines. Between plant individual of lines within take on negative correlation. The meiosis of pollen mother cells abnormal more,six 4x lines the meiosis metaphase I mean chromosome configuration was 1.737 I +5.81 II +1.617 III +2.448 IV. There is strong correlation between the two bivalent frequency and seed-bearing ability,univalent body and trivalent body showed strong negative correlation,in the 0.025 level tetravalent body showed negative correlation. The different selection lines normal quartet of the frequency 34.59%~86.57%,The meiosis index on impact of ability to knot a seed,the differences between the different lines were not significant,lines within different plant individual between expression strong linear positive correlation. There were 3 and 4 in the germination aperture of tetraploid pollen grains,the 4 hole frequency was varied between 5.06%~80.19%,with an average of 28. 85%. Multi-nucleus is often seen in matured pollen grains,the frequency changes between 4.17%~

---

　* 中国遗传学会第二次代表大会暨学术讨论会论文摘要汇编，福州，1983：224-225。本文在原文基础上作了局部修改。

32.53%,the average is 15.98%.

Key words: Tetraploid; Cucumber; Cytogenetics; Seed productivity

利用秋水仙素诱导黄瓜四倍体，常会带来植株生长习性、经济性状多方面的变异，其中种子结实力的大幅度降低为多倍体利用的最大障碍，有关情况已有过报告[1~3]。关于四倍体黄瓜种子结实力变异的细胞遗传学基础，也做过一些初步的工作，现报告如下。

1 材料与方法

本文所涉及的 4x 系均为本所对不同 2x 材料诱变加倍后代的选系[2,3]，其中 4x-8 为 C$_5$ 代，其余均为 C$_2$ 代。栽培实验于 1982 年春季温室进行，开放授粉，定株取样观察。细胞学观察以卡诺氏液固定，铁矾-苏木精染色，40%醋酸分色压片，普通光学显微镜观察摄影。

2 观察结果

2.1 花粉母细胞核仁的变异

同源四倍体黄瓜花粉母细胞常出现一定频率的多核仁现象，本实验所观察的 10 个不同株系无一例外。但不同基因型及植株个体间多核仁的频率（平均核仁数及多核仁细胞百分率）却明显不同，其中 2 系只发现有双核仁现象，频率为 7.73%和 11.76%；8 系具有 3 个和 3 个以上的多核仁，频率为 1.89%～17.95%。10 个系多核仁频率（包括双核仁）为 7.73%～35.48%，平均核仁数 1.06～1.62 个（表 1）。核仁大小也多有变化，多核仁者多数有明显的主核仁。多核仁绝大多数在中期Ⅰ消失，但前期Ⅱ还会重新出现，甚而还会增多。另外，在所观察的 4x 系中还发现有核仁延迟消失现象，当中期Ⅰ染色体已排列在赤道板上时，偶尔还会看到有核仁存在（图版XXV，1～6）。

表 1 四倍体黄瓜花粉母细胞核仁数目与种子结实力的变化

系号	株号	观察细胞数	单核仁数	双核仁数	多核仁数①	核仁均数	多核仁细胞(%)	种瓜数	平均单瓜种子数
4x-5	1	108	81	21	6	1.53	25.00	5	25.60
4x-8	3	106	92	22	2	1.22	22.64	4	31.30
4x-13	2	102	90	12	0	1.12	11.76	2	15.00
4x-15	1	93	60	24	9	1.55	35.48	3	19.67
4x-21	1	92	84	4	4	1.13	8.70	8	36.00
4x-27	3	108	84	18	6	1.28	22.22	4	28.75
4x-28	2	119	84	28	7	1.35	29.41	3	11.30
4x-14	24	81	60	12	9	1.41	25.93	7	14.00
	25	117	81	15	21	1.62	30.77	3	10.67
4x-19	4	76	66	7	3	1.18	13.16	3	22.67
	6	110	90	6	14	1.33	18.18	1	12.00
4x-26	1	93	87	6	0	1.06	6.45	8	14.80
	3	88	80	8	0	1.09	9.09	5	9.80

① 多核仁数包括 3 个和 3 个以上核仁的细胞；多核仁细胞百分率为双核仁和多核仁细胞总百分率。

表 1 可以看出，同一基因型（4x-14、4x-19、4x-26）不同植株间，花粉母细胞核仁数以及多核仁细胞百分率均与单瓜种子数呈负相关。但不同基因型（10 个系）间无论是核仁平均数还是多核仁细胞百分率与单瓜种子数却并无规律性变化，4x-21 平均核仁数 1.13，多核仁细胞率 8.7%，单瓜种子 36 粒；4x-26 的 2 个植株平均核仁数 1.08，多核仁细胞率 7.73%，单瓜种子数 14.8，三者均低于 4x-21；4x-15 核仁均数 1.55，多核仁细胞率 35.48%，远高于 4x-26 和 4x-19，但单瓜种子数（19.67）却高于 4x-26（14.8）和 4x-19（15.67）。

2.2 减数分裂及雄配子体的变异

同源四倍体黄瓜花粉母细胞减数分裂的变异主要表现在 5 个方面：①终变期和中期Ⅰ染色体构型多异常，对 10 个不同 4x 选系中 6 个系的观察，二价体为 4.1～7.49 个，平均 5.81 个；四价体为 2.30～2.54 个，平均 2.448 个；三价体为 0.84～2.39 个，平均 1.617 个；单价体为 1.06～2.51 个，平均 1.737 个。6 个 4x 系平均染色体构型为 1.737Ⅰ+5.81Ⅱ+1.617Ⅲ+2.448Ⅳ；②终变期和中期Ⅰ染色体以二价体、四价体、三价体及单价体为主要构型。此外，还发现有多于 4 条染色体的易位环存在，这种情况在 C_1 代以及杂合系后代中均有发现（图版 XXV，9）；③后期Ⅰ染色体的极向分配多不正常，常出现落后染色体及染色体桥（图版 XXV，11、12、13），分向两极的染色体除少数正常的"14-14"外，还有"15-13"、"16-12"以及其他不同数目的分配（图版 XXV，14、15；图版 XXVI，16）；④后期Ⅱ的极向分配也多不正常（图版 XXVI，17）；⑤减数分裂所产生的正常四分孢子体的频率 6 个 4x 系变化在 34.59%～86.57%之间，平均 61.22%。在不同选系中，可观察到数量不等的二、三、四、五、六、七、八、九、十分孢子体以及"微核"更多一些的分生孢子体（图版 XXVI，18）。

4x 的花粉育性不同选系间的差异往往很大，外形正常的花粉粒的体积远较二倍体大。花粉粒萌发孔多为 4 个或 3 个，极少有 2 个的，在所观察的 12 个 4x 系中，4 孔花粉率变化在 5.06%～80.19%之间，平均为 28.85%。另外，在外形正常、能正常染色的花粉粒中，还常发现含有不同数目"核"的变异类型，如二核型、三核型、四核型、五核型等。这些数量不等的"核"，在形状和体积大小上也多有变化，例如，在二核型中，有一个椭圆形巨核和一个体积略小的圆核的，也有 2 个核一大一小的；三核型有一大二小、二大一小和逐渐缩小之分等。其中具有正常功能的可能只有一大一小的二细胞型；三细胞和其余类型，不能确认其为精细胞分裂所致，可能均无正常受精功能，这也是染色法鉴定花粉育性常常高于花粉播种发芽法鉴定的原因。在观察过的 12 个不同 4x 选系中，"多核"（也可能是多细胞，3 个或 3 个以上）花粉率变化在 4.17%～32.53%之间，平均为 15.98%（图版 XXVI，22～26）。

2.3 减数分裂对种子结实力的影响

通过对 10 个不同 4x 选系中 6 个系的观察，4x 黄瓜减数分裂中期Ⅰ染色体构型与其种子结实力的变异统计结果如表 2。

表 2 4x 黄瓜减数分裂中期Ⅰ染色体构型与其种子结实力的变异

选系	观察细胞数	单价体		二价体		三价体		四价体		平均单瓜种子数
		变幅	均数	变幅	均数	变幅	均数	变幅	均数	
26-3	56	0～6	2.51	2～8	4.10	0～5	2.39	2～6	2.53	9.8
28-2	68	0～6	2.19	2～10	4.75	0～6	2.05	2～5	2.54	11.3
26-1	86	0～6	1.91	2～10	5.35	0～5	1.85	2～6	2.46	14.8
4-4	72	0～5	1.50	2～11	6.12	0～4	1.42	1～6	2.50	21.0
8-3	66	0～5	1.25	2～11	7.05	0～4	1.15	1～6	2.30	31.3
4-21	62	0～4	1.06	2～12	7.49	0～3	0.84	1～6	2.36	36.0

相关分析，二价体 r_{II}=+0.9819，t=10.37>$t_{0.01}$ 值；三价体 r_{III}=−0.9727，t=8.385>$t_{0.05}$ 值；单价

体 r_I =-0.9447，t =5.76＞$t_{0.05}$ 值；四价体 r_{IV} =-0.8926，t =3.96＞$t_{0.025}$ 值。四种接合，只有二价体为强的正相关；其余均表现程度不等的负相关性。其中三价体与单价体所造成的不良影响经常关联在一起，但在一般情况下单价体的数目往往会稍多于三价体，这是因为 4 条同源染色体除可能形成 1 个四价体（1IV）、二个二价体（2II）和 1III+1I 外，还可能形成 1II+2I 的构型。四种不同接合对单瓜种子数的影响大小是：二价体＞三价体+单价体＞四价体。

花粉母细胞减数分裂异常，最直接的结果是导致四分孢子体的异常及花粉育性的降低。以正常四分孢子体的百分率作为减数分裂指数，评价其对种子结实力的影响，结果如表 3。

表 3 四倍体黄瓜不同选系减数分裂指数与种子结实力的变化

选系	株号	减数分裂指数			种子结实力	
		分生孢子体总数	四分孢子体数	分裂指数（%）	种瓜数	平均单瓜种子数
4x-14	1、7、18、25	246	151	61.38	13	11.69
4x-18	1、2、5、8、9、10	292	101	34.59	36	14.78
4x-15	1、2	222	166	74.77	7	13.71
4x-21	1	134	116	86.57	8	36.00
4x-26	1	94	54	57.45	8	14.75
4x-27	2、10、11	175	92	52.57	10	21.20

6 个选系间减数分裂指数与单瓜种子数之间的相关系数 r =0.5724，t =1.396＜$t_{0.20}$ 值，p ＞0.20，相关性不显著。但在遗传背景基本相同（同一基因型）的不同植株间，减数分裂指数与单瓜种子数之间却表现出极强的直线正相关性，其中 4x-14 的 4 个植株二者的相关系数 r =0.9860，t =8.363＞$t_{0.05}$ 值；4x-18 的 6 个植株二者之间的相关系数 r =0.9823，t =10.488＞$t_{0.01}$ 值。不同选系间的不同表现，说明影响同源四倍种子结实力的因素，并不仅仅局限于减数分裂的是否正常。同一选系遗传基础基本相似，伴随着减数分裂指数的提高，植株遗传稳定性增强，生理代谢的协调性也随之改善，结果导致种子结实力得以提高。

3 讨论

核仁是真核细胞间期细胞核中最明显的结构。核仁的大小、形状和数目常依生物种类、细胞类型和代谢状态而发生变化。植物花粉母细胞一般只有一个核仁，一直维持到前期 I 的终变期，之后核仁消失，到前期 II 又重新出现。双核仁或多个核仁现象在二倍体中也有发现，但在一般情况下比较少见。四倍体花粉母细胞的多核仁现象，在一个"玉米稻"的自然四倍体以及高粱的同源四倍体中曾有过报道[4]。在本实验中，对 10 个黄瓜 4x 系的观察，无一例外都存在多核仁现象。这种情况有可能与其前减数分裂的有丝分裂（premeiotic mitosis，PM）的异常有关，但具体情况尚待进一步研究。

四倍体黄瓜花粉母细胞的多核仁现象对其之后的减数分裂的影响，不同选系有不同的表现。有的多核仁频率低，减数分裂指数高（如 4x-21）；也有的多核仁频率和减数分裂指数都较高（如 4x-15）；或多核仁频率相差较大而减数分裂指数却较接近（如 4x-26 和 4x-27）。这说明花粉母细胞的多核仁现象与其后的减数分裂的是否异常，似无太多的联系。

植物细胞核仁的变异受遗传和生理代谢双重影响。同源四倍体黄瓜花粉母细胞的多核仁及其减数分裂指数对种子结实力的影响，不同选系间缺乏明显的规律性，同一选系内不同植株间呈强的相关性（前者为负相关，后者为正相关）。这似乎暗示，影响同源四倍体黄瓜种子结实力的主要是遗传因素，在遗传基础基本相似的情况下生理因素常会凸显出来。关于这一点也还需进一步深入研究。

不同物种的同源四倍体，减数分裂中的二价体未必都导致种子结实力的增加，但同源四倍体黄瓜表现为显著的正相关性。单价体和三价体导致四倍体稳定性变差，与种子结实力呈强的负相关性；四价体，在本实验中表现为相对较弱的负相关性，6 个选系的四价体平均为 2.448 个，变异系数 3.99%，显著性测验，除 4x-8-3 观察值和平均值存在 0.05 水平的差异外，其余 5 个系观察值与平均值之间均无显著差异。

这种情况是实验误差所致，还是有别的原因，尚待进一步研究。在表 2 所列的 6 个选系之外的其他系的减数分裂中还发现有多价易位体，这种多价易位体在同源四倍体茄子中也曾发现过[5]，其详细情况还有待进一步观察研究。

参考文献

[1] 李树贤. 利用秋水仙素诱导黄瓜多倍体的效应 [C] //全国蔬菜育种新途径学术讨论会论文. 湖南湘潭，1979.

[2] 李树贤. 四倍体黄瓜有关经济性状的变异 [C] //中国遗传学会第二次代表大会暨学术讨论会论文摘要汇编. 福州，1983：319.

[3] 李树贤. 四倍体黄瓜种子生产能力的变异 [C] //中国遗传学会第二次代表大会暨学术讨论会论文摘要汇编. 福州，1983：319.

[4] 吉林师范大学生物系. "玉米稻"后代一个自然四倍体的细胞遗传学研究 [J]. 遗传学报，1975，2（4）：444-448.

[5] 李树贤. 同源四倍体茄子诱变初报 [C] //中国园艺学会第二次代表大会暨学术讨论会论文. 杭州，1981.

李树贤：四倍体黄瓜种子结实力变异的细胞遗传学基础　图版XXV

Li Shuxian: Tetraploid cucumber cytogenetic basis of seed productivity variation　Plate　XXV

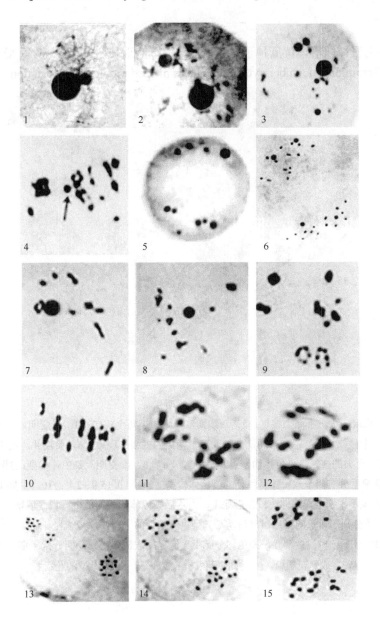

See explanation at the end of text

李树贤：四倍体黄瓜种子结实力变异的细胞遗传学基础 图版XXVI

Li Shuxian: Tetraploid cucumber cytogenetic basis of seed productivity variation　Plate　XXVI

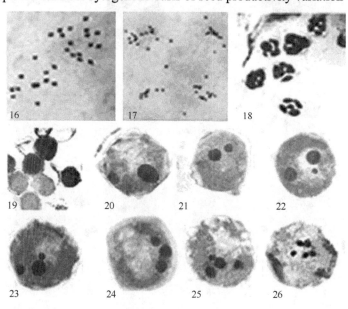

图版说明

1. 前期Ⅰ，粗线期出现一大一小两个核仁；2. 双线期，一大一小两个核仁；3. 终变期，大小不等的五个核仁；

4. 中期Ⅰ，仍有一个核仁（↑）； 5. 两次分裂间期，两极的多核仁现象；6. 前期Ⅱ，两极各有两个核仁；

7. 终变期，具有 1 个大的核仁，染色体构型：$20_4+30C_4+4Ⅱ$；8. 终变期，染色体构型：$3Ⅳ+1Ⅲ+6Ⅱ+Ⅰ$；

9. 中期Ⅰ，可明显区分有两个六价体易位环，染色体构型：$2Ⅵ+1Ⅳ+5Ⅱ+2Ⅰ$；10. 中期Ⅰ，赤道板上的

多价体与单价体出现不平衡分配趋向；11. 后期Ⅰ，由落后染色体形成的单桥；12. 后期Ⅰ，染色体多桥；

13. 有 4 个和 1 个染色体分别落后于两极；14. 后期Ⅰ，染色体正常的"14-14"分配；15. 后期Ⅰ，"15-13"分配；

16. 后期Ⅰ，"16-12"分配；17. 后期Ⅱ，染色体分配不平衡，离散较多；18. 四分孢子期，多数为多分孢子体；

19. 成熟花粉粒，多为四个萌发孔；20~26. 不同类型的花粉粒

同源四倍体茄子诱变初报[*]

李树贤

（新疆石河子蔬菜研究所）

摘　要：利用秋水仙素诱导茄子染色体加倍，以 1%羊毛脂制剂滴于叶平展期幼苗生长点，四倍体诱导率一般可达 2.27%～13.23%。当代 4x 植株生长发育明显缓慢，结果少而多畸形，但 C_1 代一般都可恢复正常。C_2 代植株结果能力 4x 普遍较 2x 强，平均单果重 4x 接近或略高于 2x，单株果实产量 4x 较 2x 增高 7.76%～22.95%。4x 果实品质优良，蛋白质、脂肪、V_C 及可溶性固形物含量均高于 2x。C_0 代 4x 单果种子数一般都很少（几粒到数十粒），C_2 代 2 个 4x 系（6 个株系）平均单果种子数 238.81 粒，为 2x 对照品种的 6.97%。4x 茄子生育期较 2x 推迟。4x 自交及与 2x 杂交都存在不亲和性。C_2 代出现的植株结果多但果实畸形僵化现象，可能是由遗传引起的四倍体水平上的变异。

关键词：茄子；同源四倍体；诱变；初报

Autotetraploid Eggplant Mutagenesis of the Preliminary Report

Li Shuxian

(Xinjiang Shihezi Vegetable Research Institute)

Abstract: Use of colchicine inducement eggplant chromosome doubling,1% of lanolin preparation drop cotyledons explanate seedling growing point,generally tetraploid induction rate could reach 2.27%～13.23%. The present age 4x plant growth slowed,fruit bearing fewer and more deformities. But C_1 generation generally speaking can be back to normal. The C_2 generation 4x plants results ability generally compare 2x strong,the average weight of single fruit of 4x close to or slightly higher than the 2x,4x and 2x compared with,fruit yield per plant increased by 7.76%～22.95%. 4x fruit quality good,protein,fat,V_C and soluble solids content were higher than 2x. C_0 generation of 4x fruit seeds number seldom ,per fruit seeds are generally few several to tens of grains,C_2 generation of two 4x lines (six strains lines) the seeds number of average per fruit 238.81 grains,for 2x of 6.97%.The growth period of eggplant 4x was delayed compared with 2x. 4x selfing and with 2x hybridization,all existed incompatibility .4x self and with 2x hybridization. All exist incompatibility. The C_2 generation plants emergence of Fruit bearing many. But the fruit many deformity stiff,may be tetraploid level variation caused by genetic.

Key words: Eggplant; Autotetraploid; Mutagenesis; Preliminary report

---

* 中国园艺学会第二次代表大会暨学术讨论会论文摘要，杭州，1981。

多倍体是植物进化的重要途径之一。我国开展植物同源多倍体育种的历史较晚，已涉及的农作物有水稻[1, 3]、甜菜[5]、西瓜[6]、甜瓜[2]、紫云英[4]、三叶橡胶[8]、薰衣草[7]、柑橘[9]等。本所从 1977 年开始，进行了茄子（*Solanum melogena*，2n=24）同源多倍体诱导，取得了一些初步结果。

1 材料和方法

1.1 试验材料

北京七叶茄、罐茄、绿茄、"罐×绿" F_1、圆形红茄、圆叶快茄、灯笼红等。

1.2 诱变方法

试验分别在 1977 年和 1979 年春季进行，诱变分三种处理：①0.2%秋水仙素水溶液在（25±2）℃下浸风干种子 48 小时、72 小时；②将子叶平展期的幼苗在 0.1%秋水仙素水溶液中浸根 24 小时、48 小时［恒温箱内（20±2）℃，每天 60W 灯光照射 12 小时］；③1%羊毛脂制剂（1%秋水仙素水溶液，在 40℃左右下加入羊毛脂混成糊状）滴子叶平展期的幼苗生长点，3～5 次（每天一次）。每个处理均为 100 粒（株）。

1.3 倍性鉴定

以体细胞染色体计数为主，同时对花粉母细胞的减数分裂进行相应的观察。以根尖、幼龄叶片、幼龄子房、花药等为材料，以卡诺氏液固定，铁帆-苏木精染色，40%醋酸分色压片，普通光学显微镜下观察拍照。

1.4 营养成分分析

方法如常。

2 试验结果

2.1 不同方法的诱变效果

三种诱变方法，浸根效果最差，其次是浸种，1%羊毛脂制剂滴苗效果最好（表 1）。

表 1 秋水仙素不同方法的诱变效果
（材料：北京七叶茄，1977 年春，石河子）

处理		诱变粒（株）数	保苗数	变异率		四倍体	
				株数	%	株数	%
0.2%浸种	48 小时	100	98	4	4.08	1	1.02
	72 小时	100	88	6	6.82	2	2.27
0.1%浸根	24 小时	100	96	2	2.08	0	0
	48 小时	100	90	3	3.33	1	1.11
1%羊毛脂制剂滴苗		100	79	12	15.19	4	5.06

浸根的变异率很低，且变异株多为非整倍体和不同倍性细胞的嵌合体，四倍体只有一株，出现在 48 小时的处理中；0.2% 的水溶液在（25±2）℃下浸风干种子 72 小时，有 12% 的种子因药害而不能发芽，但变异率和四倍体株率相对较高。1% 羊毛脂制剂滴苗效果良好，1979 年的试验结果见表 2。

表 2　1% 秋水仙素羊毛脂制剂滴苗效果

（1979 年春，新疆石河子）

材料	诱变株数	保留株数	变异率		四倍体	
			株数	百分率（%）	株数	百分率（%）
北京七叶茄	100	76	15	19.74	6	7.89
圆叶快茄	100	72	18	25.0	8	11.11
圆形红茄	100	68	17	25.0	9	13.24
罐　茄	100	82	14	17.07	4	4.88
绿　茄	100	90	10	11.11	3	3.33
"罐×绿" F_1	100	86	12	13.95	4	4.65
灯笼红	100	88	10	11.36	2	2.27

七份材料都获得了四倍体，但不同品种诱变效果差异很大，其原因有待进一步探讨。本试验所出现的变异株非整倍体和不同倍性的嵌合体占 47.06%~80.0%，非整倍体植株减数分裂多有异常，很少能形成正常的花粉粒，或花粉高度不育。高倍性嵌合体主要出现在滴苗次数多的处理中（例如滴 5 次的处理中），这种嵌合体在很长一段时间内植株生长受抑，下胚轴粗壮，子叶肥大（厚）而色泽暗绿，后期长成的植株也多表现为节间很短，叶片肥厚，而且很少能正常开花结果。

2.2　四倍体植株的特征特性

在诱变当代（C_0），四倍体植株苗期生长发育缓慢，滴苗后真叶出现较普通二倍体要晚 3~5 天甚至更长；2~3 片真叶期叶片多表现为畸形，尔后逐渐恢复正常；长成的植株一般结果很少，经常是只结 1~3 个果实，而且果实多畸形（图版 XXVII，2），果实内的可育种子很少，几粒到几十粒不等。C_0 代的这种表现到了 C_1 代即会有极大的改善（图版 XXVII，4）。四倍体都会表现出 "巨大性"，植株较二倍体健壮，生长势强，叶片肥厚，叶色浓绿，叶形较二倍体宽大，叶缘多皱折，植株结果性能良好，果实大小各异，果形指数普遍变小（图版 XXVII，3）；四倍体的花器较二倍体显著增大（图版 XXVII，7）；四倍体茄子的果实绝大多数没有明显的白色瘪籽，发育成熟的种子较二倍体大幅度减少，但远较二倍体大（图版 XXVII，6、8）。

四倍体叶片气孔保卫细胞明显较二倍体大（图版 XXVII，11）；花粉有一定的败育率，可染花粉体积大而多为 4 个或 3 个萌发孔，可作为倍性鉴定的初步依据（图版 XXVII，9、10）；倍性的最终确定，4x 体细胞染色体数 2n=48，减数分裂后期 I n=24（图版 XXVII，12、13、14）。C_0 代选得的四倍体 C_1 代还常会出现一定的倍性分离，倍性选纯至少必须连续进行几代。

2.3　果实及植株产量因素的变异

四倍体茄子的果实在诱变当代往往小而畸形，且坐果较少；但倍性纯合以后，结果能力和果实大小并不比二倍体差（表 3）。

表3　植株经济产量变异①

系　号		调查株数	单株结果数		果实质量（g）		单株产量（kg）	
			平均数	最高数	平均数	最大果重	平均数	最高株
七叶茄	2x	3	7	9	450.0	1050	3.15	4.45
	4x-1-5	3	8	9	483.4	1200	3.9	5.2
	4x-4-5	4	8	10	430.0	950	3.44	4.6
圆形红茄	2x	10	5	7	550.0	1000	2.75	4.65
	4x-1-6	10	5.8	8	520.0	1300	3.02	5.13
	4x-4-1	29	4.8	9	570.0	1100	2.74	4.8
	4x-4-6	7	5.3	8	610.0	1300	3.13	5.2
圆叶快茄	2x	10	4	6	683.0	1200	2.73	4.8
	4x-6-1	13	5	7	667.0	1250	3.34	5.15
	4x-7-2	7	5	7	695.0	1200	3.48	5.4
	4x-7-3	3	5	6	650.0	1300	3.25	4.9

① 表值为1981年资料（C_2），果实重量和单株产量均系霜前一次采收值。

　　三个品种的几个四倍体株系结果能力普遍较二倍体增强，平均单果重接近或略高于二倍体，最大果实普遍较二倍体重。单株产量普遍较二倍体高，3个4x系分别较2x增产16.51%、7.76%和22.95%。

　　关于四倍体茄子的结果能力，在未列入表3的其他系内还有表现更突出的。例如，圆红4x-3-10全部植株都表现多果类型，其中有两株，一株结了26个果，另一株结了23个果（图版 XXVII，5）。这种结果很多的植株的果实大多畸形僵化，其倍性仍为四倍体（2n=48），与 C_0 代4x常存在的结果少、果实多畸形不同，很可能是遗传因素所导致。

2.4　4x果实品质的初步分析

　　二倍体茄子生食一般味酸涩，而且种子很多，影响食用品质。四倍体生理成熟的果实也少有酸涩而略带甜味。另外种子少，适宜各种烹饪食用。关于四倍体茄子果实的营养成分，初步分析结果见表4。

表4　几种主要营养成分的分析①②

（1981年10月，新疆石河子）

系号		可溶性固形物（%）	酸度（以苹果酸计）（%）	抗坏血酸（mg/100g）	蛋白质（%）	脂肪（%）
七叶茄	2x	—	0.1759	0.66	0.553	0.0534
	4x-1-5	—	0.1055	0.78	0.5705	0.0893
圆形红茄	2x	4.72			0.5335	0.05706
	4x-4-6	5.17			0.7455	0.1182
圆叶快茄	2x	4.7		0.65	0.553	0.0532
	4x-7-2	5.12		0.69	0.8558	0.0911

　　注：1. 可溶性固型物含量为老茄子和未达到生理成熟的嫩茄子于种果采收时综合取样平均值。

　　2. 其他项目为果肉果皮混合采样分析值，未包括种子。

　　四倍体茄子可溶性固型物含量较二倍体高，增加幅度约在 9%左右；苹果酸含量四倍体较二倍体略低；抗坏血酸四倍体比二倍体高，其中七叶茄4x高出18.1%；蛋白质含量3个4x系分别较二倍体增加了3.16%、39.74%和54.76%；脂肪含量，3个4x系分别增加了67.23%、107.15%和71.24%。四倍体茄子果实营养成分的显著改善，给茄子品质育种奠定了良好的基础。

2.5　种子结实力的变化

四倍体茄子的种子结实力在诱变当代一般都很低，在我们的工作中曾多次出现过一个果实只有少数几粒种子的情形，但在下一代就几倍甚至几十倍地得到了增加。例如，圆快 4x-7-2 C_0 代单果重 300g，单果种子数 16 粒；C_1 最大单果重 820g，种子数 378 粒；C_2 代最大单果重 1.2kg，种子数 584 粒。类似情况其他系也普遍存在，有的增加较快，有的增加较慢（表 5）。

表 5　四倍体茄子 C_2 代种子结实力

（1981 年 10 月，新疆石河子）

系　　号		测定果实数	单果质量 变幅（g）	单果种子数 变幅（粒）	果实平均重（g）	平均单果种子数（粒）	千粒重 （g）
七叶茄	2x	5	368-810	2710～3793	446	3412	5.2
	4x-4-5	3	85-820	7～773	468.3	342.3	9.57
圆形红茄	2x	5	410-860	2080～3805	675	3238	5.1
	4x-1-4	8	400-1100	71～659	749.4	300.4	9.36
	4x-1-7	15	250-1155	10～372	768	176.93	
	4x-3-13	6	745-1150	119～484	886	239.6	
	4x-4-1	7	630-830	44～324	730.7	174.4	
	4x-4-3	8	550-820	17～312	699.38	157.25	

七叶茄 4x-4-5 三个种果平均单果重 468.3g，平均种子数 342.3 粒，约为二倍体种子数的 10%；圆形红茄的五个四倍体系，44 个种果，单果种子为 10～659 粒，株系平均 157.25～300.4 粒，约为二倍体的 5%～10%。

同源四倍体茄子果实种子数大幅度降低而又有一定数量，既解决了人们吃茄子对种子多的厌烦，又保持了较高的繁殖系数（一株四倍体能同时结 3～4 个老茄子，粗略估计单株繁殖系数当在 1000 以上），这无疑是件好事。另外，四倍体茄子的可育种子只要充分成熟一般都能发育饱满，千粒重普遍可达 9g 以上，比二倍体重 40% 左右，不存在四倍体西瓜那种发芽、保苗的困难，这又是一种方便。

3　讨论

同源四倍体茄子诱变当代所出现的变异株，大都是不同倍性的嵌合体，苗期生长发育缓慢，结果少而多畸形，种子特别少。改进诱变方法，加强鉴定和选择，有可能获得较多的纯合四倍体；倍性鉴定不仅要检查体细胞染色体数，而且还要检查性细胞染色体数，C_0 代很少能达到 100% 的体细胞染色体都加倍为 2n=48，但如果在性细胞（花粉母细胞）中看不到染色体的准确加倍（终变期和中期 I 2n=48），后期 I 看不到 n=24，则选择很可能是无效的。

同源四倍体茄子可育种子数大幅度减少，但又能保障较高的繁殖系数，这为利用同源四倍体提供了一个极为有利的条件。果实营养成分初步分析，脂肪、蛋白质含量大幅度增加，可溶性固型物、维生素 C 含量增加，这表明利用同源四倍体进行茄子品质育种将会是有前途的。但不同材料之间存在着一定的差异，必须重视选择。

同源四倍体茄子植株结果力普遍增强，单果重接近或略高于二倍体，单株产量种果采收一次计算，较二倍体增加 7.76%～22.95%。在商品成熟期和分次采收的情况下，特别是群体产量如何，有待进一步试验研究。

四倍体茄子生长发育迟缓，成熟期推迟。从生产要求出发，提早成熟期（熟性接近二倍体）是四倍体茄子育种的重要任务之一。四倍体系出现的畸僵果（株）现象是一个突出的问题，需要进一步研究和克服。

在选择过程中，对四倍体连续三年进行自交保纯，都未能坐果结实，以二倍体花粉对其授粉也未能成功。这种自交和与二倍体杂交的不亲和性不是功能性不育，因为四倍体有相当部分花粉是可育的，开放授粉都能够正常坐果结实。其不亲和机理及能否克服也有待进一步研究。

参考文献

［1］鲍文奎，严育瑞，王崇义. 禾谷类作物的多倍体育种方法的研究［J］. 作物学报，1933，2（2）：194-196.

［2］李树贤. 四倍体甜瓜诱变和育种初报［J］. 遗传与育种，1976（3）：20-21.

［3］谭协和. 多倍水稻三系选育实报［J］. 遗传，1979（2）：1-4.

［4］广东农科院土肥所. 四倍体紫云英育种［J］. 广东农业科学，1979（5）：6-7.

［5］杨炎生，等. 甜菜多倍体品种7301的选育［J］. 中国甜菜，1980（1）：15-20.

［6］湖南农学院遗传育种室. 西瓜同源四倍体的诱导与鉴定［J］. 中国果树，1980（1）：58-63.

［7］李廷华. 人工引变四倍体薰衣草的研究［J］. 园艺学报，1980（3）：49-56.

［8］陆永林，等. 诱导产生三叶橡胶多倍体的研究［J］. 遗传，1980（6）：23-26.

［9］阵力耕. 从二倍体柑桔获得三倍体的研究［J］. 园艺学报，1981（2）：11-14.

李树贤：同源四倍体茄子诱变的初步报告　　图版XXVII
Li Shuxian: Autotetraploid eggplant mutagenesis of the preliminary report.　　Plate XXVII

圆形红茄
4x(Co)

图版说明

1．圆形红茄 2x 植株；2．圆形红茄 4xCo 植株；3．4x C1 植株；4．C2 正常 4x 植株；5．C2 分离出的 4x 畸僵果株；

6．果实剖面：上 2x，下 4x；7．花：左 2x，右 4x；8．种子：左 2x，右 4x；9．2x 花粉粒；10．4x 花粉粒；

11．叶片气孔保卫细胞：上 2x，下 4x；12．二倍体体细胞染色体，2n=2x=24；13．四倍体体细胞染色体，

2n=4x=48；14．4x 减数分裂后期Ⅰ，n=24

Studies on Breeding of Autotetraploid Eggplant II. Exploration For Economic Practicability and Aims of Breeding Program*

Li ShuXian   Yang ZhiGang

(Xinjiang Shihezi Vegetable Research Institute)

The breeding program of autotetraploid eggplant began in 1977.Mutagenesis work of have other reported .This paper focuses discuss economic value of 4x eggplant breeding，including seed yield，economic yield and fruit quality and so on.

1   Bear fruit capacity of plant and economic yield

Autotetraploid eggplant mutagenesis low generation，different genealogy and one and the genealogy different plants   between of the fruit-bearing capacity discrepancy very large，some still have a considerable number of deformity stiff fruit. After multi generation selection，some of superior selection stirp fruit-bearing capacity and fruit yield has become stabilize. Table 1 shows the seven leaf eggplant 4x stirp "4-5-4-2" and round leaf eggplant fast 4x stirp "7-3-3-1" subculture selection results.

Table 1   Variation of economic yield of 4x eggplant[1][2]

Line No.	Year	Number of investigation plants	Number of bearing fruits per plant		Fruit weight （g）		Yield per plant （kg）		Number of deformity stiff fruit
			mean	max	mean	max	mean	max	
4-5-4-2	1983	9	10.6	17	115.3	720	1.22	2.48	
	1984	40	8.1	15	183.0	860	1.48	4.20	1.6
	1985	27	5.8	7	296.3	1500	1.72	3.60	1.3
	1986	45	5.2	13	338.5	1040	1.76	4.81	0.4
	1987	18	6.6	11	372.1	1027	2.46	4.89	0.4
	1988	38	5.0	9	427.7	1192	2.14	4.01	0.4
7-3-3-1	1983	7	6.7	12	132.0	800	0.89	1.39	
	1984	36	8.4	12	208.3	705	1.75	3.32	2.2
	1985	68	8.7	12	328.2	1057	1.54	4.05	1.0
	1986	45	6.8	10	215.1	902	1.46	3.35	1.1
	1987	35	10.4	15	241.2	1170	2.51	5.39	1.1
	1988	81	7.0	10	345.4	970	2.42	4.50	0.2

① the data in this table are Before the frost one-time harvest statistics results.

② per plant fruit number，fruit quality and yield per plant，include fruits of including physiological maturity and tender fruits.

1979 for C_0 generation，1983 for C_4 generation，1988 for C_9 generation. Current economic yield of 3 systems，has stabilized at more than 75 t/ha. Average fruit weight reached 300 grams，the per plant yield reached 1.5 kg or more，abnormal fruit has been reduced to about 1 or less.

* VIIth meeting on genetics and breeding on capsicum and eggplant.Yugoslavia（Belgrade），1989，75-79.

About the population yield of 4x lines，in recent years the test results such as table 2.

Table 2　Population yield of 4x eggplant selected lines[①②]

Line No.	Year	Repeat（kg）			Average（kg）	Equivalent（t/ha）
		I	II	III		
4-5-4-2	1986	76.95	82.80	79.20	79.65	73.75
	1987	91.35	104.40	85.50	93.75	86.81
	1988	91.42	88.86	97.38	92.55	85.69
7-3-3-1	1986	53.55	65.70	63.90	61.05	56.53
	1987	113.85	75.60	112.95	100.80	93.33
	1988	108.79	100.20	96.93	101.97	94.42
1-7-4-1	1986	72.80	72.88	57.14	67.61	62.60
	1987	107.16	91.04	86.85	95.02	87.98
	1988	77.84	93.74	98.96	90.18	83.50

① In mid February the greenhouse grow seedlings，separate seedling in early april，field planting in early may.

② An experimental plot 45 strains，row spacing 60cm×40cm，experimental plot area 10.8m².

Population yield are seed fruit and tender fruit Before the frost one-time harvest statistics results. 2x is far lower than that of 4x，comparability is not high，so there is no list of the 2x data.

The three 4x original parental lines，of which "1-7-4-1" and "4-5-4-2" nearly two years equivalent yield in more than 80 tons/ha，7-3-3-1 of more than 90 tons/ha. About gradation harvest tender fruit，Especially compared to and 2x varieties，remains to be further testing.

2　Variation of fruit quality

The quality of 4x eggplant was very fine，fruit flesh delicate dense，raw food without sour acerbity，slight slightly sweet taste. According to analysis over several years，the content of the main nutrients such as dry matter，ascorbic acid，protein fat etc was considerably higher than that in the original 2x varieties（Table 3）.

Table3　Tetraploid eggplant fruit the change of main nutrients[①②]

Year	Variety		Dry matter（%）	Vc（fresh）mg/10g	Protein（fresh）（%）	Fat（fresh）（%）
1985	7-leaf eggplant	2x	6.0	3.08	0.787	0.058
		4x	6.8	5.05	1.09	0.081
		4x±%	+13.3	+63.96	+38.5	+39.66
	Round red eggplant	2x	6.7	4.45	0.884	0.0738
		4x	7.0	9.99	1.263	0.1016
		4x±%	+4.48	+124.49	+42.87	+37.67
1986	7-leaf eggplant	2x	7.2	5.07	0.94	0.0235
		4x	8.43	7.57	1.17	0.048
		4x±%	+17.08	+49.31	+24.47	+104.26
	Round red eggplant	2x	9.1	5.81	1.22	0.0322
		4x	9.63	8.09	1.51	0.096
		4x±%	+5.82	+39.24	+23.77	+198.14

① Analysis of edible tender fruit of timely harvest，the 3 fruit removes the seed，takes the fruit middle flesh to mix，4x data for the average number of couple siblings lines.

② Vc analysis of fresh samples；analysis of protein and fat dried samples.

The dry matter content increased range for 4.48%～17.08%，Vc for 39.24%～124.49 %，the protein content for 23.77%～42.87%，fat content for 37.67%～198.14%.

In this experiment，it seems still exist original 2x variety nutrients that there high content the quality of homologous 4x fruit will be better.Yes regular phenomenon or occasionally，to be further verified.

3 Variation of seed-setting ability

Knot seed capability of 4x eggplant in mutagenesis contemporary is generally low，has repeatedly found that only a few seeds from the fruit of the a phenomenon. In the times purification of after ploidy will be improved，especially through multiple generations of selection，knot seed capability of per fruits will be greatly increased and tends stabilized （figure 1）.

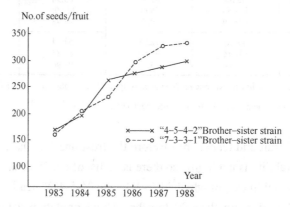

Figure 1 Generational variation of seed knot strength of eggplant 4x genealogy

Figure 1 data to get the average of the sample survey，each test 30～100 fruits.Obviously，the choice is a good way to improve the seed knot strength，especially in low generation effect is more prominent. After general to 6～7 generations later （1985 -C_6），although there is still a change，but change is not obvious.

After 9 generations selection，several varieties of 4x lines fruit seed number generally has stabilized at about 300 grain.The strain 7-3-3-1 an average of reach 330 grain，few fruits even as high as more than 900 grain （other selected lines also found a 500～600 grains per fruit seed）.

4x eggplant plant，ordinary per plant all be knot 3～4 kinds of fruit，so the seed number per generally can reach each plant more than 1000 grains . In addition，its seed germination rate and grow seedlings rate and 2 x varieties had no obvious difference.So，propagation coefficient is not important problem.

4 Discussion

4.1 The eggplant autopolyploid breeding goals

4x eggplant fruits quality than the original 2x has Improved greatly，economic yield is also pretty good，seed propagation coefficient can meet the requirements of cultivation. Period of duration in normal planting season，than the original varieties of 2x average delay 4 to 7 days. Fruit-set period to early summer and early autumn. Especially in the autumn，2 x variety Much has been aging，give rise to the off-season of yield；Yet the varieties of 4x in leafy profusion，fruit clusters，forming the second peak season of yield. These features show that the quality breeding and is suitable for autumn delay the cultivation （"love autumn" eggplant），serve as eggplant autopolyploid breeding goal，will be meaningful.

4.2 About selection problem

In eggplant autopolyploid breeding，because chromosome and gene ploidy effect，genetic variation and physiological imbalance of caused by，need more generation continuous selection to can only tends stabilized. Disadvantages of eggplant autotetraploid short，outstanding performance in：Lower of self affinity sexual，give selection pure increased the difficulty；Deformity stiff fruits is difficult to eliminate；Growth and development period carry-forward etc. In order to obtain can be used in the 4x variety of production，must improve selection method，and further strengthen existing material selection，including the necessary hybridization selection at the tetraploid level etc.

4.3 Strengthen the cultivation techniques of research

4x eggplant existing of disadvantages，on the one hand，need to solve the problem of hereditary，at the same time also should attach importance to the planting technology research. Ordinary 2x eggplant cultivation physiology，have comparatively fully understand；4x eggplant as a new kind type，pressing matter of the moment，Is it Studies on the mechanism of flowering and fruit growth and development，explore light temperature air water soil and fertilizer of mechanism of action and conditions，suitable cultivation technique measures put forward. Doing all right these the work，about popularization and application of 4x eggplant varieties，will produce a positive effect.

同源四倍体茄子多亲本轮回选择 C$_5$ 代遗传变异性的分析[*]

李树贤

（新疆石河子蔬菜研究所）

摘 要：同源四倍体茄子 C$_5$ 代的广泛变异，不同株系及同一株系不同植株间的差异均达到极显著水平，综合分析，其广义遗传率 $h_B^2 = 99.05\% \pm 0.23\%$，遗传变异系数 GCV=17.33%。植株开张度（植幅）的广义遗传率 $h_B^2 = 94.05\% \pm 1.45\%$，GCV=59.00%。供试的 12 个株系均存在果实畸形僵化现象，平均畸僵果率 45.27%，畸僵果率的 $h_B^2 = 89.90\% \pm 9.42\%$，GCV=68.68%。果实的畸形僵化与植株较强的结果能力表现为互斥连锁遗传，12 个株系的平均交换率为 39.35%。果实全部畸形僵化的植株占 8.52%，平均单株结果数 11.45 个；无畸形僵果植株占 25.34%，平均单株结果数 8.044 个。对 6 个株系正常结果植株数及单株结果数进行遗传分析，株系间 $h_B^2 = 61.95\%$，GCV=10.60%，株系内植株间 $h_B^2 = 80.77\%$，GCV=20.05%，株系间和系内植株间综合分析，$h_B^2 = 74.45\% \pm 11.51\%$，GCV=22.68%。在 5% 的选择强度下，选择响应 GS=3.6367，相对遗传进度 40.32%.相对而言，对植株结果能力的选择，应以系内优良单株的选择为主，且选择强度不宜过大。关于试验数据的处理，本文采用了组内单一观察项，观测数次相等和不等的两向分组资料的方差与遗传分析方法，该方法对简化试验设计和田间观察数据的处理带来了一定的方便，其分析结果也较为可靠。

关键词：四倍体；茄子；C$_5$ 代；遗传变异；分析

Autotetraploid Eggplants Many Parents Recurrent Selection C$_5$ Generation Analysis of Genetic Variability

Li Shuxian

(Xinjiang Shihezi Vegetable Research Institute)

Abstract: Autotetraploid eggplant C$_5$ generation wide variation, different strain and one and the same strain of differences of different plant between reached extremely significant level, according to comprehensive analysis, the broad heritability $h_B^2 = 99.05\% \pm 0.23\%$, Coefficient of genetic variation

* 西北农业学报，2007，16（5）：145-149.

GCV=17.33%. The broad heritability of plant opening degree (plant width) $h_B^2 = 94.05\% \pm 1.45\%$, GCV=59.00%. The tested 12 genealogy all exist fruit deformity phenomenon, the average deformity Stiff Fruit rate of 45.27%,deformity stiff Fruit rate is $h_B^2 = 89.90\% \pm 9.42\%$, GCV=68.68%. The fruits deformity and plants fruiting many, shows mutually exclusive linkage genetic; the average commutative rate of the 12 Strains is 39.35% . All the fruit deformity stiff plants for 8.52%, Average each plant results of a number is 11.45; No deformity stiff fruit plants for 25.34%, The average number of fruit per plant is 8.044. Be directed against 6 strains strains of normal fructification and the number of fruit per plant for genetic analysis,Between strains $h_B^2 = 61.95\%$, GCV=10.60%,Between in plant of genealogy within, $h_b^2 = 80.77\%$, GCV=20.05%, Comprehensive analysis of the both $h_B^2 = 74.45\% \pm 11.51\%$, GCV=22.68%. Under 5% selection intensity, selection response GS = 3.6367, relative genetic progress 40.32%. Relatively speaking, The contrapose to Selection of plant fructification capacity,should be within pedigree excellent individual plant selection as the main, choose strength should not be too large. About the processing of experimental data, this paper used the groups within a single observation items. Observation times equal and unequal two orientations grouped data of variance and genetic analysis method, About the processing of experimental data, this paper used the groups within a single observation items, Observation times equal and unequal two orientations grouped data of variance and genetic analysis method. The method to simplify the design of experiment and field observation data processing has brought convenient, its analysis results are reliable.

Key words: Autotetraploid; Eggplant; C_5 generation; Genetic variation; Analyse

利用秋水仙素将二倍体茄子加倍为同源四倍体，会产生广泛的遗传变异。在开放授粉条件下，进行半同胞多亲本轮回选择，不仅有利于打破不良连锁，形成新的优良性状，而且还可以大幅度增加选择材料的遗传方差，扩大选择概率，这对于育种选择是非常有利的。本项研究的意义：一是对本实验条件下同源四倍体茄子的几个主要性状的遗传变异有一个初步的量的了解，二是在有关数理统计分析方法上进行一些探索，为今后的育种选择提供必要的依据。

1 材料与方法

供试材料为本所加倍选育获得的来源于 3 个不同二倍体亲本的半同胞 4x 系（Ⅰ.SLA-六叶茄 4x 系；Ⅱ.RQA-圆叶快茄 4x 系；Ⅲ.CRA-圆形红茄 4x 系）的部分选系。资料为 C_5 代的试验观察结果。

数理统计基本方法同常。在区组间及区组内差异都达到显著水平的情况下，分别进行了区组间、区组内以及二者综合的组内单一观察值数目相等及数目不等的方差及遗传分析,具体将在结果分析中介绍。

2 结果分析

2.1 植株高度的变异

半同胞多亲本轮回选择后代（C_5）植株高度在不同系统及不同选系间均存在广泛变异，以 2 个系统 8 个选系（$t=8$）各 40 株（$n=40$）为例如表 1。

表 1　不同系谱 C_5 代植株高度的变异

Table 1　Plant height variation of C_5 generation in different genealogy

选系	株数	株高变幅（cm）	平均株高（cm）	标准差（σ_{n-1}）	变异系数（GCV）（%）
I -5	40	62~105	76.53	9.46	12.36
I -7	40	42~94	72.25	11.367	15.73
I -25	40	50~107	71.18	11.697	15.16
I -47	40	50~100	70.88	11.82	16.68
II -27	40	40~81	60.83	8.837	14.53
II -45	40	20~102	79.98	13.722	17.16
II -51	40	20~87	66.33	11.665	17.59
II -63	40	45~79	64.08	6.780	10.58
总计	320	20~107	71.003	12.490	17.59

对 8 个选系的资料进行方差分析，结果如表 2。

表 2　表 1 原始资料的方差分析

Table 2　Variance analysis of original data in Table 1

变异来源	DF	SS	MS	F
选系间	7	12965.072	1852.153	143.455**
系内植株间	39	33275.122	853.208	66.084**
误差	273	3524.803	12.911	
总变异	319	49764.997		

选系间（a）及系内植株间（b）的差异均达到极显著。根据系统平均值进行遗传分析：

$$\sigma_e^2 = MS_1 = 12.911 , \qquad \sigma_{g \cdot a}^2 = \frac{1}{n}(MS_3 - MS_1) = \frac{1}{40}(1839.242) = 45.9811 ,$$

$$\sigma_{g \cdot b}^2 = \frac{1}{t}(MS_2 - MS_1) = \frac{1}{8}(840.297) = 105.0371 。$$

分别估算广义遗传率：$h_{B \cdot a}^2 = \dfrac{n\sigma_g^2}{n\sigma_g^2 + \sigma_e^2} \times 100 = \dfrac{MS_3 - MS_1}{MS_3} \times 100 = 99.30\%$ ，

$$h_{B \cdot b}^2 = \frac{t\sigma_g^2}{t\sigma_g^2 + \sigma_e^2} \times 100 = \frac{MS_2 - MS_1}{MS_2} \times 100 = 98.49\%$$

综合选系间及系内植株间估算：$\sigma_g^2 = \sigma_{g \cdot a}^2 + \sigma_{g \cdot b}^2 = 151.0182$ ，

$$h_B^2 = \frac{n\sigma_g^2 + t\sigma_g^2}{(n\sigma_g^2 + \sigma_e^2) + (t\sigma_g^2 + \sigma_e^2)} \times 100 = \frac{(MS_3 - MS_1) + (MS_2 - MS_1)}{MS_3 + MS_2} \times 100 = 99.05\% 。$$

$\sigma_{h^2} = 0.23\%$ ，$h_B^2 = 99.05\% \pm 0.23\%$ ，遗传变异系数 GCV=17.31%。

2.2　植株开张度的变异

同源四倍体茄子的植株开张度（即植株幅度，长×宽，结果的单位为 m^2），因植株形态的不同而存在广泛变异，以 C_5 代 6 个选系为例，其株幅变异见表 3。

表3 轮回选择 C₅代植株株幅的变异

Table 3 Recurrent selection C5 generation variation of plants range

选系	株数	变幅（m²）	平均（m²）	σ_{n-1}	CV（%）
Ⅱ-43	30	0.072~0.5467	0.1692	0.0799	47.20
Ⅱ-9	38	0.132~0.275	0.1938	0.0323	16.65
Ⅱ-51	40	0.165~0.434	0.2554	0.0633	24.77
Ⅰ-1	39	0.09~0.4958	0.2964	0.1014	34.20
Ⅰ-19	40	0.1215~0.6552	0.3110	0.261	40.53
Ⅰ-3	39	0.1581~0.6806	0.3327	0.1283	38.57
总计	226	0.072~0.6806	0.2639	0.1113	42.18

以组内观察值数目不等的单向分组资料进行方差及遗传分析，其广义遗传率 $h_B^2 = 94.05\% \pm 1.45\%$，遗传变异系数 GCV=59.00%。

2.3 植株果实的畸形僵化及结果能力的变异

二倍体茄子加倍为同源四倍体后，常出现部分果实的畸形僵化，果实的畸形僵化和植株强的结果能力表现为连锁遗传。植株出现部分畸形僵果是加倍效应所引发的亲本固有性状；结果多且果实全部畸形僵化，以及植株果实全部正常且数目增加，则是由于基因交换而产生的新组合[3]。以 3 个半同胞轮回系的 12 个选系为例，其植株结果状况的变异见表4。

表4 C₅代植株结果状况的变异

Table 4 Variation of plant fruiting ability in C5 generation

系号	株数	结果总数	单株果数	正常结果株				畸僵果数	畸僵果率（%）	交换值（%）
				株数	总果数	单株果数				
						变幅	平均			
Ⅰ-1	38	486	12.79	3	35	9~14	11.67	293	60.29	33.17
Ⅰ-4	30	285	9.50	12	107	5~12	8.92	91	31.93	40.15
Ⅰ-8	40	355	8.88	11	82	4~12	7.45	162	45.63	43.99
Ⅰ-17	35	297	8.49	9	69	5~9	7.67	139	46.80	41.07
Ⅱ-2	39	440	11.28	8	82	5~18	10.25	248	56.36	35.13
Ⅱ-5	39	354	9.08	6	50	6~14	8.33	145	40.96	43.49
Ⅱ-9	39	335	8.59	8	58	6~10	7.25	182	54.33	36.09
Ⅱ-16	38	313	8.24	6	45	5~10	7.50	150	47.92	29.09
Ⅲ-3	30	300	10.00	10	94	7~13	9.40	127	42.33	37.00
Ⅲ-6	41	348	8.49	11	83	4~13	7.55	121	34.77	46.52
Ⅲ-15	37	297	8.03	12	83	2~10	6.92	98	32.00	41.87
Ⅲ-13	40	316	7.90	17	121	3~10	7.12	112	35.44	44.59
$\sum X$	446	4126	111.27	113	909		100.03	1868	528.76	472.16
$\bar{X}$		343.83	9.27		75.75		8.34		44.06	39.35
σ_{n-1}		61.26	1.46		25.53		1.46		9.59	5.26
CV（%）		17.82	15.72		33.70		17.52		21.76	13.38

12 个选系 446 株，平均畸僵果率 45.27%。平均单株结果数 9.251，其中每株平均畸僵果 4.188 个。

平均交换率 39.35%，果实全部畸形僵化的植株占 8.52%，平均单株结果数 11.51 个；正常结果植株占 25.34%，平均单株结果数 8.044 个。

对表 4 的 3 个系统 12 个选系的平均单株结果数进行方差分析，系统间（a）及系统内选系间（b）差异性检验分别达到显著和极显著水平，按照本文 2.1 节组内单一观察项两向分组资料平均值法进行遗传分析，其广义遗传率分别为 $h_{B \cdot a}^2 = 85.17\%$，$h_{B \cdot b}^2 = 95.85\%$，$h_B^2 = 93.51\% \pm 6.21\%$，GCV=16.44%。

对畸僵果率进行方差分析，系统间（a）和系统内选系间（b）差异性检验达到极显著和显著水平，综合估算，$h_B^2 = 89.90\% \pm 9.24\%$，GCV=68.68%。

同源四倍体茄子果实的畸形僵化是遗传因子造成的，畸僵果率与植株结果力之间呈显著直线正相关性，$r=0.6422$，$t=2.649 > t_{0.025}$ 值，决定系数 $r^2=0.4124$。

2.4 正常结果株的遗传变异

由遗传交换而产生的无畸僵果的正常株，其植株比例及单株结果能力，选系间和系内不同植株间也都同样存在着广泛的变异。对表 4 中的 6 个选系（$t=6$）正常结果株（$n = \sum n_i = \sum n_j = 50$）的单株结果数（$X$），进行组内单一观察项，观测数次相等和数次不等的两向分组资料的方差分析，其原始资料如表 5。

表 5 C_5 代 6 个选系正常结果株株数及单株结果数

Table 5 C_5 6 selected lines normal fruiting of plant number and fruiting number of single plant

植株	系谱						
	I -1	I -4	II -2	II -5	III -3	III -6	$\sum X_i$
1	9	5	5	6	7	4	36
2	12	5	8	6	8	4	43
3	14	8	9	6	8	6	51
4		8	9	8	8	6	39
5		9	9	10	9	6	43
6		9	10	14	9	7	49
7		9	14		10	7	40
8		10	18		10	8	46
9		10			12	10	32
10		11			13	12	36
11		11			13		24
12		12					12
$\sum X_i$	35	107	82	50	94	83	451

总变异自由度=$n-1=50-1=49$；选系间自由度=$t-1=6-1=5$；系内植株间自由度=$\sum(n_i-1)/t=7.33$；误差自由度=$(t-1)\left[\sum(n_i-1)/t\right]=36.66$。

方差分析：

选系间平方和

$$SS_a = \sum\left[\frac{(\sum X_i)}{n_i}\right] - C = \left(\frac{35^2}{3} + \frac{107^2}{12} + \cdots + \frac{83^2}{11}\right) - C$$

株系内植株间平方和

$$SS_b = \sum\left[\frac{(\sum X_j)^2}{n_j}\right] - C = \left(\frac{36^2}{6} + \frac{43^2}{6} + \cdots + \frac{24^2}{2} + \frac{12^2}{1}\right) - C$$

矫正数、总平方和及误差平方和计算方法同常。方差分析结果如表6。

表6 植株正常结果数的方差分析

Table 6 Analysis of variance of plant normal fruiting number

变异来源	DF	SS	MS	F
选系间	5	61.43	12.286	2.63[※]
系内植株间	7.33	178.18	24.3083	5.20[※※]
误差	36.66	171.37	4.6746	
总变异	49	410.98	8.3873	—

假设测验，选系间（a）和系内植株间（b）差异分别达到显著和极显著水平，进一步进行遗传分析：

$$\bar{X} = 9.02，\sigma_e^2 = 4.6746，\sigma_{g \cdot a}^2 = \frac{1}{8.33}(12.286 - 4.6746) = 0.9137；$$

$$\sigma_{g \cdot b}^2 = \frac{1}{6}(24.3083 - 4.6746) = 3.2723，\sigma_g^2 = 0.9137 + 3.2723 = 4.1860；$$

$$h_{B \cdot a}^2 = 61.95\%，GVC \cdot_a = 10.60\%，h_{B \cdot a}^2 = 80.77\%，GCV \cdot_b = 20.05\%；$$

$$h_B^2 = 74.45\% + 11.51\%，GCV = 22.68\%。$$

遗传进度：选择强度5%时，GS=3.6367，相对进度40.32%；
选择强度1%时，GS=4.7133，相对进度52.25%。

3 讨论

关于加倍四倍体茄子的广泛变异曾有过初步的报道[3, 4]，但缺乏系统的分析。本文对植株高度及其开张度（即株幅）、植株果实的畸形僵化及结果能力的变异，进行了初步的遗传分析，在数据处理方法上，在选系间和系内植株间差异性均达到显著水平的基础上，以据系统平均值，分别进行了系统间、系统内植株间以及二者综合的组内单一观察项，观测数次相等和数次不等的两向分组资料的数据分析，该方法对试验设计带来了方便，而且能比较全面地反映所研究的性状的遗传变异状况。但其是否具有广泛的适用性，则还有待进一步验证。

C5代同源四倍体茄子的植株高度及其开张度（株幅）存在着广泛的变异性，两个性状都涉及植株形态及结果性能的变异。植株形态与结果性能在选择低代（C5代）和随后的不同选择世代间表现出完全不同的遗传特性，具体情况将另文报告。

C5代同源四倍体茄子果实的畸形僵化在所有观测的选系中都有存在，平均频率高达45.27%，经多代选择都难以彻底克服[5]。消除畸形僵果现象，提高植株的正常结果能力是四倍体茄子育种选择的重要任务之一。

植株高度，植株开张度（株幅），植株的畸僵果率，植株总结果数[（正常果+畸僵果）/株]以及正常结果株的比率及其单株结果数，在不同选系间及同一选系不同植株间均存在显著差异，均具有很高的广义遗传率。特别是植株的正常结果力，选系间和系内植株间的差异分别达到显著和极显著水平，广义遗传率及遗传变异系数系内植株间高于选系间，这表明在C5代仍应以系内优良单株的选择为主。另外，根据遗传进度表现，选择强度也不宜过大。

参考文献

[1] 马育华. 植物育种的数量遗传学基础 [M]. 南京：江苏科学技术出版社，1982.
[2] 李树贤，杨志刚，吴志娟，等. 同源四倍体茄子育种的选择I [J]. 西北农业学报，2003，12（1）：48-52.

［3］李树贤，同源四倍体茄子诱变初报［C］//中国园艺学会第二次代表大会暨学术讨论会论文集．杭州，1981．

［4］李树贤，吴志娟，杨志刚，等．同源四倍体茄子品种新茄一号的选育［J］．中国农业科学，2002，35（6）：686-689.

［5］LI S X（李树贤），YANG Z G（杨志刚）．Studies on breeding of autotetraploid eggplant．Ⅱ．Exploration for economic practicability and aims of breeding program，Ⅶ[th] meeting on genetics and breeding on capsicum and eggplant［C］//Belgrade，Yugoslavia．1989：75-79.

同源四倍体茄子自交亲和性遗传的初步分析[*]

李树贤　吴志娟　赵　萍

（新疆石河子蔬菜研究所）

摘　要：同源四倍体茄子诱变低代存在严重的自交不亲和现象，C$_2$代花期和蕾期人工自交，种果的无籽果实率平均为 57.65%。花期自交亲和系数平均为 0.0483，蕾期平均为 0.0261；有籽果实平均单果种子数，花期为 13.26 粒，蕾期为 12.67 粒。平均自交传递系数分别为 0.0957 与 0.0914。在多亲本轮回自然选择条件下，4 个圆果四倍体的 C$_{20}$代选系花期自交亲和系数平均上升为 0.2326，自交传递系数为 0.2938，自交平均单果种子数增长为 80.18 粒。平均自交单果种子数的广义遗传率 h_B^2=99.34%±0.66%，遗传变异系数 GCV 为 14.69%。5%和 1%选择强度的相对遗传进度为 30.16%与 39.08%。C$_{20}$代自交亲和系数仍然是花期高于蕾期，且差距进一步增大，蕾期自交亲和系数和自交传递系数仅为花期的 1/3.5。多亲本轮回选择对提高同源四倍体茄子的自交亲和力有显著效果。蕾期自交对四倍体茄子自交不亲和性的改善有害而无益，这间接说明，同源四倍体茄子的自交不亲和性与 S 基因及 S-RNase 的累积无关。此外，本文还对自交亲和系数及自交传递系数的概念以及自然选择条件下自交亲和力增强的生物学意义等问题进行了讨论。

关键词：同源四倍体；茄子；自交亲和性；遗传

Autotetraploid Eggplant Preliminary Analysis of Self-compatibility Genetics

Li Shuxian　Wu Zhijuan　Zhao Ping

(Xinjiang Shihezi Vegetable Research Institute)

Abstract: Autotetraploid eggplant mutagenesis low generation exist there are serious self-incompatibility, C$_2$ generation of flowering period and bud period selfing,seedless fruit rate of fruit of 57.65% on average. Flowering period selfing affinity coefficient of 0.0483 on average,bud period averaged 0.0261; Have seed fruit of per fruit seed number,flowering period of 13.26 grain on average,bud period averaged 12.67 grain,average selfing transfer coefficient of 0.0957 and 0.0914 respectively. In Many parents recurrent natural selection under the condition. Four round fruit tetraploid C$_{20}$ generation lines flowering period selfing affinity coefficient by an average of 0.2326,Self transfer coefficient is 0.2938,Selfing single fruit seed number average growth for 80.18 grain. selfing fruit average seed number of broad heritability h_B^2=99.34%±0.66%,

* 西北农业学报，2007，16（6）：170-173.

Genetic variation coefficient GCV=14.69%. The selection intensity of 5% and 1%,Relative genetic progress are 30.16% and 39.08% respectively, C_{20} generation of selfing affinity coefficient is still flowering period is higher than the bud period,and the gap further increase,bud period in selfing affinity coefficient and selfing transfer coefficient only is 1/3.5 of flowering period. Multiple parent recurrent selection for improving the selfing of autotetraploid eggplant affinity have a significant effect. Bud period selfing for tetraploid eggplant improve the of selfing incompatibility harmful and profitless. This indirect prove,autotetraploid eggplant selfing incompatibility with the S-gene and S-rnase accumulation has nothing to do. Addition,this article also for Selfing affinity coefficient and Selfing transfer coefficient the concept and natural selection under the condition of selfing affinity enhance of biological significance problem such as is discussed.

Key words: Autotetraploid; Eggplant; Self-compatibility; Genetics

植物的同源四倍体普遍存在自交不亲和或亲和性降低的问题，不同物种常有不同的表现。在同源四倍体茄子育种过程中，早期的工作是对不同的二倍体品种进行加倍选择，所获得的 4x 前 3 代（$C_0 \sim C_2$）人工自交均未获得成功[1]。同源四倍体茄子的自交不亲和性，增加了自交选纯的难度，但其由自花授粉变为异花授粉却为利用异花授粉的选择方法提供了方便。

关于同源四倍体自交不亲和性的遗传与克服方法，前人已有较多的研究报告。本项研究的目的和意义，一方面在于探讨茄子同源四倍体自交不亲和性的遗传属性以及蕾期授粉对克服自交不亲和性有无作用；另一方面则还在于探讨选择——特别是多亲本轮回自然选择对自交亲和性改良的作用，以及改良程度，为进一步指导茄子同源四倍体育种积累经验。

1 材料和方法

供试材料为本所诱变获得的 3 个 4x 系[2]的部分选系，以及 1997 年对另一个二倍体品种"新茄 3 号"加倍的 4x C_2 代。

本文自交不亲和系数的计算不同于通常所指的自交不亲和指数（花期人工自交授粉结籽数/单株花期人工自交授粉总花数），而是指一个系（20 个以上）植株平均人工自交（自花）授粉单果种子数/该系开放授粉平均单果种子数。平均单果种子数=人工自交授粉果实总种子数/种果数（种果数包括有籽果实和无籽果实）。自交传递系数是人工自交种果中除去无籽果实后的有籽果实的平均单果种子数/开放授粉平均单果种子数。在自交亲和系数和自交传递系数的计算中，未考虑坐果率因素。落花落果不仅见于人工自交授粉，开放授粉也存在，只是远较人工自交授粉为低。影响落花落果的因素比较复杂，难以精确分类计量。本文中的人工自交结果率（%）=（人工自交坐果数/自交总花数）×100。

本文所采用的数理统计同寻常。有关情况下，具体方法有所改进[3]。

2 结果与分析

2.1 1 个 4x 系 C_2 代自交亲和性的遗传变异

以 1997 年对 2x 品种"新茄 3 号"诱变加倍的 4 个株系（C_2）按蕾期（开花前 2~4 天，下同）和花期（开花当天或前 1 天，下同）进行人工（自花）自交试验，其结果见表 1。

表1 "新茄3号"四倍体-C_2代的人工自交结果

Table 1 The result of artificial selfing in C_2 generation of autotetraploid eggplant "Xinqie No.3"

授粉时期	株系	自交花数	结果率（%）	无籽果实率（%）	单果平均种子数（粒）	自交亲和系数	自交传递系数
花期	1-5-1	33	51.51	41.18	8.18	0.0590	0.1003
	4-7-1	79	73.42	48.28	5.40	0.0390	0.0753
	5-6-2	34	58.82	45.00	12.5	0.0902	0.1640
	5-6-1	22	54.55	75.00	1.17	0.0084	0.0337
	小计	168	63.69	49.53	6.69	0.0483	0.0957
蕾期	1-5-1	31	51.61	75.00	3.19	0.0230	0.0920
	4-7-1	11	81.82	100.00	0.00	0.0000	0.0000
	5-6-2	37	54.05	45.00	8.65	0.0624	0.1135
	5-6-1	26	69.23	83.33	0.22	0.0016	0.0096
	小计	105	60.00	71.43	3.62	0.0261	0.0914
合计		273	62.27	57.65	5.55	0.0401	0.0946

表1中的4个株系开放授粉平均单果种子数为138.59粒，变异系数CV=74.57%。人工自交授粉坐果率花期平均63.69%，蕾期平均60.00%；无籽果实率花期平均为49.53%，蕾期平均为71.43%。平均单果种子数，花期为6.69粒，CV=71.19%；蕾期为3.62粒，CV=111.28%。人工授粉自交亲和系数，花期为0.0483，蕾期为0.0261，二者平均为0.0401，即4.01%。自交传递系数，花期为0.0957，蕾期为0.0914，二者平均为0.0946，即9.46%。C_2代4x茄子的自交亲和系数大约在5%以下，其自交亲和力极低。除去无籽果实，有籽果实的亲和系数（即自交传递系数）大约在10%以下。如果再考虑因缺乏授粉刺激而造成的落花落果的因素，则其自交亲和系数可能还要更低。

2.2 自然选择对自交亲和性的影响

在本育种研究中，由于育种目标并非必要，而未对其自交亲和性进行针对性选择。在1998年对C_8～C_{18} RQA系统同一选系后代进行的对比实验中，10个世代平均，人工自交坐果率为26.26%，无籽果率为43.08%。单果种子数为16.21粒，自交亲和系数为0.0538，变异系数（CV）为36.75%。不同世代未表现出明显的规律性，这大概与没有严格区分授粉时期，授粉时段过长、环境因素影响较大有关。1999年以不同亲本来源的C_{20}代4个选系各3个姊妹系于植株"门茄"与"四门斗"开花之前，各挑选20株发育健壮的植株，严格按蕾期（开花前2～4天）及花期（开花当天及前1天）进行套袋、挂牌、授粉，其花期人工自交结果见表2。

表2 4个选系C_{20}代花期人工自交的亲和性

Table 2 Artificial self compatibility of 4 Genealogy C_{20} florescence

选系	授粉花数（朵）	结果数（个）	无籽果实率（%）	总种子数（粒）	自交亲和系数	自交传递系数
94-149	52	22	9.01	1887	0.2611	0.2873
94-27	136	48	31.25	3378	0.2022	0.2941
94-11	75	29	13.79	2680	0.2519	0.2921
94-44	62	21	19.05	1676	0.2378	0.2937
合计	325	120	20.83	9621	0.2326	0.2938

在多亲本轮回选择条件下，虽然未对自交亲和性进行针对性选择，但由于伴随着的自然选择，其自交亲和性却发生了很大变化，人工自交（自花）授粉坐果率平均达到36.92%，无籽果率下降为20.83%，人工自交平均单果种子数上升为80.18粒，自交亲和系数为0.2326，自交遗传传递系数为0.2938。较高

的自交亲和性一方面显示了多亲本轮回自然选择的作用，另一方面也对提高四倍体品种的纯合性带来了好处。其自交遗传传递率仍未超过 30%，对防止综合品种的过度自交退化有积极的意义。

关于多轮回自然选择的遗传效果，对其 4 个品系（$t=n=4$）各 3 个姊妹系（$r=3$），C_{20} 代花期人工自交平均单果种子数进行方差分析，结果见表 3。

表 3　花期人工自交种子数方差分析
Table 3　Flowering period in artificial selfing seeds number of variance analysis

变异来源	DF	SS	MS	F
系统间	2	302.5394	151.2697	96.55[※※]
品系间	3	968.0534	322.6845	205.95[※※]
误差	6	9.4006	1.5668	
总变异	11	1279.9934	116.363	

系统间（a）及品系间（b）的差异均达到极显著，按照两向分组资料进行遗传分析[3]：

$$\sigma_e^2 = MS_1 = 1.5668，\quad \sigma_{g \cdot a}^2 = \frac{1}{t}(MS_3 - MS_1) = 1/4 \times (151.2697 - 1.5668) = 37.4257；$$

$$\sigma_{g \cdot b}^2 = \frac{1}{r}(MS_2 - MS_1) = 1/3 \times (322.6845 - 1.5668) = 107.0392；$$

$$\sigma_g^2 = \sigma_{g \cdot a}^2 + \sigma_{g \cdot b}^2 = 144.4649，\quad \bar{X} = 81.84，\quad GCV = 14.69\%；$$

$$h_B^2 = \frac{(MS_3 - MS_1) + (MS_2 - MS_1)}{(MS_3 + MS_2)} \times 100 = \frac{149.7029 + 321.1177}{151.2697 + 322.6845} \times 100 = 99.34\%；$$

$$\sigma_{h^2} = 0.66\%，\quad h_B^2 = 99.34\% \pm 0.66\%。$$

遗传进度：5% 强度时，GS=24.68，相对值 30.16%；1% 强度时，GS=31.99，相对值 39.08%。

广义遗传率及遗传进度均很高，证明多轮回自然选择在品种自交亲和性的遗传改良中发挥了重要作用。

2.3　蕾期人工自交的遗传效应

条茄类型的同源四倍体茄子的自交亲和性，在 C_2 代蕾期远较花期为低（表 1）。对圆茄类型经半同胞轮回选择 C_{20} 代的 4 个与花期相同的选系进行蕾期人工自交授粉，其结果见表 4。

表 4　4x 茄子 C_{20} 代蕾期人工自交亲和性的变异
Table 4　4x Eggplant C_{20} generation bud period in artificial self compatibility Variation

选系	蕾期人工自交授粉						开放自由授粉		
	自交花数（朵）	结果数（个）	无籽果率（%）	总种子数（粒）	自交亲和系数	自交传递系数	挂牌花数（朵）	结果数（个）	平均单果种子数（粒）
94-149	112	49	20.41	1120	0.0696	0.0874	33	24	328.45
94-27	71	25	32.00	410	0.0471	0.0693	80	59	348.06
94-11	69	22	18.18	580	0.0719	0.0878	54	39	366.88
94-44	66	21	14.29	551	0.0782	0.0912	89	65	335.62
合计	318	117	21.37	2661	0.0660	0.0839	256	187	344.75

4 个选系蕾期人工自花授粉，坐果率及无籽果实率和花期比较，相差都不显著。但其自交亲和系数与自交遗传传递系数，蕾期却要大大低于花期，二者约为花期的 1/3.5。

经 20 代自然选择，蕾期人工自交亲和力虽然有了大幅度的增强，但和花期相比较，其差距却进一步拉大。蕾期人工自交，对改善同源四倍体茄子的自交不亲和性不但无益，反而有害。

3 讨论

关于同源四倍体茄子自交亲和性能的评估，本文提出了自交亲和系数以"人工自交采收种子总数/总种果数/开放授粉平均单果种子数"来表示；自交传递系数以"人工自交采收种子总数/有籽种果数/开放授粉平均单果种子数"来表示。其一，这是基于同源四倍体茄子并不是所有的花都能结果，其落花落果率在开放授粉条件下一般在20%~30%之间；在人工自交条件下（不论是花期还是蕾期）则高达50%以上。其二，同源四倍体茄子在人工自交的果实中还存在较高比例的无籽果实，无籽果实的产生是人工授粉刺激的结果，也是自交不亲和的表现，因此，在计算自交亲和系数时不应排除在外；但传递给后代的人工自交的遗传信息却只有有籽果实的种子，为此提出"自交传递系数"的概念是必要的。其三，茄子为多胚珠物种，其果实种子较多，二倍体的单果种子数一般都在1000~3000粒以上（条茄较少，圆茄较多）；四倍体不同品种、不同世代、不同选系变化在100~500粒之间。以"人工花期自交采收种子数/单株人工花期自交总花数"来表示同源四倍体茄子的自交亲和力，无论是对单株还是群体其误差都很大。本文提出的两种系数的概念及其计算方法是否适于其他多倍体物种尚待进一步验证。

在多亲本轮回选择条件下，虽然未对四倍体的自交亲和性进行针对性的选择，但其自交亲和力还是有了很大提高，C_{20}代其广义遗传率达到99.34%，相对遗传进度达到30.16%与39.08%（花期在5%与1%选择强度下）。这表明半同胞轮回自由交配的自然选择对改善同源四倍体的自交不亲和性具有显著的效果。在以选育综合品种为目标的同源四倍体育种中，获得较高的自交亲和系数（0.2326）及自交传递系数（0.2938）既对提高品种的纯合性有好处，同时也有利于防止长期过度自交而可能造成的品种的迅速退化。

茄科的自交不亲和性被认为属配子型自交不亲和，受 S 单一基因座控制，是糖蛋白 S-核酸酶（S-RNase）大量积累的结果，蕾期授粉是克服自交不亲和性的最有效的方法[5-8]。本研究的结果，不论是刚加倍的四倍体（C_2代）还是已经 20 代多亲本轮回选择的高代四倍体，其人工自交的亲和力都是花期高于蕾期，而且随着世代的增加其差距进一步拉大。这种情况说明，同源四倍体茄子的自交不亲和性似与 S 基因无关，也不存在糖蛋白 S-RNase 累积影响的问题，其遗传基础可能要更复杂，有待进一步深入研究。

参考文献

[1] 李树贤. 同源四倍体茄子诱变初报 [C] //中国园艺学会第二次代表大会暨学术讨论会. 杭州，1981.

[2] 李树贤，吴志娟，杨志刚，等. 同源四倍体茄子品种新茄一号的选育 [J]. 中国农业科学，2002，35（6）：686-689.

[3] 李树贤，同源四倍体茄子多亲本轮回选择 C_5 代遗传变异的初步分析 [J]. 西北农业学报，2007，16（5）：145-149.

[4] 何启伟，郭素英. 十字花科蔬菜杂种优势育种 [M]. 北京：农业出版社，1993：56-60.

[5] LEWIS D. Sexual incompatibility in plants [M]. London：Edward Arnold 1979.

[6] ROBERTS I N. Pollen stigma interactions in Brassica oleracea [J]. Theoretical and AppLied Genetics，1980，58：241-246.

[7] MCCLURE B. A，et al. Style self-incompatibility gene products of Nicotlana alata are ribonucleases [J]. Nature，1989，342：955-957.

[8] KARUNANANDAA B，HUANG S，KAO T-H. Carbohydrate moiety of the *Petunia inflata* S_3 protein is not required for self-incompatibility interactions between pollen and pistil [J]. Plant Cell，1994，6：1933-1940.

同源四倍体茄子育种的选择
Ⅰ.畸形僵果性状及植株结实力的选择[*]

李树贤　杨志刚　吴志娟　李明珠

（新疆石河子蔬菜研究所）

摘　要：二倍体茄子品种加倍为同源四倍体以后，普遍出现植株果实的畸形僵化是遗传引起的，与环境无关。果实的畸形僵化，常伴随着植株结果数的增多，控制这两个性状的为互斥连锁的两对基因，其交换值为 38.77±1.78（36.91±5.78）。果实的畸形僵化（畸僵指数）与植株的分枝习性（株型指数）为直线负相关，$y= 0.5004-0.5552x$。在开放授粉半同胞轮回聚合选择中，以趋向二倍体的弱株型为间接指标进行选择，其广义遗传力 h^2=98.72%±0.98%，相关遗传力 h_{xy}=97.89%，遗传变异系数 GCV=26.49%，相关遗传进度 CGS_y=2.0552，选择效率 98.6%。

关键词：茄子；四倍体；畸形僵果；株型；结实力

Autotetraploid Eggplant Selection of Breeding
I. Fruit Deformity Stiff Character and Plant Fruit Bearing Capability of The Selection

Li Shuxian　Yang Zhigang　Wu Zhijuan　Li Mingzhu

(Xinjiang Shihezi Vegetable Research Institute)

Abstract: Eggplant diploid mutagenesis of autotetraploid,Generally appear the deformity stiff of plant fruit is be caused by heredity and has nothing to do with the environment. The deformity stiff of fruit is often accompanied by an increase in the number of plant results,control two traits yes linkage genetic(mutex)de Two pairs of genes,exchange value is 38.77±1.78(36.91±5.78). Deformity stiff of fruits (deformity stiff-index)and branching habit plants (plant type-index) is a linear negative correlation, $y= 0.5004-0.5552x$. Open pollinated,recurrent polymerization selection of half sib,the for Field selection criteria is trend diploid weak plant type,Its generalized heritability $h^2 =$ 98.72%±0.98%,correlated heritability $h_{xy} =$ 97.89% ,genetic coefficient of variation GCV = 26.49% ,related to genetic progress CGS_y=2.0552,select the efficiency 98.6%.

Key words: Eggplant; Autotetraploid; Deformity stiff fruit; Fruit capability

* 西北农业学报，2003，12（1）：48-52.

茄子同源多倍体育种历经 20 多年，已育成了第一个四倍体品种"新茄 1 号"[1]。在育种中，由于染色体加倍而引发的有利变异，最明显的是果实营养成分的改善，以及总产量所表现出的潜力[2, 3]。而不利变异则是多方面的，畸形僵果株率的长期存在即为其中的一个。茄子的同源四倍体由原二倍体自花授粉常异交作物变为自交不亲和，这对采用多亲本轮回聚合选择提供了方便[1]。本文有关畸形僵果性状及植株结实力的分析讨论，即建立在这种以原二倍体的四倍体系及其聚合体为半同胞选择母本系，进行轮回聚合选择的基础上。

1　材料与方法

本研究利用 1979 年所获得的 3 个二倍体茄子品种的四倍体系，在开放授粉条件下，选择 $C_5 \sim C_7$ 代的资料为试材。其中播期试验于 1986 年进行。所有原始数据均取自本所 1984 年、1985 年和 1986 年的育种档案。

试验结果按随机区组随机模型进行方差和协方差分析，并估算各种参数[4-6]。

2　结果与分析

2.1　染色体加倍引发的果实畸形僵化

在茄子的同源四倍体育种中，伴随着染色体的加倍，常发生植株分枝习性的变异及果实的畸形僵化（不能正常生长发育的畸形僵果）。其中果实的畸形僵化，大多表现为在同一植株上有少数畸形僵果（图版 XXVIII，2~5），也有的全株均为畸形僵果（图版 XXVIII，6、7）。这种果实的畸形僵化在不同品系和家系中都存在，以 C_5 的资料为例如表 1。

3 个来自不同二倍体的 4x 系，畸僵株率和畸僵果率基因型间均有显著差异，畸僵株率变化在 3.77%~27.59% 之间，$F=7.144^{*}$；畸僵果率变化在 26.52%~59.23% 之间，$F=9.19^{*}$。基因型内不同家系间的畸僵株率变化在 0~33.33% 之间，畸僵果率变化在 16.94%~66.37% 之间，F 值分别为 41.505 和 28.97，差异显著。变异系数，畸僵株率 CV=83.88%，畸僵果率 CV=40.03%。

表 1　4x 系的畸僵株/果率（1984 年，开放授粉，半同胞选择 C_5）

Table 1　Deformity stiff plant fruit rate of 4x(1984, open pollination, half-sib selection C_5)

家系	品系							
	RQA（%）		SLA（%）		CRA（%）		总计（%）	
	畸僵株	畸僵果	畸僵株	畸僵果	畸僵株	畸僵果	畸僵株	畸僵果
1	3.33	21.71	20.51	56.44	20.00	40.92	15.60	41.68
2	0	16.94	33.33	66.37	7.69	34.94	14.16	38.79
3	7.32	38.97	28.95	56.29	3.33	28.93	13.76	43.89
平均	3.77	26.52	27.59	59.23	11.01	35.07	14.50	41.87

注：RQA-圆叶快茄的 4x 系；CRA-圆形红茄的 4x 系；SLA-六叶茄的 4x 系。

2.2　环境对果实畸僵变异的影响

关于环境因素的影响，可以通过 1986 年所做的播期试验来论证。试验以 3 个不同的 4x 选系 CRA 的 C-7-1（I）、SLA 的 S-9-0（II）、RQA 的 R-25-1（III）为试材，5 个播期分别为：2 月 11 日（1）、2 月 26 日（2）、3 月 13 日（3）、3 月 28 日（4）、4 月 12 日（5）；温室播种，2 片真叶期冷床分苗，6 片真叶期大田地膜覆盖定植；重复 3 次，随机排列。每小区栽植 20 株，行株距 0.6 m×0.4 m；试验结果畸僵果率（畸僵果实数/果实总数×100）见表2。

表2　不同播期畸僵果率的变化
Table 2　The change of deformity stiff fruit rate of different sow period

品系	播期					
	1	2	3	4	5	平均
Ⅰ（C-7-1）	33.51	25.34	22.60	23.95	27.46	26.57
Ⅱ（S-9-0）	50.06	43.23	59.04	59.18	42.02	50.71
Ⅲ（R-25-1）	34.95	29.15	28.01	33.33	28.03	30.69
平均	39.51	32.57	36.55	38.82	32.50	35.99

对表2资料进行方差分析，结果见表3。

表3　不同播期畸僵株/果率的方差分析
Table 3　Variance analysis of deformity stiff fruit rate of different sow period

变异来源	自由度	平方和	均方	F 值
总变异	14	2054.38	146.74	
播期间	4	133.56	33.39	$F_{0.05} > 1.05$
基因型间	2	1666.54	833.27	$F_{0.01} < 26.21$
机误	8	254.28	31.79	

播期间无显著差异，这说明环境对 4x 的畸僵果变异无显著影响。基因型间差异极显著，其组内相关系数 $r = 0.8345 \pm 0.1605$，说明 4x 的畸僵果变异主要受遗传基因影响。

2.3　畸僵植株的结果力

4x 果实的畸形僵化，常伴随着植株结果数的显著增加。不同基因型、不同家系、不同世代有时虽然也有结果较少的畸僵果株出现（例如每株只结 3～4 个畸形僵果），但在大多数情况下畸僵果株都表现出强的结果能力。1984 年曾分别对不同 4x 选系的 118 株果实正常的植株及 100 株果实畸形僵化的植株（包括全株果实畸僵和部分果实畸僵）的结果数进行统计，结果如图 1。

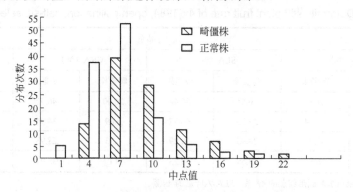

图 1　正常果株及畸僵果株单株果数的分布
Fig.1　Distribution of fruit number per plant of normal fruit plant and deformity stiff fruit plant

图 1 显示，以单株结果数分组之中点值为 x 轴，分布次数为 y 轴，不论是正常株还是畸僵株，均为正态分布。两个分布的统计参数为正常株：$x = 6.712$（$\_ = 6.754$），$S = 3.13$，$SS = 1147.2$，$S_x = 0.2881$，$t = 0.1458 < t_{0.5}$；畸僵株：$x = 9.04$（$\_ = 9.06$），$S_x = 0.369$，$SS = 1347.84$，$S_x = 0.369$，$t = 0.0542 < t_{0.5}$。二者比较：$S_e^2 = 11.445$，$\sigma_{x_1 - x_2} = 0.2877$，$t = 8.092 > t_{0.01}$。

正常株和畸僵株各自的平均数均无显著差异，但二者相比较则差异极显著，畸僵株单株结果数较正常株多 2.328 个，增加率 34.68%，$P<0.1\%$。

2.4 畸僵株果的遗传相关

畸僵株和正常株的单株结果数同呈正态分布，但对一个未经很好选择还在分离的群体，如将观察资料作适当整理，例如以单株畸僵果百分数（分组统计，取中点值）为自变量，单株结果数（分组统计，取平均数）为依变量，进行分析，即可发现二者之间为良好的线性相关（表 4）。

表 4 畸僵果率与植株结果力之相关分析

Table 4 Correlated analysis between deformity stiff fruit rate and plant fruit capability

变异来源	自由度	畸僵果率（x）		结果数（y）		x 与 y		b	回归分析			F
		SS	MS	SS	MS	SP	MP		v	Q	MS	
总变异	59	4.95	0.084	495.99	8.41	33.61	0.57		58	267.78		
基因型间	5	0	0	239.68	47.94	0	0					
基因型内	9	4.95	0.55	230.19	25.58	33.64	3.73					
机误	45	0	0	26.13	0.58	0	0	6.7899	53	28.11	0.5304	
矫正平均数间的差异									5	239.67	47.93	90.37***

在以上分析中，供试的 6 个家系的植株僵果率（x）统一分组、取中点值，在基因型间无差异；但植株结果数（分组，取平均值，y）在基因型间和基因型内都有着显著的差异，前者，$F=82.66^{***}$；后者，$F=41.10^{***}$。植株单株结果力与单株僵果率矫正平均数间的差异也极显著。t 值对于 $v=53$ 为极显著，否定 $H_0: \beta=0$，推断 y 依 x 有极显著的直线回归关系，其遗传相关系数 $r_g\approx1.0$。

2.5 遗传连锁分析

果实畸僵与值株较强的结果能力，遗传相关系数接近于 1，很可能为连锁遗传，且据历代表型变化推测，控制这两个性状的很可能为互斥的两对基因，即 Aa 和 Bb 的 Ab/aB 类型。同源四倍体任一位点的等位基因都有 4 个，其杂种稳定速度远较二倍体慢。本研究未利用双隐性亲本对杂种进行测交，也未收集到 F_2 的详细资料。以 C_5 代的资料，利用极大似然法一计算交换值，在计算中，以无畸形僵果的正常株（畸僵果率为 0）为 a(AB)，以植株果实全部畸形僵化株（畸僵果率 100%）为 d(ab)，以植株畸僵果率 0～50% 为 b(Ab)，畸僵果率 50%～100% 为 c(aB)，a、b、c、d 各有 2 个数据，一个是结果总数的分布，一个是植株数的分布。对 6 个家系分别以植株分布和果实数分布进行分析，其结果如表 5：

表 5 χ^2 测验及连锁交换值计算

Table 5 χ^2 test and calculation of linkage value

资料来源	χ^2 测验		交换值			连锁值（I）
	观察值（O）	期望值（E）	χ^2	P	S.Ep	
植株分布	217	217	24.42	36.91	5.78	0.1309
果实数分布	2213	2213	268.85	38.77	1.78	0.1123

DF=(2-1)(2-1)=1，χ^2 值 $P<0.005$。

以两种资料进行 χ^2 测验，χ^2 值都大于 $P_{0.05}$ 时的 χ^2 值（7.88），差异十分显著，说明 Aa 与 Bb 存在连锁关系。

两种资料计算所得交换值有一定的差别，但差异未超过 5%，不显著。两种资料的交换值以果实数分布计算标准误较小；以植株分布计算标准误较大，但数值小计算方便。两种资料都可以使用。在育种选择中，可在结果初期先以正常株作为预选指标进行选择，结果后期再结合结果数进一步复选。

在以上分析中，Ab 和 aB 为亲本组合，AB 和 ab 为新组合，正常株正常果实的 AB 和果实全部畸僵且结果数多的 ab，两种新组合不仅存在于已经多轮轮回选择的群体中，而且在染色体刚加倍还未进行选择的群体中就已出现。这种情况可以用二倍体加倍为四倍体诱发了染色体的交换来解释（图版ⅩⅩⅧ，9、10）。

2.6　株型选择的可行性

4x 果实的畸形僵化，常与植株分枝习性（株型）的变异相关联。茄子四倍体的株型变异比较复杂，大致可分为如下类型：①正常的 2 层 3 分枝，株型较松散，通透性好（图版ⅩⅩⅧ，1），加权系数 1；②植株健壮，2 层 4 分枝，株型较紧凑，通透性较差（图版ⅩⅩⅧ，2），加权系数 0.75；③基本上为 2 分枝，角度小通透性差（图版ⅩⅩⅧ，3），侧枝不发达，主枝健壮，通透性差（图版ⅩⅩⅧ，4），加权系数 0.50；④门茄以下分枝较发达，但其生长势较弱（图版ⅩⅩⅧ，5），加权系数 0.25；⑤基部侧枝发达，植株近似"丛生型"（图版ⅩⅩⅧ，6）；门茄以上形成 6~8 个分枝，但分枝角度小，通透性差（图版ⅩⅩⅧ，7），加权系数 0。

各组加权系数乘以植株数之和除以总值株数，即为株型指数。以株型指数为自变量，畸僵指数 $\left[\sum(\text{畸僵果\%}\times\text{株数})/\text{总株数}\right]$ 为因变量，进行相关分析，结果为：$y=0.5004-0.5552x$，$S_{x/y}=0.0063$，$b=-0.5552$，$S_b=0.0376$，$t=14.766>t_{0.01}$。

株型指数和畸僵指数为极显著的直线回归关系。公式（$y=0.5004-0.5552x$）的含义为：在试验区间内，x 每增加 1 个单位则 y 相应减少 0.5552 个单位。这说明选择提高正常株率对减少畸形僵果有显著的作用。这与上述连锁遗传分析的结论相一致。

以趋向二倍体的弱株型（简称"二倍化弱株型"）作为间接指标，按照独立水平法进行选择，结果见表 6。

表 6　"二倍化弱株"频率与单株结果力的方差协方差分析

Table 6　Variance and covariance analysis of "diploid weak plant " and Fruit bearing capacity

变异来源	自由度	株数（x）			单株果数（y）			x 与 y		
		SS	MS	F	SS	MS	F	SS	MS	F
总变异	17	360.2778	21.1928		18.5828	1.0931		74.1778	4.3634	
品种间	2	17.4445	8.7223	10.1944**	2.9103	1.4552	137.283**	1.4945	0.7473	12.07**
品种内	3	334.2778	66.8556	78.1388**	15.5661	3.1132	293.6918**	72.0645	14.4129	232.84**
机误	10	8.5555	0.8555		0.1064	0.0106		0.6188	0.0619	

遗传方差和协方差，品种内和品种间都有极显著差异。根据小区平均数估算广义遗传力和相关遗传力分别为：$h^2=98.72\%\pm0.98\%$，$h_{xy}=97.89\%$。表型、遗传型和环境相关系数为：$r_p=0.9916$，$r_e=0.9999$，$r_g=0.6502$。遗传变异系数 GCV=26.49%。以 5% 的选择率（选择强度 K=2.06）选择 x 性状的选择响应（遗传进度）为：$GS_x=1.1009$，在相同选择率和选择强度下，y 性状的选择响应（遗传进度）为：$GS_y=0.2523$，由于选择 x 性状而引起 y 性状的相关遗传进度为 $CGS_y=2.0552$。选择效率=$CGS_y/GS_y\times100$=98.6%。

以"二倍化弱株型"作为间接指标选择，降低畸僵株果率，提高单株正常结果力，具有相当高的选择效率。

3　讨论

二倍体茄子加倍为四倍体之后，所引发的植株果实的畸形僵化，是茄子同源四倍体育种所遇到的许多难题之一。这种果实的畸形僵化，在所有的诱变材料中都有出现，与环境条件无明显相关；不同基因型间差异显著，属遗传性变异。通过连锁交换值的计算，可以推断控制果实畸形僵化与植株较高结果力的是两对互斥连锁的基因 Aa 和 Bb（Ab/aB 类型）。双隐性（ab）畸僵果株的出现，是 Aa 和 Bb 基因发生了交换的结果。这种现象在加倍后未经选择的群体中出现，说明二倍体加倍为四倍体能够引发染色体较多的交换，这对说明同源四倍体存在着广泛的变异性有一定意义。

关于植株分枝习性对茄子结果能力（产量）的影响，Saidnuzzaman 和 Joarder 通过对二倍体材料的研究认为有重要贡献[7]。本研究证明，在四倍体水平上，株型指数与畸僵指数为良好的直线负相关；正常株（趋向二倍体的弱株型）频率与植株正常结果力为良好的直线正相关。以"二倍化弱株型"为间接指标，选择淘汰畸僵果株，提高植株正常株结果能力，具有相对高的遗传进度和选择效率。这在半同胞多亲本轮回聚合选择的同源四倍体茄子的育种中，不失为一种可操作性较强、效果显著的独立水平选择方法。

目前还没有适合于估算四倍体遗传方差的特殊设计。本研究以二倍体模式进行估算，从实际观察值与期望理论值的比较看，有较高的可行性。进一步研究有关四倍体的遗传设计，以期能使四倍体的选择更加科学有效。

参考文献

[1] 李树贤，吴志娟，杨志刚，等. 同源四倍体茄子品种新茄一号的选育 [J]. 中国农业科学，2002，35（6）：686-689.

[2] 李树贤. 同源四倍体茄子诱变初报 [C]. 杭州：中国园艺学会第二次代表大会暨学术讨论会. 1981.

[3] Li Shuxian. Studies on breeding of autotetraploid eggplant. II. Exploration for economic practicability and aims of breeding programme [C]//VIIth meeting on genetics and breeding on capsicum and eggplant. Yugoslavia（Belgrade），1989：75-79.

[4] 裴新澍. 数理遗传与育种 [M]. 上海：上海科学技术出版社，1987.

[5] 马育华. 植物育种的数量遗传学基础 [M]. 南京：江苏科学技术出版社，1982.

[6] 刘垂玗. 作物数量性状的多元遗传分析 [M]. 北京：农业出版社，1991.

[7] SALEHUZZANLAN M，JOARDER O I. Inheritanm of some quantitative characters in eggplant（S. melongena L.）[J]. Genetica Polonica. 1980，22（1）：91-102

[8] WICKE G，WEBER W E. 植物育种的选择原理 [M]. 张爱民，郭平仲，孙其信，等，译. 北京：北京农业大学出版社，1990.

李树贤等：同源四倍体茄子育种的选择Ⅰ.畸形僵果性状及植株结实力的选择　图版XXVⅢ
Li Shuxian et al: Autotetraploid eggplant selection of breeding, Ⅰ. Fruit deformity stiff
character and plant fruit bearing capacity of the selection　　Plate　XXVⅢ

图版说明

1. 正常的2层3分枝；2. 2层4分枝；3. 基本上为2分枝；4侧枝不发达，主枝发达；5. 基部分枝多，
但其生长势较弱；6. 基部侧枝发达，近似"丛生型"；7. 门茄以上形成6~8个分枝，角度小，通透性差；
8. 植株倍性，2n=48；9. 减数分裂中期Ⅰ，染色体的8字构型（↖）；10. 减数分裂中期Ⅰ，
染色体交叉形成六价体构型（↘）

Plates explanation

1. Normal 3 layer 2 branch; 2. 2 layer 4 branch; 3. Basically 2 branch; 4. Side branch is weak, main stem developed;

5. Many branch of the base, but its growth potential is weak; 6. The base branch is developed,approximate "bunch type";

7. Door eggplant above formed 6~8 branches small angle. poor permeability; 8. Plant ploidy, 2n=48; 9. Meiosis metaphase Ⅰ.chromosome of

the 8 word configuration (↖); 10. Meiosis metaphase Ⅰ, chromosome cross formation six valence configuration(↘)

同源四倍体茄子育种的选择
II.株型指数的遗传多样性及其相关选择[*]

李树贤　吴志娟　杨志刚　李明珠　赵萍

（新疆石河子蔬菜研究所）

摘　要: 同源四倍体茄子育种选择的较低世代（C_5 代），株型和结果正常的植株比例很低（9.19%），3 个不同母本系的 12 个株系株型指数平均为 0.4779，株型指数的广义遗传率 h^2_B = 96.39% ±3.52%，株型指数与植株平均结果数呈极强的负相关性，遗传相关系数 r_g=-0.9989，相关遗传力 h_{xy}=-95.22%。随着轮回选择世代的增加以及选系遗传稳定性的增强，株型指数不仅与植株总产量呈现强的直线正相关性（r_g=0.8871，h_{xy}=86.18%），而且也与早熟性——前期产量呈现强的正相关性（r_g=0.9592，h_{xy}=93.64%）。植株高度、茎粗、株幅、叶形指数、始花节位等表型性状与株型指数间存在着极显著的遗传相关性，其相关遗传力及间接选择效率：叶形指数＞株幅＞始花节位＞茎粗＞株高。其中株高、茎粗及始花节位为负值；叶形指数与株幅为正值，与选择方向相同。

关键词: 四倍体；茄子；育种；株型指数；相关选择

Autotetraploid eggplant selection of breeding，
II. Genetic diversity of plant type index
and the correlative selection

Li Shuxian　Wu Zhijuan　Yang Zhigang, Li Mingzhu, Zhao Ping

(Xinjiang Shihezi Vegetable Research Institute)

Abstract: Autotetraploid eggplant breeding selection of low generation (C_5) , Plant type and results of normal plant ratio is very low(9.19%),3 different maternal lines of 12 Strain average plant type index was 0.4779, Generalized heritability of plant type index is: h^2_B = 96.39% ±3.52%. Plant type index and with average fruiting ability shows strong minus correlation ,it's relique interrelated coefficient is: r_g=-0.9989,correlative heritability is: h_{xy}=-95.22%. Going with the increase of recurrent selection generations and augment of genetic stability,The plant type index not only with Plant total

* 发表于中国农学通报，2009，25（07）：183-187。基金项目："九五"农业部重点科研项目（垦-06-07）。

output present strong linear positive correlation （r_g=0.8871,h_{xy}=86.18%）, and also with early maturity-prophase yield showed strong positive correlation （r_g=0.9592,h_{xy}=93.64%）. Plant height,Stem diameter,plant width,leaves shape index and initial flower node such as phenotypic traits and the plant type index there is significant genetic correlation between,its related heritability and indirect selection efficiency: leaves shape index> plant width>initial flower node>stem diameter> plant height,among them,plant height,stem diameter and initial flower node position were negative; leaf shape index and plant amplitude were positive,which were the same as the selection direction.

Key words: Tetraploid; Eggplant; Breeding; Plant type index; Correlated selection

茄子化学加倍为同源四倍体，植株分枝习性变异很大，有的分枝能力很弱近于"独秆型"，有的分枝能力很强近似"丛生型"；植株连续坐果能力四倍体明显较二倍体增强，但从诱变当代到其后的十多代，均存在程度不等的果实畸形僵化现象，植株结果多与果实多畸形僵化二者表现为互斥连锁遗传[1]。"株型指数"作为一项综合指标，涉及植株多方面的遗传变异，而且在不同情况下存在着不同的效应。本文依据已有的资料，对其遗传多样性及相关遗传进行初步的分析，为育种选择提供必要的理论依据。

1 材料与方法

所用资料部分来自 1984 年对 3 个不同 4x 母本系（SLA、RQA、CRA）12 个株系的观测（每系株数 30～41 株不等[2]）；部分来自 1998 年对同一母本系（RQA）3 个姊妹系 C_8～C_{18} 代（C_9 代空缺）剩余种子在相同条件下所进行的栽培实验的观察结果（每代种植观察株数 20 株）。

"株型指数"的计算采用分级加权系数法[1]：①2 层 3 分枝或 2 层 4 分枝，植株长势较弱，通透性良好，结果正常，系数为 1；②基本上为 2 层 4 分枝，植株较健壮，通透性较差，有个别或无畸僵果，系数 0.75；③主要分枝少，多形成 2 个主秆及多个弱分枝，通透性差，结果较多，畸僵果超过 30%，系数 0.50；④门茄以下分枝较发达，结果多，50% 以上为畸僵果，系数 0.25；⑤侧枝不发达，近似"独杆型"，结果很少；侧枝发达，近似"丛生型"，结果多且全部畸形僵化；植株分枝较正常，结果多但全部畸形僵化，3 种情况系数均为 0。株型指数=$\sum$（株数×加权系数）/总株数。实验数据的分析主要参考了文献[3-5]。

2 结果分析

2.1 C_5 代株形指数与植株结果力的遗传特异性

株型指数是植株遗传特性的综合体现，受不同遗传基因共同控制，而且常存在密切的互作关系。在较低世代（C_5 代），其数值一般都很低，与植株结果力（正常果数+畸僵果数/株）呈现负的相关性。以 3 个不同母本的半同胞选系各 4 个株系（r=3，t=4）（不同株系的植株数为 30～41 株）的平均值为例，其变化见表 1。

表 1　C_5 代不同 4x 株系株型指数与植株结果数的变化

Table 1　Different 4x lines C_5 generation plant type index and plant fruiting number of changes

株系母本系	项目	株系				$\sum x_i$	$\bar{x}$
		1	2	3	4		
SLA	株型指数	0.3553	0.4667	0.4875	0.5071	1.8166	0.4542
	结果数（株）	12.79	9.50	8.88	8.49	39.66	9.915

续表

株系母本系	项目	株系				$\sum x_i$	$\bar{x}$
		1	2	3	4		
RQA	株型指数	0.4038	0.4808	0.5000	0.5263	1.9109	0.4777
	结果数（株）	11.28	9.08	8.59	8.24	37.19	9.2975
CRA	株型指数	0.4417	0.4939	0.5338	0.5375	2.0069	0.5017
	结果数（株）	10.00	8.49	8.03	7.90	34.42	8.605
$\sum x_j$	株型指数	1.2008	1.4414	1.5213	1.5709	5.7344	0.4779
	结果数	34.07	27.07	25.50	24.63	111.27	9.2725

株型指数与单株平均结果数呈现良好的直线回归关系，r=-0.9900[**]，$\hat{y}$=21.9216-26.4699x，$S_{y \cdot x}$=0.2197，F=473.82[**]。S_b=1.2152，t=21.78[**]；S_a=0.5820，t=37.67[**]。对株型指数与单株平均结果数进行方差、协方差分析，结果见表2。

表2 C₅代株型指数与植株结果数的方差、协方差分析

Table 2 The C₅ generation plant type index and plant fruiting number of variance and covariance analysis

变异来源	DF	株型指数（x）			结果数/株（y）			株型指数与结果数（株）		
		SS	MS	F	SS	MS	F	SP	MP	F
系统间	2	0.004527	0.002264	11.15[**]	3.436	1.718	6.74[*]	-0.1246	-0.0623	9.44[**]
株系间	3	0.026933	0.08978	44.23[**]	18.3945	6.1315	24.07[**]	-0.7007	-0.2336	35.39[**]
误差	6	0.001215	0.000203		1.5285	0.25475		-0.0396	-0.0066	
总变异	11	0.032675	0.00297		23.359	2.123545		-0.8649	-0.0786	

注：[*]差异显著；[**]差异极显著；无标记为差异不显著。

F值测验，株型指数、单株结果数系统间（a）和株系间（b）方差及协方差差异均达到显著和极显著，按照组内单一观察值两向分组资料系统平均值法进行遗传分析[3]：

株型指数：$h_{B \cdot x}^2$ = 93.39%±3.52%，GCV=12.30%。

单株结果数：$h_{B \cdot y}^2$ = 93.51%±6.21%，GCV=16.44%。

株型指数与单株平均结果数的相关遗传：

h_{xy}= -95.22%；$h_{e \cdot xy}$=-4.14%；R_h=95.83%；r_g=-0.9989；r_e=-0.9167；r_P=-0.9936。

C₅代株型指数与植株结果力之间负的相关遗传，是四倍体基本上处于"原始变异"状态，株型和结果正常的植株比例很低（仅占9.19%），果实的畸形僵化与植株结果多二者密切连锁等因素所致。随着轮回选择次数的增加和正常结果株比例的增大以及遗传稳定性的改善，情况将会发生质的变化。

2.2 不同选择世代株型指数与植株产量的相关遗传

在半同胞多亲本轮回聚合选择条件下，原有的不良连锁被打破，新的优良重组体——株型正常、结果多、经济产量高的植株不仅会产生，而且比例会随之增加，株型指数与植株经济产量之间从而呈现正相关性。同一条件下对RQA母本系3个姊妹系C₈～C₁₈代的观察结果见表3。

表 3　$C_8 \sim C_{18}$ 代株型指数与植株产量的表型值

Table 3　The $C_8 \sim C_{10}$ generation phenotypic value of Plant type index and yield

株系	项目	各世代表型值										$\sum x_i$
		1 (C_8)	2 (C_{10})	3 (C_{11})	4 (C_{12})	5 (C_{13})	6 (C_{14})	7 (C_{15})	8 (C_{16})	9 (C_{17})	10 (C_{18})	
R-1	株型指数	0.42	0.45	0.48	0.55	0.61	0.67	0.70	0.75	0.80	0.84	6.27
	产量（kg/株）	1.612	1.660	1.672	1.706	1.91	2.10	2.483	2.85	2.925	3.206	22.124
R-2	株型指数	0.61	0.62	0.64	0.66	0.68	0.72	0.85	0.88	0.95	0.96	7.57
	产量（kg/株）	1.250	1.326	1.55	1.58	1.82	2.127	2.62	2.82	2.94	2.96	20.993
R-3	株型指数	0.50	0.52	0.53	0.59	0.69	0.80	0.88	0.92	0.89	0.90	7.22
	产量（kg/株）	0.747	0.974	1.101	1.634	1.925	2.52	2.58	2.611	3.15	3.20	20.492
$\sum x_j$	株型指数	1.53	1.59	1.65	1.80	1.98	2.19	2.43	2.55	2.64	2.70	21.06
	产量（kg/株）	3.609	3.96	4.323	4.92	5.655	6.747	7.683	8.331	9.015	9.366	63.609

对表 3 的资料进行回归分析：$\hat{y} = -0.6334 + 3.9227x$，$r = 0.8707$。

回归方程及相关系数的假设检验极显著；回归系数及截距置信区间的可靠度为 99.0%。

对表 3 资料进行方差、协方差分析，结果见表 4。

表 4　株型指数与植株产量的方差、协方差分析

Table 4　The plant type index and yield of variance and covariance analysis

变异来源	DF	株型指数（x）			产量（y）			x 与 y		
		SS	MS	F	SS	MS	F	SP	MP	F
株系间	2	0.0905	0.04525	30.17**	0.1397	0.0699	1.429	-0.094755	-0.0473775	16.38**
世代间	9	0.62088	0.06899	45.99**	13.9726	1.5525	31.75**	2.940312	0.3267	112.93**
误差	18	0.0273	0.0015		0.8805	0.0489		0.052065	0.002893	
总变异	29	0.73868			14.9928			2.897622	0.099918	

y 值株系间差异不显著，将株系间与误差项合并作为误差，按组内单一观察项单向分组资料系统平均值法估算遗传参数；x 的方差及 x 与 y 的协方差，株系间（a）和世代间（b）差异均达到极显著，按组内单一观察项两向分组资料平均值法估算：

$h_{\mathrm{B} \cdot x}^2 = 97.59\% \pm 1.37\%$，GCV = 23.36%；$h_{\mathrm{B} \cdot y}^2 = 96.71\% \pm 1.85\%$，GCV = 33.37%；

$h_{xy} = 86.18\%$，$h_{\mathrm{B}.xy} = 2.42\%$，$R_h = 97.27\%$，$r_g = 0.8871$，$r_e = 0.3322$，$r_p = 0.8727$

随着选择世代的推移，不仅总产量随着株型指数的增大而增加，而且其早熟性——最能体现经济效益的前期产量（和二倍体对照品种同时期）也随着株型指数的增大而提高。同样以相同条件下获得的 $C_8 \sim C_{18}$ 代的实验资料（前期产量原始数据另文列出）进行协方差及相关遗传分析（表 5）。

表 5　株型指数（x）与早熟性（前期产量，y）的协方差分析

Table 5　The Plant type index (x) and early maturity (prophase yield, y) of covariance analysis

变异来源	DF	SP	MP	F
株系间	2	0.12675	0.063375	99.02**
世代间	9	1.41114	0.1568	245.00**
误差	18	-0.01155	-0.00064	
总变异	29	1.52634	0.05263	

$h_{x.y}$=93.64%，$h_{e.xy}$=−0.44%，R_h=99.53%，r_g=0.9592，r_e=−0.1778，r_p=0.9317。

相关遗传率、遗传相关系数及相关遗传贡献率表明，株型指数的改善对提高植株前期产量（早熟性）的效应比对提高植株总产量的效应更显著。

2.3 株型指数的相关遗传与选择

进行间接选择，对提高选择效率有重要作用。利用 RQA 系 3 个姊妹系 C_8～C_{18} 代实验资料（原始数据另文列出），以单一观察项两向分组系统平均值法对结果性状——株型指数与植株高度（1）、门茄以下茎粗（2）、植株开展度（株幅）（3）、叶形指数（4）、始花节位（5）五个原因性状进行方差、协方差及遗传分析，其主要遗传参数见表 6。

表 6 5 个植株表型性状与株型指数的主要相关遗传参数

Table 6 Main interrelated genetic parameters of five phenotypic character and Plant type index

遗传参数	性状					
	株高（1）	茎粗（2）	株幅（3）	叶形指数（4）	第一花节位（5）	株形指数（y）
遗传相关系数（r_g）	−0.6618	−0.7557	0.8915	0.8997	−0.8517	
表型相关系数（r_p）	−0.6572	−0.7333	0.8809	0.8740	−0.8301	
相关遗传力（h_{xy}）	−0.6478	−0.7226	0.8780	0.8800	−0.8333	
相关遗传贡献率（R_h）（%）	98.55	98.66	99.66	99.31	99.62	
广义遗传力（h_B^2）	0.9780	0.9386	0.9867	0.9695	0.9752	0.9759

以各性状间的遗传相关系数列出如下矩阵方程［式（1）］：

$$\begin{pmatrix} 1 & 0.9747 & -0.8315 & -0.9266 & 0.8787 \\ 0.9747 & 1 & -0.9976 & -0.9852 & 0.8089 \\ -0.8315 & -0.9976 & 1 & 0.9798 & -0.7845 \\ -0.9266 & -0.9852 & 0.9798 & 1 & -0.8767 \\ 0.8787 & 0.8089 & -0.7845 & -0.8767 & 1 \end{pmatrix} \begin{pmatrix} P_{y \cdot 1} \\ P_{y \cdot 2} \\ P_{y \cdot 3} \\ P_{y \cdot 4} \\ P_{y \cdot 5} \end{pmatrix} = \begin{pmatrix} -0.6618 \\ -0.7557 \\ 0.8915 \\ 0.9887 \\ -0.8517 \end{pmatrix} \tag{1}$$

求解以上方程，得出原因性状（1）、（2）、（3）、（4）、（5）对结果性状 y 的通径系数：

$P_{y \cdot 1}=1.0926$，$P_{y \cdot 2}=1.2424$，$P_{y \cdot 3}=-0.7297$，$P_{y \cdot 4}=3.8021$，$P_{y \cdot 5}=-0.0560$。

按如下方程[5]进一步估算 5 个原因性状对结果性状——株型指数的遗传效应［式（2）］：

$$\begin{cases} h_{1 \cdot y} = h_1 h_y p_{y \cdot 1} + (h_1 h_y r_{g.12} p_{y \cdot 2} + h_1 h_y r_{g.13} p_{y \cdot 3} + h_1 h_y r_{g.14} p_{y \cdot 4} + h_1 h_y r_{g.15} p_{y \cdot 5}) \\ h_{2 \cdot y} = h_2 h_y p_{y \cdot 2} + (h_2 h_y r_{g.12} p_{y \cdot 1} + h_2 h_y r_{g.23} p_{y \cdot 3} + h_2 h_y r_{g.24} p_{y \cdot 4} + h_2 h_y r_{g.25} p_{y \cdot 5}) \\ h_{3 \cdot y} = h_3 h_y p_{y \cdot 3} + (h_3 h_y r_{g.13} p_{y \cdot 1} + h_3 h_y r_{g.23} p_{y \cdot 2} + h_3 h_y r_{g.34} p_{y \cdot 4} + h_3 h_y r_{g.35} p_{y \cdot 5}) \\ h_{4 \cdot y} = h_4 h_y p_{y \cdot 4} + (h_4 h_y r_{g.14} p_{y \cdot 1} + h_4 h_y r_{g.24} p_{y \cdot 2} + h_4 h_y r_{g.34} p_{y \cdot 3} + h_4 h_y r_{g.45} p_{y \cdot 5}) \\ h_{5 \cdot y} = h_5 h_y p_{y \cdot 5} + (h_5 h_y r_{g.15} p_{y \cdot 1} + h_5 h_y r_{g.25} p_{y \cdot 2} + h_5 h_y r_{g.35} p_{y \cdot 3} + h_5 h_y r_{g.45} p_{y \cdot 4}) \end{cases} \tag{2}$$

方程中的第一列为 5 个原因性状对结果性状的直接作用值，括号内为每个原因性状与其他 4 个原因性状互作的间接作用值。具体结果见表 7。

表7　5个原因性状对株型指数的相关遗传效应

Table 7　Interrelated genetic effect of five cause character towards Plant type index

性状	直接作用	间接作用					综合作用（h_{xy}）	间接选择效率（%）
		通过株高	通过茎粗	通过株幅	通过叶形指数	通过节位		
株高	1.0674		1.1830	0.5928	-3.4418	-0.0481	-0.6467	66.27
茎粗	1.1891	1.0192		0.6967	-3.5850	-0.0434	-0.7234	74.13
株幅	-0.7160	-0.8915	-1.2162		3.6556	0.0431	0.8750	89.66
叶形指数	3.6983	-0.9848	-1.1906	-0.6954		0.0478	0.8753	89.69
节位	-0.0546	0.9366	0.9804	0.5584	-3.2518		-0.8310	85.15

表 7 表明，5 个原因性状对株型指数直接作用最强的是叶形指数（3.6983），其次是茎粗及株高；株幅及节位的作用为负值，特别是节位的直接作用值最小（仅为-0.0546）。除叶形指数而外，其余 4 个原因性状直接作用的大小与其分别与株型指数所进行的遗传分析结果（相关遗传力与遗传相关系数等）的趋势相差甚远，其原因是不同原因性状间存在着程度不等的遗传干扰。区分直接作用和间接作用，可以比较不同原因性状之间的干扰状况。对其遗传效应评价，只有把二者综合在一起才能得到比较真实的遗传信息—其综合值即相关遗传力。在这里，通过式（2）所获得的 h_{xy}（表 7 中 $h_{1 \cdot y} \sim h_{5 \cdot y}$）值与表 6 中的 h_{xy} 值不完全相等，但相差基本上都在 1% 以内，可以认为是多次计算过程取舍位数所造成的误差。5 个原因性状相关遗传力及间接选择效率（h_{xy}/h_y^2，%）的排序为：叶形指数（4）＞株幅（3）＞始花节位（5）＞茎粗（2）＞株高（1）。其中株高、茎粗、始花节位为负值，株幅和叶形指数为正值。这一结果既体现了同源四倍体茄子育种逆向"二倍化弱株形"选择的方向，也提示在相关选择中，要更加重视叶形指数、株幅及始花节位的作用。

3　讨论

在本实验条件下，同源四倍体茄子发生了极为广泛的遗传变异。株型指数是按照加权系数法统计获得的一项标志植株形态特征及遗传特性的综合性状，不仅涉及植物学性状的各个方面，同时也包含了与经济性状相关的诸多因素。株型指数在较低世代的"原始状态"下，以及之后不同选择世代间表现出不同的遗传相关性，这种遗传多样性在茄子的常规有性杂交育种中很少见到，其遗传特异性还有待进一步深入研究。

关于综合性状的多元遗传分析，已形成了比较完整的体系，但也不乏有待继续完善之处，例如，关于将相关遗传力分解为直接作用与间接作用两部分及对其的理解；是否只有在 $|h_{xy}| > |h_y^2|$ 时才能考虑用 x（原因性状）来间接选择 y（结果性状）等[5-7]。在本研究中，对株型指数（y）与 5 个原因性状相关遗传力进行的分析，除叶形指数外，其余 4 个原因性状的直接作用值都不具有单独参考价值。相关遗传力能够很好地反映每个原因性状对结果性状的遗传效应，有无必要把相关遗传力分解为直接作用与间接作用，尚需进一步研究讨论。另外，5 个原因性状与结果性状的相关遗传力绝对值，也没有一个大于结果性状（y）的广义遗传力，以每个原因性状进行间接选择的效率也没有超过 100% 的。本研究认为，相关遗传力小于广义遗传力是必然的，以单一相关性状进行间接选择的效率也不应该大于 1。这些情况与有关文献[4-7]有所不同，有待进一步研究论证。

在数量性状的遗传分析中，关于遗传力的分析已形成了固定的模式。本项研采用的组内单一观察项两向分组资料平均值法，分析广义遗传率及相关遗传力的方法[3]，是否具有广泛的实用性，也还有待进一步验证。

参考文献

[1] 李树贤，吴志娟，杨志刚，等. 同源四倍体茄子育种的选择Ⅰ. 畸形僵果性状及植株结实力的选择 [J]. 西北农业学报，2003，12（1）：48-52.

[2] 李树贤. 同源四倍体茄子多亲本轮回选择 C_5 代遗传变异性的分析 [J]. 西北植物学报，2007，16（5）：145-149.

[3] 李树贤. 植物染色体与遗传育种 [M]. 北京：科学出版社，2008：293-304.

[4] 马育华. 植物育种的数量遗传学基础 [M]. 南京：江苏科学技术出版社，1982：334-375.

[5] 杨德，戴君惕. 作物数量性状的相关遗传力 [C] //刘垂玗，作物数量性状的多元遗传分析. 北京：农业出版社，1991：59-105.

[6] 戴君惕，杨德，尹世强，尹腾蛟. 相关遗传力及其在育种上的应用 [J]. 遗传学报，1983，10（5）：375-383.

[7] 韩龙珠. 春小麦数量性状相关遗传参数的多元化分析与比较 [J]. 遗传学报，1985，7（4）：1-4.

同源四倍体茄子育种的选择
III. 早熟性的遗传变异及相关选择[*]

李树贤　吴志娟　赵　萍

（新疆石河子蔬菜研究所）

摘　要： 经 $C_8 \sim C_{18}$ 代多亲本轮回选择，同源四倍体茄子 RQA 母本系 3 个姊妹系的早熟性得到了显著改善，其前期产量的广义遗传率 h_B^2=96.97%±1.70%，CGV=31.17%。与早熟性相关的始花节位（x_1）、开花期（x_2）、第 1、2 朵花间隔节数（x_3）、叶形指数（x_4）与前期产量的遗传相关性 $x_4 > x_1 > x_2 > x_3$，在四元选择指数中其遗传效应 $x_4 > x_3 > x_1 > x_2$。以叶形指数（x_4）作为相关性状进行早熟性的间接选择，其相对遗传进度可达 97.04%；x_1 和 x_2 分别与 x_3、x_4 尤其是和 x_4 配制选择指数时表现出相同的遗传效果。以始花节位，第 1、2 花间隔节数及叶形指数 3 个相关性状编制选择指数（I=−0.0317x_1+0.7658x_2+3.9166x_3）具有很高的拟合性，其遗传力 h_I^2=97.12%，决定系数 r_{IB}^2=0.9907，选择效率 E_I=96.22%，相对遗传进度 101.09%。

关键词： 四倍体；茄子；早熟性；遗传变异；相关选择

Autotetraploid Eggplant Selection of Breeding，
III. Genetic Variation of Earliness and
the Correlative Selection

Li Shuxian　Wu Zhijuan　Zhao Ping

(Xinjiang Shihezi Vegetable Research Institute)

Abstract: Pass $C_8 \sim C_{18}$ multiple parent recurrent selection,the earliness of the 3 sister lines of autotetraploid eggplant RQA female parent line has been significantly improved,the broad heritability of early stage yield is: h_B^2=96.97%±1.70%, CGV=31.17%. With earliness associated of the initial flower node (x_1),flowering period (x_2),pitch number of 1,2 flower intervals (x_3),leaves shape index (x_4) and early stage yield of of the genetic correlation, $x_4 > x_1 > x_2 > x_3$,the genetic effect in the four yuan selection index,$x_4 > x_3 > x_1 > x_2$. Using leaves shape index serve as related traits,carry through indirect selection of earliness,the relative genetic progress can reach 97. 04%; x_1 and x_2 Respectively with x_3、x_4,especially with x_4 formulated selection index,showed the same genetic effect. Making use of initial flower node,1,2 flower intervals pitch number and leaves shape index three related traits,selection

---

[*] 2010 年 4 月完成初稿，本文集首次全文发表。

index formula of formation($I=-0.0317x_1+0.7658x_2+3.9166x_3$),has very high fitting. His heritability h_I^2=97.12%, determining coefficien r_{IB}^2 = 0.9907,selection efficiency E_I=96.22%, relative genetic progress is 101.09%.

Key words: Tetraploid; Eggplant; Earliness; Genetic variation; Correlative selection

在植物中，同源四倍体虽然也有早熟类型的报道，但对于大多数物种，四倍体较其二倍体亲本普遍比较晚熟[1]。在四倍体茄子育种中，其晚熟程度因亲本、不同选择方法以及不同选择世代而有所不同。多亲本轮回选择，对于改良四倍体的早熟性表现出了明显的优越性[2]。在多亲本轮回选择中，在针对早熟性进行直接选择的同时，根据性状的相关性进行间接选择，特别是在苗期或结果初期就开始选择，对提高选择效率、加快育种进程会产生积极的作用。

1 材料与方法

本研究原始资料来自 1998 年在同一条件下，对四倍体 RQA 母本系 3 个姊妹系 10 个世代（$C_8 \sim C_{18}$）种植观察的结果。供研究的早熟性状和二倍体亲本同期采收的前期产量。相关性状包括植株始花节位（简称节位，x_1）、从定植到开花天数（简称花期，x_2）、第 1、2 朵花间隔节数（简称节数，x_3）、叶形指数（长/宽，x_4）等。统计样本各 20 株。数量遗传分析，参考文献[3, 4, 6]。

2 结果与分析

2.1 早熟性——前期产量的遗传变异

茄子的早熟性表现在上市期的早晚及前期产量的高低两个方面，其中前期产量对于获得高的经济效益尤为重要。在多亲本轮回选择条件下，四倍体的早熟性随着选择世代的推移，得到了明显的改善。RQA 母本系 3 个姊妹系 $C_8 \sim C_{18}$ 代前期产量的测定结果见表 1。

表 1 $C_8 \sim C_{18}$ 代前期产量的变化

Table 1 Changes of $C_8 \sim C_{18}$ prophase yield

株系	世代										$\sum x_i$	$\overline{x_i}$
	1 (C_8)	2 (C_9)	3 (C_{11})	4 (C_{12})	5 (C_{13})	6 (C_{14})	7 (C_{15})	8 (C_{16})	9 (C_{17})	10 (C_{18})		
R-1	0.62	0.66	0.70	1.00	1.00	1.20	1.32	1.50	1.62	1.66	11.28	1.128
R-3	0.86	0.91	0.95	1.15	1.46	1.53	1.65	1.70	1.75	1.69	13.65	1.365
R-6	0.50	0.71	0.90	0.97	1.20	1.32	1.35	1.36	1.37	1.42	11.10	1.11
$\sum x_j$	1.98	2.28	2.55	3.12	3.66	4.05	4.32	4.56	4.74	4.77	36.03	
$\overline{x_j}$	0.66	0.76	0.85	1.04	1.22	1.35	1.44	1.52	1.58	1.59		1.201

对表 1 的数值进行方差分析，结果见表 2。

表 2 $C_8 \sim C_{18}$ 代 3 个系前期产量的方差分析

Table 2 The analysis of variance to prophase yield of three strains of $C_8 \sim C_{18}$ generation

变异来源	DF	SS	MS	F	$F_{0.01}$
系间	2	0.4051	0.2026	23.28**	6.01
系内世代间	9	3.3381	0.3709	42.63**	3.60
误差	18	0.1563	0.0087		
总变异	29	3.8995	0.1345		

系间（a）及世代间（b）差异均达到极显著，按照组内单一观察值两向分组资料平均值法进行遗传分析，其广义遗传率[1]：

$$h_{\mathrm{B}}^2 = \frac{t\sigma_{\mathrm{g \cdot a}}^2 + r\sigma_{\mathrm{g \cdot b}}^2}{(t\sigma_{\mathrm{g \cdot a}}^2 + \sigma_{\mathrm{e}}^2) + (\sigma_{\mathrm{g \cdot b}}^2 + \sigma_{\mathrm{e}}^2)} \times 100 = 96.97\% \pm 1.71\% \ , \ \mathrm{GCV}=31.17\% \qquad （1）$$

随着选择次数的增加和选择世代的推移，植株的早熟性（前期产量）显著增强，其遗传变异的差异显著性世代间高于选系间。高的广义遗传率及遗传变异系数表明，多亲本轮回选择发挥了巨大作用。

2.2 早熟性相关性状及其相关选择的遗传分析

对来自同一母本系（RQA）3 个姊妹系 C8～C18 代 4 个与早熟性相关的性状始花节位（x_1）、花期（x_2）、第 1、2 间隔节数（x_3）、叶形指数（x_4）和单株前期产量（y）（x 值原始资料未列出，y 值如表 1）资料进行方差、协方差及遗传分析，其主要参数见表 3。

表 3　前期产量（y）及 4 个相关性状的主要遗传参数

Table 3　The main genetic parameters of four correlative characters and prophase yield（y）

性状及参数		x_1	x_2	x_3	x_4	前期产量（y）
始花节位（x_1）	方差（协方差）	0.2619				−0.1559
	遗传力（h）	0.9752				−0.7760
	遗传相关系数(r_g)					−0.7946
花期（x_2）	方差（协方差）	1.5915	10.2129			−0.8670
	遗传力（h）Inheritability（h）	0.9663	0.9687			−0.6860
	遗传相关系数(r_g)	0.9920				−0.7063
第 1、2 花间隔节数（x_3）	方差（协方差）	0.0543	0.3121	0.0162		−0.0324
	遗传力（h）	0.8018	0.7220	0.9349		−0.6584
	遗传相关系数(r_g)	0.8387	0.7595			−0.6908
叶形指数（x_4）	方差（协方差）	−0.0483	−0.2719	−0.0110	0.0121	0.0405
	遗传力（h）	−0.8591	−0.7665	−0.8575	0.9695	0.9478
	遗传相关系数(r_g)	−0.8767	−0.7873	−0.8975		0.9705

表 3 中，x_{ii} 和 x_{ij} 方差分别为总变异方差、协方差，$h_{ii}=h_{\mathrm{B}}^2$，h_{ij} 为不同相关性状 $x_i(x_j)$ 间的相关遗传力；σ_{iy}^2 为 x_i 与 y 的遗传型协方差，$h_{iy}=h_{xy}$。以组内单一观察值两向分组资料平均值法计算相关遗传力[1]：

$$h_{xy} = \frac{\mathrm{COV_{g \cdot a}} + \mathrm{COV_{g \cdot b}}}{\sqrt{\sigma_{\mathrm{p \cdot xa}}^2 + \sigma_{\mathrm{p \cdot xb}}^2}\sqrt{\sigma_{\mathrm{p \cdot ya}}^2 + \sigma_{\mathrm{p \cdot yb}}^2}} \times 100$$

4 个与早熟性相关的性状，其广义遗传率，始花节位（x_1）>叶形指数（x_4）>花期（x_2）>第 1、2 花间隔节数（x_3）。以 x_i 对 y 值进行间接选择，其相对遗传进度（$h_x r_g / h_y$，%）见表 4。

表 4　以相关性状对前期产量进行间接选择的遗传效应①

Table 4　The genetic effects of prophase yield were indirectly selected by correlation characters①

遗传效应	始花节位（$x_1 y$）	花期（$x_2 y$）	间隔节数（$x_3 y$）	叶形指数（$x_4 y$）
相关选择响应基数（$h_x r_g$）	−|0.7847|	−|0.6951|	−|0.6679|	0.9556
相对遗传进度（%）	79.69	70.59	67.83	97.04

① $h_y = \sqrt{h_{\mathrm{B \cdot y}}^2} = 0.9847$。

234

以不同的相关性状（x_i）分别对 y 值进行间接选择，其相关遗传效应：叶形指数（x_4）＞始花节位（x_1）＞花期（x_2）＞间隔节数（x_3）。其中，以叶形指数进行间接选择，相对遗传进度高达 97.04%，接近于直接对 y 值的选择。

2.3 早熟性的指数法选择

本项研究中，对早熟性的选择，以直接选择与间接选择相结合，独立水平法与指数法选择相结合进行。指数法选择，以 4 个自变量不同组合编制选择指数，三元和四元选择指数的部分回归系数（加权系数）b_i 通过矩阵演算而获得。

以 x_i 的表型方差和协方差组成矩阵$[p]$，并求出逆矩阵$[p^{-1}]$

$$[b_i\text{向量}]=[p^{-1}][x_iy\text{遗传型协方差向量}]　　　　　　　(3)$$

不同组合的选择指数及其相关选择效应见表 5。

表 5　不同选择指数及其相关选择效应
Table 5　Different selection index and the correlative selection effects

序号	选择指数方程	选择响应基数※	相对遗传进度（%）	决定系数（r_{IH}）
1	$y=-11.4971x_1+0.1484x_2$	0.3236	87.79	0.7474
2	$y=-0.592x_1-0.0156x_3$	0.3046	82.64	0.6622
3	$y=0.0831x_1+3.68x_4$	0.3688	100.05	0.9708
4	$y=-0.057x_2-0.8863x_3$	0.2807	76.15	0.5624
5	$y=0.0105x_2+3.583x_4$	0.3688	100.05	0.9708
6	$y=0.7126x_3+3.9949x_4$	0.3724	101.03	0.9899
7	$y=-1.7378x_1+0.1672x_2+0.5912x_3$	0.3260	88.44	0.7586
8	$y=0.0667x_1+0.0021x_2+3.6656x_4$	0.3689	100.08	0.9714
9	$y=-0.0317x_1+0.7658x_3+3.9166x_4$	0.3726	101.09	0.9907
10	$y=-0.0009x_2+0.7223x_3+3.9829x_4$	0.3724	101.03	0.9899
11	$y=-0.2283x_1+0.0256x_2+0.8275x_3+3.7627x_4$	0.3728	101.14	0.9920

① 选择响应基数$\left(\sqrt{\sigma_i^2}\right)$。

表 5 列出了 4 个自变量 11 种可能组合的二元、三元和四元选择指数方程，方程 3、5、6、8、9、10、11 具有良好的遗传效应，其中包括 3 个二元方程，3 个三元方程和由 4 个自变量组成的四元方程。7 个表现良好的选择指数方程中都有 x_4（叶形指数）存在，叶形指数不仅具有很高的广义遗传力（96.95%）而且与早熟性（前期产量）的相关遗传力（94.78%）及遗传相关系数（0.9705）也很高，不论是以其单独进行相关选择，还是编入选择指数进行选择，都有良好的表现。其他 3 个自变量在选择指数中的表现和以其单独进行相关选择有所不同，单独表现是 $x_1>x_2>x_3$；在选择指数中是 $x_3>x_1>x_2$，这种不同是由于不同自变量间存在不同的遗传干扰所致。x_1 和 x_2 由于存在极强的遗传相关性（$r_{g·12}=0.9920$），在分别和叶形指数（x_4）编制的选择指数方程中（方程 3 和 5）表现出完全相同的遗传效应；同时存在时（方程 8）由于效应的相互抵消而与单独存在时几乎无异；分别或共同与 x_3 及 x_4 编制选择指数方程，也显示不出明显差异（方程 9、10 和 11）。

根据相关性状不仅要和早熟性具有强的相关性，而且直观性要强，容易进行准确的观测；自变量性状之间尽可能不存在强的相关性及重复效应；相关选择在苗期就能开始；进入选择指数方程的相关性状的数目不宜过多等原则，在同源四倍体茄子早熟性选择中，以始花节位（x_1）、第 1、2 花间隔节数（x_2，原编号 x_3）及叶形指数（x_3，原编号 x_4）3 个相关性状编制选择指数较为适宜，其选择指数方程：

$$I=-0.0317x_1+0.7658x_2+3.9166x_3　　　　　　　(4)$$

选择指数总变异方差：$\sigma_I^2=\sum b_i g_{iy}=0.1388$。

遗传型变异方差：$\sigma_{g*}^2=\sum b_i^2\sigma_{gi}^2+2\sum b_i b_j g_{ij}=0.1348$。

公式中的 b_i（b_j）为不同自变量的部分回归系数（即权重系数），σ_{gi}^2 为不同 x 性状的遗传型方差，g_{ij} 为不同 x 性状间的遗传型协方差，g_{iy} 为不同 x 性状与 y 的遗传型协方差。

聚合遗传型方差（σ_H^2）即 y 值（前期产量）的遗传型方差：$\sigma_H^2 = \sigma_{g\cdot y}^2 = 0.1401$。

选择指数的准确度——决定系数：$r_{IH}^2 = \dfrac{\sigma_I^2}{\sigma_H^2} = 0.9907$。

选择指数的遗传率：$h_I^2 = \dfrac{\sigma_{g*}^2}{\sigma_I^2} \times 100 = 97.12\%$；选择效率：$E_I = \dfrac{\sigma_{g*}^2}{\sigma_{g\cdot y}^2} \times 100 = 96.22\%$。

选择指数的相关选择响应：$CGS_y = i\sqrt{\sigma_I^2} = K\sqrt{\sum b_i COV_{g\cdot x_i y}} = k \times 0.3726$。

直接选择 y 值的遗传进度 $GS_y = k\sigma_{g\cdot y}h_y = k \times 0.3686$。

选择指数的相对遗传进度 $= \dfrac{CGS_y}{GS_y} \times 100 = \dfrac{\sqrt{\sigma_I^2}}{h_y\sigma_{g\cdot y}} \times 100$。

当选择强度 5%时，CGS_I=0.7676，GS_y=0.7593，选择指数的相对进度=101.09%。
当选择强度 1%时，CGS_I=0.9948，GS_y=0.9842，选择指数的相对进度=101.08%。

本研究中 y 值（前期产量）起始量（C_8 代）平均为 0.66 kg/株，C_{18} 代平均为 1.59 kg/株，增量为 0.93 kg/株，接近于 1%选择强度的选择效果。

3 讨论

多亲本轮回选择对于改善茄子同源四倍体的早熟性具有明显的优越性。以前期产量为指标，其差异在选系间和不同世代间都极显著，其广义遗传率高达 96.97%±1.71%，远高出有关二倍体材料的研究报道[5]。这种情况一方面有可能是取材及研究方法的差异所致；另一方面则可能与四倍体的遗传特性有关。

茄子的早熟性不仅取决于开花坐果的早晚、前期坐果数量，而且还取决于果实生长发育的速度及大小。本研究选用的 4 个与早熟性相关的性状，具有标准明确，易于精确统计，适于苗期即早进行选择等优点。以其单独进行相关选择和以不同组合编制选择指数进行相关选择，其遗传效应不仅相同。其中叶形指数不论是以其单独进行相关选择，还是编入选择指数进行相关选择，都有良好的表现。在同源四倍体茄子育种中，对叶形指数进行逆向选择（同源四倍体叶形指数变小，选择中向大的方向选择）具有重要的遗传学和育种学意义。始花节位和花期两个相关性状，不论是以其单独进行相关选择还是以不同组合的选择指数进行相关选择，都具有相同的遗传效应，同时使用只表现单一效应。在同源四倍体茄子早熟性的相关选择中，以叶形指数、始花节位及第 1、2 花间隔节数作为主要相关性状并构建选择指数较为理想。

选择指数的构建以相关性状的表型方差、协方差以及与目标性状的遗传型协方差为元素，不同相关性状在选择指数中以整体发挥作用。系数 b 在统计分析中为偏回归系数，作为选择指数的权重系数，对于遗传力和与目标性状遗传相关性特别强的性状，可能是适宜的；但对遗传力相对较低、与目标性状相关性相对较弱的性状，则往往会存在一定的偏差。例如在本项研究的选择指数中，始花节位的系数值小于第 1、2 花间隔节数，这与其相关遗传参数的表现不符，关于这一点还有待进一步研究。

本项研究所构建的选择指数，遗传分析表明，具有很高的遗传力（$h_I^2 = 97.12\%$）和决定系数（$r_{IH}^2 = 0.9907$）。关于选择指数的遗传效应，一方面可以通过选择效率，即选择指数的遗传型方差占目标性状（前期产量）遗传型方差比例来表示；另一方面还可以相关选择响应及相对遗传进度来表示。在这里，需要讨论的是其相对遗传进度有无可能大幅度超过直接对目标性状（y）进行的选择。对此，本研究的结论是否定的。目标性状值是客观存在的，相关选择（包括选择指数法）的选择效应以达到目标性状值（100%±5%）为最大值，相关文献报道超出很多[3,7]，也有待进一步研究。

参考文献

[1] 李树贤. 植物染色体与遗传育种 [M]. 北京：科学出版社，2008：243-245，293-304.

[2] 李树贤，吴志娟，杨志刚，等. 同源四倍体茄子品种新茄一号的选育 [J]. 中国农业科学，2002，35（6）：686-689.

[3] 马育华. 植物育种的数量遗传学基础 [M]. 南京：江苏科学技术出版社，1982：334-375.

[4] 顾万春. 统计遗传学 [M]. 北京：科学出版社，2004：351-377.

[5] 崔鸿文，岂秀丽. 茄子早熟育种研究 [J]. 西北农业学报，1993：2（3）：29-34.

[6] 李树贤. 同源四倍体茄子多亲本轮回选择 C_5 代遗传变异性的分析 [J]. 西北农业学报，2007：16（5）：145-149.

[7] 刘福来，毛盛贤，黄远樟. 作物数量遗传 [M]. 北京：农业出版社，1994：181-184.

同源四倍体茄子育种的选择
Ⅳ. 相对遗传进度与选择极限初探[*]

李树贤　吴志娟　赵　萍

（新疆石河子蔬菜研究所）

摘　要: 在相同的条件下，对本所自育茄子同源四倍体 RQA 母本系 3 姊妹系，10 代剩余的种子种植观察。在多亲本轮回选择条件下，表型性状以趋向"二倍化弱株型"为选择方向，获得了良好的结果。株高、叶形指数、始花节位、花期、1～2 花间隔节数，在期望方向上增减了 15.15%～20. 29%；植株结果数增加了 104.32%，前期产量增加了 140.91%，总产量增加了 159.52%，单果种子数增加了 38.45%。不同性状的实际增量和不同选择强度的选择响应（GS）存在一定差异，对大多数性状，1%的选择强度更接近实际值。性状的继代选择反应，大多呈 S 形曲线变化，后来都出现了"选择极限"趋势。用 $\left(\hat{y} = \dfrac{k}{1+ae^{-bx}}+c \right)$ 拟合分析继代选择效果，

叶形指数和前期产量模型分别是：（$\hat{y} = [0.4/(1+7.527e^{-0.4812x})]+1.3$）和（$\hat{y} = [1.1566/(1+10.5249e^{-0.5668x})]+0.4876$）。其相关系数分别为 $r=-0.9965$ 和 $r=-0.9989$。叶形指数选择极限量为 1.70，在 C_{25} 实现；前期产量选择极限量为 1.6442，在 C_{30} 实现。

关键词: 茄子；同源四倍体；继代选择；相对遗传进度；选择极限

Autotetraploid Eggplant Selection of Breeding,
Ⅳ. The Relative Genetic Progress and
Selection Limit

Li Shuxian　Wu Zhijuan

(Xinjiang Shihezi Vegetable Research Institute)

Abstract: Under the same conditions,will ourself breeding of the eggplant autotetraploid RQA female parent lines 3 lines,10 generations of the remaining seeds planted observed. Under the multi parent recurrent selection,the phenotypic traits tended to be "diploidization Weak plant type" selection,and good results were obtained.The plant height,leaf shape index,initial flower node,flowering period,1~2 flower interval section number,in a desired direction increase or decrease 15.15%~20.29%; Number of individual plant fructification increased by 104.32%,yield at early stage

---

* 2010 年 2 月完成初稿，本文集首次全文发表。

increased by 140.91%,the total output increased by 159.52%,the seed number per fruit increased by 38.45%. Actual increment of different characters and the selection response(GS) of with different selection intensities there are certain differences,in most traits with 1% intensity of selection is closer to actual value. Character reaction of successive transgenerational selection,Most of the performance for s-shaped curve changes,later all there were trend of "selection limit". Using $\left(\hat{y}=\dfrac{k}{1+a\mathrm{e}^{-bx}}+c\right)$ fitting to analyze its of transgenerational selection effect,leaf shape index and yield at early stage the model,were respectively:($\hat{y}=[0.4/(1+7.527\mathrm{e}^{-0.4812x})]+1.3$)和($\hat{y}=[1.1566/（1+10.5249\,\mathrm{e}^{-0.5668x}）]+0.4876$).The correlation coefficient were respectively $r=-0.9965$ and r was $= 0.9989$. Leaf shape index election limit numerical was 1.70,in C_{25} realized; Yield at early stage selection limit numerical was 1.6442,in C_{30} realized.

Key words: Eggplant; Autotetraploid; Transgenerational selection; Relative genetic progress; Selection limit

有关"选择极限"（selection limit）问题，最早是 Robertson 于 1960 年从理论上加以探讨的。后来又有人提出了选择非极限理论[1-3]。有关选择极限现象，在植物育种中并不罕见。例如，中国农科院作物所，在水稻同源四倍体育种中，发现一些高代株系的平均结实率已很难通过株选的办法提高[4]。在茄子同源四倍体育种中，采用多亲本轮回选择，田间以趋向"二倍化弱株型" 选择，取得了显著效果[5-7]，但在经过近 20 代选择后，所有观察性状均表现出"选择极限" 的倾向，其继代表现大多呈 S 形曲线变化。本文以 Logistic 生长曲线拟合配制，对其"选择极限"进行初步探讨，期能抛砖引玉。

1 材料与方法

本研究原始资料来自 1998 年在同一条件下，对本所所育四倍体 RQA 母本系 3 个姊妹系 10 个世代（$C_8\sim C_{18}$，缺 C_9）剩余种子，种植观察的结果。

试验于 2 月 23 日温室播种，4 月 3 日分苗，5 月 5 日露地定植，行株距 60cm×40cm，每小区 20 株，随机排列，重复三次。田间管理如常。适期调查，数理统计分析如常。

2 结果分析

2.1 继代选择的相对遗传进度

对在多亲本轮回选择下，表型性状以趋向"二倍化弱株型"为选择方向，所获得的 RQA 母本系 10 个世代（$C_8\sim C_{18}$），20 个植物学性状进行了调查统计，其中 8 个性状的继代表现见表 1。

表 1　4x 茄子选择 10 代前后（C_8 和 C_{18}）几个植物学性状的表现

性状	株高（cm）	叶形指数	门茄节位（节）	门茄花期（天）	第1、第2朵花节数（节）	结果数（个/株）	前期产量（kg/株）	总产量（kg/株）	单果种子数（粒）
C_8代	70.2	1.38	8.25	46.0	1.98	3.70	0.66	1.203	244.5
C_{18}代	57.8	1.66	6.85	38.0	1.68	7.56	1.59	3.122	338.5
增量（±）	-12.4	0.28	-1.40	-8.0	-0.30	3.86	0.93	1.919	94.0
（%）	-17.66	20.29	-16.97	-17.39	-15.15	104.32	140.91	159.52	38.45

性状		株高（cm）	叶形指数	门茄节位（节）	门茄花期（天）	第1、第2朵花节数（节）	结果数（个/株）	前期产量（kg/株）	总产量（kg/株）	单果种子数（粒）
选择响应（GS）	5%	-9.37	0.23	-1.07	-6.65	-0.25	3.28	0.7593	1.44	75.36
	1%	-12.15	0.29	-1.38	-8.62	-0.32	4.25	0.9842	1.86	97.68
相对选择效应[①]（%）	5%	75.56	82.14	76.43	83.13	83.33	84.97	81.65	75.04	80.17
	1%	97.98	103.57	98.57	107.75	106.67	110.10	105.83	96.93	103.91

① 选择响应统计方法如常：$GS = ih^2 = k\sigma_p h^2 = k\sigma_g h$；相对选择效应（%）=（GS/实际增量）×100。

经 10 个世代的选择，其植株高度、叶形指数、始花节位、开花期、第1～2朵花间隔节数，以期望的方向增减了 15.15%～20.29%；植株结果数增加了 104.32%，前期产量增加了 140.91%，总产量增加了 159.52%，单果种子数增加了 38.45%。不同性状的实际增量和不同选择强度的理论增量，存在一定差别，但就大多数性状而言，1%的选择强度更接近实际值。在实际育种过程中，较低世代（例如5～6代或7～8代以前）通常多是以较低的选择强度（如10%或5%）进行选择，这一方面与可供选择的群体不够大有关；同时也有利于防止有利基因的丢失。随着家系世代的延续及群体的增大，加大选择强度（例如以1%），对提高选择效率将是必要的。

以上结果充分显示了多亲本轮回选择和表型性状以趋向"二倍化弱株型"为选择方向的选择，取得了良好的效果。

2.2 $C_8 \sim C_{18}$ 表型性状的继代变异

通过同一条件下对同宗系连续 10 个世代的观测统计，其植株高度、株幅、茎粗、节间长、始花节位、开花期、第1～2朵花间隔节数、叶形指数、果实横径、果形指数、单株结果数、单果重、单株种果数、种果重、正常株率、前期产量、总产量、单果种子数、繁殖系数等植物学性状，除株高、茎粗、节间长呈幂函数变化，株幅为对数函数变化而外，其余全都呈现 S 形曲线变化。

呈幂函数或对数函数变化的性状，可能是控制这类数量性状的基因比较特殊，试验取样区间错过了前期缓慢生长期所致。

晚后期，所有性状的选择增量无一例外都变得缓慢，并趋向停滞，见表2。

表2 RQA 母本系半同胞轮回选择 3 个姊妹系 $C_8 \sim C_{18}$ 代相关性状观察统计结果

世代	始花节位	花期	坐果数	第1、2果隔节数	叶形指数	前期产量（kg/株）	总产量（kg/株）	单果种子数
1（C_8）	8.25	46.0	3.7	1.98	1.38	0.66	1.203	244.5
2（C_{10}）	8.05	45.0	4.0	1.96	1.40	0.76	1.32	253.2
3（C_{11}）	7.85	44.0	4.3	1.94	1.43	0.85	1.441	270.1
4（C_{12}）	7.60	42.2	4.75	1.91	1.48	1.04	1.64	289.3
5（C_{13}）	7.37	41.0	5.25	1.85	1.54	1.22	1.885	305.4
6（C_{14}）	7.20	40.0	5.95	1.80	1.59	1.35	2.249	316.3
7（C_{15}）	7.10	39.5	6.50	1.76	1.62	1.44	2.561	325.3
8（C_{16}）	7.00	38.6	6.89	1.73	1，65	1.52	2.777	332.5
9（C_{17}）	6.88	38.2	7.33	1.70	1.66	1.58	3.005	338.3
10（C_{18}）	6.85	38.0	7.56	1.68	1.66	1.59	3.122	338.5

以叶形指数为例，$C_{16} \sim C_{18}$ 的递增率分别为 1.85、0.61、0.0；前期产量 $C_{16} \sim C_{18}$ 的递增率分别为 5.56、3.95、0.63；单果种子数分别为 2.21、1.74、0.06 等等，无不呈现出程度不等的"选择极限"现象。

2.3 继代选择效应的数理分析

S 型生长曲线又称 Logistic 生长曲线，其函数方程为

$$\hat{y} = \frac{k}{1 + a\mathrm{e}^{-bx}} \tag{1}$$

在本试验中，通过对各个呈 S 形曲线性状的拟合，以下方程更接近实际情况：

$$\hat{y} = \frac{k}{1 + a\mathrm{e}^{-bx}} + \mathrm{C} \tag{2}$$

式中，C 为常数；当 $x=0$ 时，$\hat{y} = \frac{k}{1+a} + \mathrm{C}$，此即起始量；当 $x \to \infty$ 时，$\hat{y} = k + \mathrm{C}$，此即终极量（选择极限）。

当二阶导数 $\dfrac{\mathrm{d}^2 y}{\mathrm{d}x^2} = 0$ 时，$x = \dfrac{-\ln\left(\dfrac{1}{a}\right)}{b}$，$\hat{y} = \dfrac{1}{2}k + c$，说明 $x = \dfrac{-\ln\left(\dfrac{1}{a}\right)}{b}$ 时为曲线的拐点。

在方程配合中，只要确定了 k 值，就可以利用直线化的方法求出系数 b、a 和常数 C。

2.3.1 叶形指数的具体方程

$$\hat{y} = \frac{0.4}{1 + 7.527\mathrm{e}^{-0.4812x}} + 1.3 \tag{3}$$

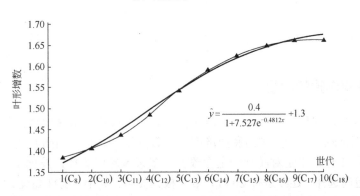

图 1   同源四倍体茄子 RQA 母本系 $C_8 \sim C_{18}$ 叶形指数继代选择效应

将上式直线化，计算转换值 y' 与 x 的相关系数，$r=-0.9965$，接近 1，说明 x 与 y' 值直线关系极显著，所得生长曲线方程误差极小。

起始量=1.3469≈1.35；终极量（选择极限量）=1.70。

$x=-\ln(1/a)/b=4.1947≈4.2$（即 C_{12} 代附近）时，$\hat{y} = (1/2)k + \mathrm{C} = 1.5$，为曲线拐点，此后的选择效应越来越小。

本实验实际观测值：$C_{17\sim18}$ 代（x 轴 9～10）时，叶形指数均为 1.66；按式（2）计算，C_{25}（x 轴 17）时为 1.699159，C_{30} 代（x 轴 22）时仍为 1.6999，增量非常有限。终极值-选择极限 1.70，有相对高的可信赖度。

2.3.2 前期产量的方程

$$\hat{y} = \frac{1.1566}{1 + 10.5249\mathrm{e}^{-0.5668x}} + 0.4876 \tag{4}$$

将式（4）直线化，计算转换值 y' 与 x 的相关系数，$r=-0.9989$，接近 1，说明 x 与 y' 值直线关系极显著，所得选择曲线方程误差极小。

$x=-\ln(1/a)/b=4.152685$（即 C_{12} 代附近）时，$\hat{y}=(1/2)k+C=1.0659$，为曲线拐点，此后的选择效应越来越小。

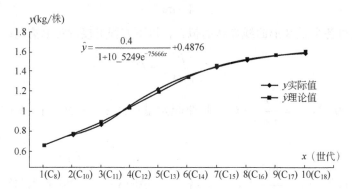

图 2　同源四倍体茄子 RQA 母本系 C8～C18 前期产量继代选择效应

本实验起始量=0.587957≈0.59；终极量（选择极限量）= 1.6442。

按式（2）计算，C_{25}（x 轴 17）时，$\hat{y}$ 值为 1.6434；C_{30}（x 轴 22）时，$\hat{y}$ 为 1.64415；C_{33}（x 轴 25）时，$\hat{y}$ 为 1.64419，增量非常有限。选择极限 1.6442 可信。

3　讨论

3.1　"二倍化"逆向选择的问题

染色体人工加倍的同源四倍体，普遍表现巨大性和强的生长势，植株增高，茎秆粗壮，叶形指数和果形指数变小，生育期延晚，种子结实力和经济产量多数降低等。茄子的同源四倍体育种，所引发的遗传变异更加广泛，育种工作几乎是对品种的全面改良，多亲本轮回选择，发挥了巨大作用[5]。田间以趋向"二倍化弱株型"逆向选择，连续进行 20 代，效果极为显著。其中，植株高度、叶形指数、始花节位、开花期、第 1～2 朵花间隔节数等性状变化幅度较小，但却极有可能其与染色体的二倍化（二价体化）关系更为密切，对此曾做过初步的观察，更严谨的工作有待进一步去做。

3.2　选择极限的双重意义

选择极限的存在对育种具有双重意义，一是作为品种稳定性的标志具有积极意义；二是意味着选择困难的增大。选择极限产生的原因曾被概括为五个方面：加性方差耗竭、自然选择的拮抗作用、超显性-杂合子优势、性状间负遗传相关和连锁作用。本所茄子同源四倍体育种，一开始即发现纯合隐性性状和连锁突变性状的存在[8, 9]，这和出现选择极限的趋向有无关系，尚待进一步研究。

同源四倍体育种显示出"选择极限"趋向是客观存在，但也不能绝对化。在育种实践中，选择以育种目标为依据，再大的群体，再严格地选择，都难免还会有被忽视而处于自然选择状态下的性状；由于基因突变、基因重组以及基因漂移等因素，而造成一些群体已达到极限，但经过一些世代进一步选择后又出现了新的反应，并不罕见；"加性方差耗竭"有简单化之嫌，但任何加大遗传方差，扩大遗传增量的措施，却都是有意义的。

关于选择极限出现的世代，Falconer（1960）报告认为，在连续选择的许多性状中，无一例外地发现所期望的选择极限均在 25 代到 30 代之内实现[1]。在本实验中，叶形指数选择极限在 C_{25} 实现；前期产

量在 C_{30} 实现，和 Falconer 的结论相一致。

3.3　在 Logistic 曲线中+C 的意义

本实验以 Logistic 生长曲线配制继代选择的反应过程，在原式（1）的基础上，增加了一个常数 C，变为式（2）。以叶形指数和前期产量两个性状为例，分别以式（1）和式（2）拟合配制，叶形指数的拟合相关系数式（1）中 $r=-0.9908$，式中（2）$r=-0.9965$；前期产量式（1）中 $r=-0.9970$，式（2）$r=-0.9989$。式（1）和式（2）的拟合精确性差异不显著。在式（2）中，可将常数 C 视为选择性状的原始理论值，前半部分（$k/1+ae^{-bx}$）为增量值，其生物学意义远大于统计学意义。对此，还有待进一步验证。

参考文献

[1] 李明定，吴常信. 关于选择极限问题的讨论 [J]. 中国畜牧杂志，1990，26（6）：56-59.

[2] Hill W G. *Proc. Natl. Acad. Sci.* USA，1982，79：142-145.

[3] Hill W G. *Genct. Res*，1982，40：255-278.

[4] 陈志勇，吴德瑜，宋文昌，等. 同源四倍体水稻育种研究的近期进展 [J]. 中国农业科学，1987，20（1）：20-24.

[5] 李树贤，吴志娟，杨志刚，等. 同源四倍体茄子品种'新茄一号'的选育 [J]。中国农业科学，2002，35（6）：686-689.

[6] 李树贤，吴志娟，杨志刚，等. 同源四倍体茄子育种的选择Ⅱ. 株形指数的遗传多样性及其相关选择 [J]。中国农学通报，2009，25（7）：183-187.

[7] 李树贤，杨志刚，吴志娟，等. 同源四倍体茄子育种的选择，Ⅰ. 畸形僵果性状及植株结实力的选择 [J]。西北农业学报，2003，12（1）：48-52.

[8] 吴志娟，李树贤. 一个同源四倍体茄子类病变突变体的遗传分析 [J]. 西北农业学报，2009，（5）：294-296.

[9] 杨子恒，张沅. 长期选择的反应 [J]. 遗传，1991，13（1）：44-48.

同源四倍体茄子品种"新茄一号"的选育[*]

李树贤　吴志娟　杨志刚　李明珠

（新疆石河子蔬菜研究所）

摘　要：育种工作开始于 1977 年。以 SLA、RQA、CRA 等 3 个人工四倍体茄子种群为基础，以群体内半同胞家系选择和群体间轮回聚合选择相结合，露地栽培和大棚保护地栽培生境选择相结合，历经 20 年育成了第 1 个人工同源四倍体（2n=48）茄子品种－新茄一号。该品种平均单果种子数 324 粒，为二倍体品种六叶茄的 9.5%；果肉细嫩，粗纤维少（－17.22%）；糖酸比高，生食无酸涩味，风味佳，适于生食、熟食及加工制干。果实 Vc、脂肪、蛋白质含量分别较对照二倍体品种增加了 74.38%、31.30%和 34.22%。新茄一号适应性强，适当早播，产量一般可达 67590.9 kg/ha 以上，总产量接近和高于 2 个二倍体对照品种，早熟性及早期产量优于 CK$_1$ 圆形红茄；较 CK$_2$ 六叶茄稍差。新茄一号为少籽高营养茄子品种，具有广阔的应用前景。

关键词：茄子；同源四倍体；新茄一号；育种

The Breeding of Autotetraploid Eggplant Cultivar "Xinqie No. 1"

Li Shuxian　Wu Zhijuan　Yang Zhigang　Li Mingzhu

(Xinjiang Shihezi Vegetable Research Institute)

Abstract: The breeding work began in 1977. Use SLA,RQA,CRA three artificial tetraploid eggplant population as the foundation,utilized within the population half-sib-family selection and between populations many parents recurrent polymerization selection combination,open field cultivation and greenhouse habitat selection the combination of,After 20 years,first artificial breeding succeed tetraploid (2n=48) eggplant new varieties "Xinqie No.1". This variety of average fruit seed was 324, are diploid varieties 9.5%of "Liuyeqie"; The flesh is tender,crude fibres low (-17.22%); High sugar acid ratio,Raw food has no acid astringent taste,good flavor,suitable for raw food,cooked and Or processed foods. Fruits Vc,fat and protein content respectively than the control diploid varieties increased by 74.38%,31.30% and 34.22%. "Xinqie No.1" is highly adaptable,proper early sowing,the average yield Generally reachable per ha is 67 590.90 kg or more; Precocious and early yield superior to CK$_1$ "Yuanxinghongqie"; Slightly worse than CK$_2$ "Liuyeqie". "Xinqie No.1" as seed less high nutritional eggplant varieties,has a broad application prospect.

Key words: Eggplant; Autotetraploid; Xinqie No.1; Breeding

* 中国农业科学，2002，35（6）：686-689。基金项目："九五"农业部重点科研项目垦 0607。

通过人工染色体加倍，即同源多倍体途径选育新品种，在糖甜菜、西瓜及某些果树植物中取得了重大成功。茄子（Solanum melongena L.2n=24）属自花授粉，是一种重要的果菜类作物。一般二倍体茄子果实种子多，采收不及时会因种子老化而降低食用价值。因而无籽或少籽茄子品种的培育一直为蔬菜育种工作者所重视。目前在二倍体水平上已有低温下单性结实材料的发现，但进入高温期则恢复正常结籽[1]。或者不能正常坐果[2]。采用多倍体方法培育少籽茄子品种，过去国内外都一直未见报道。李树贤等从 1977 年开始进行同源多倍体茄子的育种研究，先后诱变加倍了近 20 个二倍体材料，其中 1977 年和 1979 年诱导了 7 份[3]。10 年后作者又进一步报告了同源四倍体茄子育种的可行性[4]。后又经过近 10 年时间，育成了同源四倍体茄子品种，定名为"新茄一号"。

1 材料与方法

1.1 四倍体的诱变

诱变亲本为北京六叶茄、罐茄、绿茄、罐×绿 F_1、圆形红茄、圆叶快茄、灯笼红等。方法及鉴定技术见文献[3]。

1.2 选育方法

以 SLA、RQA、CRA3 个人工四倍体种群为基础，以群体内半同胞家系选择和群体间轮回聚合杂交选择相结合，露地栽培和大棚保护地栽培生境相结合，进行选择。

1.3 果实营养成分测定

干物质采用烘干法，总糖采用斐林试剂法，果酸采用碱滴定法，Vc 采用 2,6-二氯吲哚滴定法。于盛果期取样，随机取 6 个发育和大小基本接近的果实（鲜果重 350g 左右），测定重复 3 次，以平均数为样本数值。

2 结果与分析

2.1 同源四倍体的诱导及效应

普通二倍体茄子人工加倍为同源四倍体以后，在诱变当代结果少而多畸形。此后在相当长的世代内畸形、僵果现象都还会经常出现；同源四倍体茄子果实品质的一些主要指标都普遍大幅度优于二倍体品种；果实种子量大幅度减少，但繁殖系数不成问题；另外，二倍体茄子加倍为同源四倍体后，还普遍存在成熟期推迟和高度自交不亲和现象[3, 4]。

人工同源四倍体茄子的自交不亲和性，增加了自交纯化的难度，但因其同时还具有柱头普遍外露的变异性，而对通过异花授粉扩大变异谱，利用异花授粉作物选择方法提供了方便。

新加倍的同源四倍体茄子第 1 朵花着生节位上升，营养生长旺盛。其分枝习性，由多级双权分枝多数变为二级三分枝或二级四分枝，有的甚至无明显的双叉分枝。一级分枝以下主茎上的侧芽，特别是基部的侧芽常生长旺盛，此类植株常形成多头丛生型。

2.2 "新茄一号"的选育经过

对 1977 年和 1979 年所获得的 7 个不同类型的同源四倍体材料，C_0～ C_2 代偏重倍数性选纯，后保留了 3 个综合性状比较好的种群：六叶茄的四倍体系——系号 SLA，圆叶快茄的四倍体系——系号 RQA，圆形红茄的四倍体系——系号 CRA，作为基础群体继续进行选择。C_3 代（1982 年）将 3 个种群 C_2 代的优良单株，按果行种植于同一选种圃内，开放授粉。以坐果能力强、单株产量高、没有畸形僵果为主要目标性状，进行严格的单株选择，后连续选择 3 代，C_7～ C_9 代继续进行单株选择和株系混合选择，同时进行品系比较试验。

3 个种群各选系种植在同一选种圃内，不仅每个种群不同株系间、同一株系不同植株间进行互交，而且 3 个种群之间也在发生相互杂交。从 C_6 代开始，3 个种群都分离出了非原种群具有的新的质量性状（杂种性状），且分离类型异常丰富。在产量、早熟性等数量性状方面也不乏超亲变异株。根据这种情况，进一步以"二倍化"弱株型（趋向二倍体株型）、早熟、抗病、性状超亲为主要目标进行选择。在选择方法上，采用群体内半同胞家系选择和群体间轮回聚合选择相结合，露地栽培和大棚保护地栽培生境选择相结合。经过 5 代连续选择，从 C_{11} 代开始转入强制人工自交和隔离繁殖优良单株、株系内改良混合选择相结合的优良选系的纯化选择。C_{14} 代进入品种比较试验，2 年后，即 C_{16}、C_{17} 代同时进行品比、区域化试验和多点生产示范，结果评出了性状优良的综合品系 RQA77-79-93-1-2，1996 年 12 月，经新疆维吾尔自治区农作物品种审定委员会评审，定名为"新茄一号"，经查新为国际上第 1 个人工同源四倍体茄子品种（2n=4x=48、n=2x=24，图版 XXIX，4、5）。

2.3 "新茄一号"的特征特性

2.3.1 植物学性状

"新茄一号"植株高 60～70cm，开展度 50～60cm，较直立，分枝性中等。第 1 朵花着生节位 6～8 节（6.9，bB），多为二层三分枝和二层四分枝。茎及果柄底色绿，叶椭圆形（叶指 1.64，bB，）叶缘有大波浪缺刻。花为浅紫色，单生。果实近圆形（果指 0.81，bB），平均鲜果单果重 0.2～0.35kg（0.27kg，aA）。单株产量 1.5～2.5kg（1.99kg，bA）。果实深玫瑰红、浮有绿斑，果肉以青色为主，少有白色。种果重一般可达 500g 以上。平均单果种子数 324 粒（bB），千粒重 0.009kg（aA）。单株种果数 3～4 个，种子繁殖系数可达 1：1000 以上（图版 XXIX，1、2、3）。

"新茄一号"是利用 3 个亲本 （RQA 为原始母本），经多次轮回聚合选择育成的综合品种，其植物学性状在很多方面都综合了 3 个原始四倍体种群的性状，有的还表现超亲遗传，例如第 1 雌花节位较原始母本 RQA 降低了 2.3 节，较渗入亲本 CRA 降低了 1.2 节，也较另一渗入亲本（二倍体水平上最早熟的六叶茄的四倍体系）SLA 为低；植株生长势中等，弱于 RQA 和 S LA，较强于 CRA；果实形状由 RQA 的圆形变为近圆形，果皮和果肉颜色融合了 3 个亲本的性状等（见图 1）。有关多次轮回聚合选择的详细情况将另行报告。

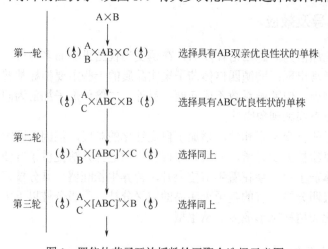

图 1　四倍体茄子开放授粉轮回聚合选择示意图

Fig.1 Sketch map of recurrent polymerization selection, in open pollination of tetraploid eggplant

2.3.2 生物学特性

"新茄一号"从播种到鲜果采收 130～140 天，果实发育期（开花到鲜果采收）20 天左右，生理成熟期 155～165 天，属早中熟品种。果实种子饱满，发芽率和发芽势不比二倍体品种差，不存在出苗困难、不易保苗的问题。幼苗期较耐高温，但在高温高湿条件下也易徒长。结果期需要充足的土壤水分，但在土壤水分不足时一般很少有二倍体品种常有的那种明显的灰果现象。在秋季温度下降后，会明显出现第 2 次结果高峰，植株衰老慢，有利于延长供应期。"新茄一号"还适宜适期早播，进行保护地栽培。新茄一号对黄萎病（*Verticillum dahliae* Kleb.）的耐性较强，1994—1996 年连续 3 年调查，发病盛期的发病率平均为 41.44%，病情指数平均 19.27，较对照品种圆形红茄降低 14.79% 和 8.54%；较六叶茄下降 48.98% 和 50.30%（表 1）。

表 1 "新茄一号"黄萎病抗性比较[1]

Table 1 Comparision of resistance to wilt between cv. Xingqie No.1 and other varieties

品种	黄萎病抗性	
	发病率	病指
新茄一号	41.44	19.72bB[1]
圆形红茄	48.63	21.07bB
六叶茄	81.22	38.77aA

① a、b 表示在 0.05 水平上差异显著；A、B 表示在 0.01 水平上差异显著。

2.3.3 产量及果实品质

"新茄一号"开花期较对照二倍体早熟品种六叶茄晚 3～4 天，果实采收始期也稍晚；和另一二倍体对照品种圆形红茄基本持平。但前期产量（果实开始采收后 20～25 天的产量），并不都比对照品种低。其原因是"新茄一号"第 1、2 朵花和第 2、3 朵花的间隔节数较二倍体品种明显减少，10 年平均"新茄一号"第 1、2 朵花间隔 1.85 节，第 2、3 朵花间隔 1.81 节，4 年平均六叶茄第 1、2 朵花和第 2、3 朵花都是间隔 2.5 节；圆形红茄第 1、2 朵花间隔 2.5 节，第 2、3 朵花间隔 3.0 节。1994～1996 年露地栽培试验，"新茄一号"前期产量较 CK$_2$（六叶茄）低 23.26%，比 CK$_1$（圆形红茄）高 21.4%；总产量比 CK$_2$ 增加 12.54%，比 CK$_1$ 减少 2.76%。1995—1996 年，在 5 个点进行区域性试验和生产示范，1995 年产量 62631.12～75485.22 kg/hm^2，平均 66842.03kg/hm^2；1996 年产量 60020.16～76882.32kg/hm^2，平均 67780.02kg /hm^2。

人工同源四倍体茄子果实营养成分的改善，在 C$_1$ 代就已经表现得很充分。以后每隔几代进行一次较大规模的测定选择，前后共进行过 6 次，品种审定前后 2 次测定平均结果见表 2。

表 2 "新茄一号"鲜果主要营养成分比较

Table 2 Comparison of main nutritional components in fruit of cv.Xinqie No.1

品种	干物质	总塘	果酸	Vc	蛋白质	粗纤维
新茄一号	6.22	3.04	0.071	5.57[2]	1.063[1]	0.721
六叶茄	6.21	2.77	0.069	3.09	0.7615	0.871[2]

注：① 经 *t*(0.01)检验极显著差异，*经 *t*(0.05)检验差异显著。

② means significant at *P*=0.05 and 0.01, respectively.

"新茄一号"较二倍体对照品种六叶茄果肉细嫩，粗纤维减少 17.22%；Vc 增加 55.26%～102.7%，平均增加幅度达 74.38%；脂肪增加 10.73%～57.54%，平均增幅 31.10%；蛋白质增加 27.21%～40.40%，平均增加 34.32%，营养价值优于二倍体对照品种。加之种子少，仅为六叶茄的 9.5%，改进了果实老得快，鲜食果最佳采收期短，种子多，影响食用品质的弊端。

3 讨论

在同源多倍体育种研究中，关于四倍体的分离 Little 曾做过详细的综述与讨论。由于同源四倍体的任何等位基因都有 4 个，对于一个杂合的同源四倍体，控制目标性状的基因不论是按染色体分离，还是在不同交换情况下按染色单体分离，其纯合速度都要较二倍体慢得多。其杂合率在自交 20 代后，仍高于二倍体自交 10 代的杂合率[5]。而且在自交群体内，纯合个体的比例也比二倍体低得多。这说明要将同源四倍体选纯需要花费很长的时间，而且每一代都要有足够大的群体。在本项研究中，参与基因交流的种群有 3 个，所涉及的目标性状不止一两个性状，而是从植株形态到开花结果性能，从成熟期到产量水平，从果实外观性状到营养成分含量，从抗病性到综合适应性等等，几乎是对品种的全面改良。这些性状，既有加性效应，也包含非加性效应，有的还表现为连锁性状，这种情况进一步增加了育种的困难，同时也对选择方法提出了更高的要求。以改良一两个性状而采用的一般轮回选择，在这里很难奏效。本项研究采用了多亲本多次轮回聚合选择，以选育四倍体综合品种为目标是比较切合实际的。

茄子以鲜嫩果实为收获物，产量和果实品质是衡量茄子品种利用价值的重要因素。但是产量和品质在很多物种，尤其是同源四倍体类型中，如糖用甜菜，其块根产量和含糖率经常表现为强的负相关[6]。在茄子上要达到早熟性、丰产性及优良品质三者兼顾也是很困难的。"新茄一号"虽经多亲本多次轮回聚合选择，其产量已接近或超过二倍体亲本，但早熟性及早期产量仍赶不上最好的二倍体亲本品种，对于这一点仍需进一步改良。

茄子的品质性状包括产品外观、风味、营养成分和加工性能。其中除某些外观性状可能属一两对基因控制的简单遗传外，其余多数性状均属微效多基因控制的数量性状。其遗传机制复杂，易受环境因素的影响。一般茄子品种 Vc 和可溶性糖含量为负相关，二者都高的品质育种是困难的[7]。"新茄一号"果实种子少，几项主要营养成分含量均显著优于对照二倍体品种，尤其是 Vc 增幅显著高于总糖、也高于二倍体对照品种，这一点是很可贵的。本项育种研究，对果实营养成分没有施加更大的选择压力，进一步加大果实营养成分的选择压力，对进一步改善品种的品质将是必要的。

参考文献

[1] 肖蕴华，吴绍岩. 茄子单性结实材料 9101 的发现 [J]. 中国蔬菜，1998，（2）：9.

[2] 田时炳，刘君绍，皮伟. 低温下茄子单性结实观察试验初报 [J]. 中国蔬菜，1999，（5）28.

[3] 李树贤. 同源四倍体茄子诱变初报 [C] //中国园艺学会第二次代表大会暨学术讨论会论文. 杭州，1981.

[4] LI S X. Studies on breeding of autotetraploid eggplant. II. Exploration for economic practicability and aims of breeding programme [C]//VIIth meeting on genetics and breeding on capsicum and eggplant. Yugoslavia（Belgrade），1989：75-79.

[5] 余延年. 同源四倍体群体的自交和遗传平衡 [J]. 遗传学报，1980，7（1）：45-48.

[6] 李树贤. 糖甜菜的倍数性育种 [J]. 北京：中国科学技术出版社，1999.

[7] 崔鸿文，岂秀丽. 茄子早熟育种研究 [J]. 西北农业学报，1993，2（3）：29-34.

[8] 井立年，崔鸿文，张秉奎. 茄子品质性状遗传研究 [J]. 西北农业学报，1998，7（1）：45-48.

李树贤等：同源四倍体茄子品种新茄一号的选育　图版XXIX

Li Shuxian et al: The breeding of autotetraploid eggplant cultivar "Xinqie No.1 "　Plate XXIX

1．新茄 1 号种果成熟期植株群体；2．新茄 1 号的植株；3．新茄 1 号的果实及横剖面；

4．新茄 1 号体细胞染色体数 2n=48，×330；5．减数分裂后期，n=24，×330

1. Plant population in mature period of "cv. Xinqie No.1 "; 1. Plant of "cv. Xinqie No.1"; 3. The fruits of "cv. 'Xinqie 'No.1 "

and their cross sections; 4. Somatic cell chromosomal number of "cv. Xinqie No1",

2n=40, ×330;5. Meiosis of anaphase 1,n=24, ×330

茄子同源三倍体的初步研究
I. 4x×2x 配制三倍体组合的种子结实力[*]

李树贤　吴志娟　李明珠

摘　要: 茄子 4x×2x 能够获得三倍体，27 个（次）组合杂交坐果率为 37.41%，种果中无籽果实占 53.42%，种果平均单果种子数 1.60 粒。对 6 个杂交组合进行分析，其杂交种果单果种子数的广义遗传力 h_B^2=99.59% ± 0.26%，遗传变异系数 GCV=185.96%。同一组合不同年份的杂交结果差异不显著，其极低的种子结实力主要是遗传因素所致。

关键词: 茄子；三倍体；杂交结实力

Eggplant Preliminary Study of Autotriploid
I. Seed Bearing Ability of 4x×2x triploid

Li Shuxian　Wu Zhijuan　Li Mingzhu

(Xinjiang Shihezi Vegetable Research Institute)

Abstract: Eggplant 4x×2x can obtain triploid,27 (Times)combinations hybrid fruit rate is 37.41%. In fruit stenospermocarpy for 53.42%. In fruit average per fruit seed number was 1.60. The analyzed 6 combinations hybrid,hybrid fruit seed number per fruit broad heritability h_B^2 =99.59% ± 0.26%, Genetic variation coefficient GCV=185.96%. There was no significant difference in the hybridization results of the same combinations in different years. Its extremely low is knot seed capability was mainly caused by genetic factors.

Key words: Eggplant; Triploid; Hybridization knot seeds capability

在植物倍性育种中，三倍体的利用占有重要地位，其代表是三倍体糖用甜菜和三倍体无籽西瓜的利用。在蔬菜作物中，三倍体芦笋具有显著的超显性杂种优势[1]。三倍体丝瓜品质优良，产量较二倍体明显增加[2]。笔者在茄子倍性育种研究中曾连续多年进行了 2x×4x 以及 4x×2x 的杂交试验，其中 2x×4x 很少能收获种子，且获得的种子不是三倍体而是二倍体（另文报道）。4x×2x 能够获得三倍体，但杂交结实率很低。具有一定的杂种种子，对进行相应的遗传分析提供了可能。

1　材料与方法

试验于 1993—1997 年在新疆石河子蔬菜研究所进行。供试材料 4x 为本所选育的 3 个圆果形 4x 系:

---

* 中国蔬菜，*China Vegetables*，2008（增刊）：34-37。

4x-l（7 个株系）、4x-2（7 个株系）、4x-3（2 个株系）。2x 系包括：长 1121、巨佳 1 号、福州条茄、济南早长茄、三月茄、新茄 3 号（早-1）、河采条茄、Ⅱ-7、杭茄 1 号、鲁茄 1 号、辽茄 4 号、辽茄 2 号、WEI96-l、六叶茄、二茛茄、灯笼红共 16 个。

杂交试验于盛花期（对茄和四门斗茄花期）开花前 2～3 天去雄套袋（脱脂棉束缚花冠及萼片），开花当日授以纯净 2x 材料花粉，并束花保纯、挂牌标记。种果成熟后统一调查坐果率，采收全部杂交授粉的种果，逐一脱粒统计种果单果种子数。

杂交组合的遗传分析，采用单一观察值、观察次数不等的两向分组资料的方差及遗传分析方法。不同年份的分析采用单一观察值、观察次数不等的单向分组资料的统计分析方法。

2 结果与分析

2.1 4x×2x 的杂交结果

以 4x 系为母本，2x 系为父本进行杂交，5 年间共配制杂交组合 27 个（次），结果见表 1。

表 1 4x×2x 配制三倍体结实力统计

年份	组合	授粉花数（朵）	结果数（个）	有籽结实数（个）	坐果率（%）	总结籽数（粒）	无籽果率（%）	平均单果种子数（粒）
1993	4x-1-1×长 1121	27	7	4	28.00	21	42.86	3.00
	4x-1-2×辽茄 2 号	25	7	3	28.0	13	57.14	1.86
	4x-1-3×灯笼红	88	51	8	57.95	33	84.32	0.65
	4x-2-1×巨佳 1 号	8	1	1	12.50	5	0	5.00
	4x-3-1×福州条茄	15	3	0	20.00	0	100.00	0
	4x-3-2×河采条茄	22	6	3	40.98	21	50.00	3.50
	小计	183	75	19	40.98	93	74.67	1.24
1994	4x-1-1×长 1121	29	15	5	51.27	20	66.67	1.33
	4x-1-2×辽茄 2 号	26	13	4	50.00	17	69.23	1.31
	4x-1-3×灯笼红	30	10	3	33.33	11	70.00	1.10
	4x-1-4×鲁茄 1 号	37	15	10	40.0	57	33.33	3.80
	4x-1-5×六叶茄	27	13	4	48.15	33	69.23	2.54
	4x-3-1×辽茄 2 号	27	2	2	7.41	20	0	10.00
	小计	176	62	28	38.64	158	58.82	2.55
1995	4x-1-2×辽茄 2 号	20	5	1	25.00	2	80.00	0.40
	4x-1-3×灯笼红	397	140	55	32.26	168	60.71	1.20
	4x-1-4×鲁茄 1 号	98	33	13	33.67	61	60.61	1.85
	小计	515	178	69	34.56	231	61.24	1.30
1996	4x-1-3×灯笼红	80	15	4	18.75	12	73.33	0.80
	4x-1-6×早-1	50	13	9	26.00	16	30.77	1.23
	4x-1-7×Ⅱ-7	30	9	5	30.00	6	44.44	0.67
	小计	160	37	18	23.12	34	51.35	0.92
1997	4x-2-2×二茛茄	46	26	15	56.52	40	42.31	1.54
	4x-2-2×济南早长茄	52	27	20	51.92	65	25.93	2.41
	4x-2-3×辽茄 4 号	42	22	20	52.38	69	9.09	3.14
	4x-2-4×杭茄 1 号	30	16	11	53.33	22	31.25	1.38

续表

年份	组合	授粉花数（朵）	结果数（个）	有籽结实数（个）	坐果率（%）	总结籽数（粒）	无籽果率（%）	平均单果种子数（粒）
1997	4x-2-4×三月茄	27	11	7	40.74	22	36.36	2.00
	4x-2-5×河采条茄	40	15	7	37.50	19	53.33	1.27
	4x-2-5×WE196-1	33	6	5	18.80	11	16.67	1.83
	4x-2-6×辽茄2号	30	19	12	63.33	29	36.84	1.53
	4x-2-7×灯笼红	32	11	7	34.37	27	36.36	2.45
	小计	332	153	104	46.08	304	32.03	1.99
合计		1366	511	238	37.41	820	53.42	1.60

27个（次）杂交组合，杂交总花数1366朵，收获杂交种果511个，总坐果率37.41%。不同组合杂交坐果率在7.41%～63.33%之间，平均36.35%±14.91%，变异系数CV=41.03%。511个杂交种果中无籽果实273个，占53.42%。不同组合无籽果实率在0～100%之间，平均47.44%±25.34%，变异系数CV=53.42%。单果种子数平均为1.60粒。不同组合平均数变化在0～10粒之间，平均为（2.14±1.93）粒，变异系数CV=90.19%。

在 4x×2x 的杂交中，影响杂交结实力的因素来自杂交坐果率、杂交种果的无籽果实率以及杂交果单果种子数三个方面。其中杂交坐果率是盛花期分次杂交授粉，秋季种果成熟后一次性采收统计的结果，未排除自然落花落果（这在二倍体和四倍体开放自由授粉，秋后一次性采收的情况下都有存在）的因素。另外，虽然平均坐果率只有37.41%，但也有高达63.33%的组合，在同一组合内有的单株其杂交坐果率达100%，这说明4x×2x杂交坐果率虽然是影响杂交亲和性的因素之一，但不是最主要的因素，育种选择的难度可能相对要小一些。无籽果实率的变异系数高于杂交坐果率，但也有无籽果实率低于10%的组合（尽管2个为0的组合群体太小，缺乏代表性），这预示其选择难度可能也不是太大。以无籽果实计入种果总数所求得的平均单果种子数能够比较好地反映4x×2x杂交种子结实力的遗传信息。27个组合平均单果种子数变异很大，但其绝对值都很低，从杂交制种的角度考虑，很难满足生产需要。

2.2　种子结实力的遗传变异

4x×2x 配制三倍体，其种子结实力很低，以 5 a 间合计杂交群体较大的 6 个组合（4x-1-3×灯笼红、4x-1-4×鲁茄1号、4x-1-2×辽茄2号、4x-1-1×长茄112l、4x-2-2×济南早长茄、4x-2-3×辽茄4号）为例进行研究（表2）。

表2　6个杂交组合种果单果种子数统计

组合	杂交种果种子数（x^n）												$\sum n_j$	$\sum x_j$
1	0^{146}	1^{24}	2^{18}	3^7	4^5	5^6	7^4	8	9	10^2	12	16	216	224
2	0^{25}	1^4	2^5	3^5	4	5	6^2	9	9	10	16	24	48	118
3	0^{17}	1	1	1	2	4	6	6	6				25	27
4	0^{13}	1	1	2	3	4	5	7	9	9			22	41
5	0^7	1^5	2^3	3^3	4^3	6	6	8					27	65
6	0^2	1^2	2^7	2	2	3	4^3	4	5	6	9	10	22	69
$\sum n_j$	210	37	35	18	10	13	12	6	6	6	4	3	360	
$\sum x_j$	0	37	68	50	34	58	68	39	44	51	45	50		544
$\sum n=360$	$\sum x=544$	$\sum x^2=3664$	$\bar{x}=1.51$		$6_{n-1}=2.804$		cv=185.70%							

注：x^n-x 为种果果种子数，n 为具 x 种子数的种果数。

对表 2 的资料进行方差分析（表 3）。

表 3　杂交种果种子数方差分析结果

变异来源	DF	SS	MS	F
组合间	5	178.794	35.759	218.04**
组合内种果间	59	2594.911	43.982	268.18**
误差	259	48.251	0.164	
总变异	359	2821.956		

注：**表示差异极显著（α=0.01）。

自由度分解：组合间 DF=t-1=5，组合内种果间 DF=r-1=$\sum n/(t-1)$=59；

误差 DF=$(t-1)(r-1)$=295；

总变异 DF=$tr-1$=359；

矫正值 $c=544^2/360=822.04$；

$SS=\sum x^2-c=2821.956$；

$SS_a=\sum\left[(\sum x_i)^2\big/\sum n_i\right]-c=178.794$；

$SS_b=\sum\left[(\sum x_j)^2\big/\sum n_i\right]-c=2594.91$；

$SS_e=SS-SS_a-SS_b=48.251$。

组合间和组合内种果间差异均极显著。以单一观察值、观察次数不等的两向分组资料进行遗传分析：

$$\sigma_e^2=MS_1=0.164,\qquad \sigma_{g\cdot a}^2=\frac{1}{r}(MS_3-MS_1)=0.593$$

$$\sigma_{g\cdot b}^2=\frac{1}{t}(MS_2-MS_1)=7.303,\quad \sigma_g^2=\sigma_{g\cdot a}^2+\sigma_{g\cdot b}^2=7.896$$

$$\sigma_p^2=\left[\frac{1}{r}\sigma_e^2+\sigma_{g\cdot a}^2\right]+\left[\frac{1}{t}\sigma_e^2+\sigma_{g\cdot b}^2\right]=0.5957+7.3303$$
$$=7.926$$

$$h_B^2=\frac{r\sigma_g^2+t\sigma_g^2}{(r\sigma_g^2+\sigma_e^2)+(t\sigma_g^2+\sigma_e^2)}\times100=\frac{(MS_3-MS_1)+(MS_2-MS_1)}{(MS_3+MS_2)}\times100=\frac{35.595+43.818}{79.741}\times100$$
$$=\frac{79.413}{79.741}\times100=99.59\%$$

$$\sigma_{h2}=\frac{(1-h^2)[1+(r-1)h^2]}{\sqrt{\frac{1}{2}r(r-1)(t-1)}}\times100\frac{0.0041\times59.7581}{\sqrt{8850}}\times100$$
$$=\frac{0.245}{94.074}\times100=0.0026\times100=0.26\%$$
$$CCV=\sqrt{\sigma_g^2}\div1.5111\times100=185.96\%$$

6 个杂交组合单果种子数的广义遗传力 h_B^2=99.59%±0.26%，遗传变异系数 GCV=185.96%。其遗传变异系数基本上和表型变异系数（CV=185.70%）相等。这说明以 4x×2x 配制三倍体组合其很低的种子结实力是遗传造成的，具有极高的遗传力。

2.3　不同年份种子结实力的变异

关于不同年份 4x×2x 杂交果单果种子数的变异，对表 1 中 3 a 都做过杂交的 3 个组合（4x- 1 -1×长茄 1121、4x-l-2×辽茄 2 号、4x-l-3×灯笼红）按年份进行综合统计（表 4）。

表 4　不同年份杂交种果单果种子数的变化

年份	种果种子数及频率	$\sum n$	$\sum x_j$	$\sum x^2$
1993 年	0^{50} 1^4 2 3 4^2 5 6^2 7^2 9 10	65	67	425
1994 年	0^{26} 1^3 2^3 3 4^2 5^2 6 9	38	43	219
1995 年	0^{89} 1^{21} 2^{16} 3^6 4^2 5^3 7^3 8 9 10 12 16	145	170	1038
合计	—	248	280	1682

注：x 为单果种子数，n 为其 x 种子数的种果数；1995 年缺组合 4x-1-1×长茄 1121。

以单一观察值、观察次数不等的单向分组资料进行方差分析，结果见表 5。

表 5　不同年份单果种子数的方差分析

变异来源	DF	SS	MS	F
年份	2	0.9013	0.4507	0.0809
误差	245	1364.10	5.57	
总变异	247	1365.87		

F=0.0809<$F_{0.05}$（2.99），差异不显著。证明以 4x×2x 配制三倍体组合，其极低的种子结实力主要是遗传因素所致，不同年份无显著影响。

3　讨论

同源四倍体和二倍体杂交的不稔性和稔性降低，在植物中具有普遍性。根据对西红柿、小白菜、西瓜等作物的研究，受精过程的变异会对稔性造成一定的影响，但不是主要的。其主要原因是杂种胚乳的退化导致杂种胚败育夭折[3-5]。对水稻的观察研究，发现 4x×2x 花粉在柱头上萌发和在花柱中的伸长较慢，受精率较低，合子和胚乳核发育较慢，一些合子中途退化造成稔性降低，胚乳发育不正常造成谷粒充实度下降[6]。茄子 4x×2x 不稔性的胚胎学基础尚待进一步观察研究。对于 4x×2x 胚乳退化的解释，Johnston 等[7]提出了胚乳平衡数目（EBN）假说，认为是胚乳中来自母本与父本的 EBN 比例失衡——不是正常的 2∶1 而是 4∶1，导致了胚乳的解体。根据这一假说，不同物种同源四倍体与二倍体杂交，其胚乳退化而造成不稔和稔性降低的机会应该是相等的。但实际情况并非都如此。在糖甜菜三倍体杂种利用中，不论是 2x×4x 还是 4x×2x，都有相当高的采种量[8]。在西瓜中，2x×4x 不稔，4x×2x 也有较高的采种量[9]。对菜薹品种青露的观察研究，2x×4x 不稔，4x×2x 稔性可达 40.13%，为小粒三倍体种子（2n=3x=30）[10]。茄子 4x×2x 的低稔性在不同亲本的不同组合中，甚至在同一组合的不同种果中都有极显著的差异，有关情况有待进一步研究。

在本试验中，相同杂交组合不同年份的杂交结实力（种果种子数）差异不显著，这说明茄子 4x×2x 的杂交不稔性主要是遗传造成的，但却不能完全排除环境气候条件的影响。原因是试验所在地新疆石河子地区 3 月初温室育苗，5 月初露地栽培，6 月盛花期杂交授粉时的气候条件在年际间变化不大。在采用遗传学措施的基础上，通过改变授粉条件并辅之一定的药物处理以提高茄子 4x×2x 的杂种种子产量，也有待进一步试验研究。

参考文献

[1] 王平，张韶岩. 日本芦笋多倍体育种研究进展 [J]. 山东农业科学，1989（4）：50-51.

[2] 殷兆炎. 三倍体无籽丝瓜的培育 [J]. 植物杂志，1984（4）：8.

［3］申书兴，邹道谦．普通西红柿四倍体与二倍体杂交的杂种不育性研究［J］．遗传学报，1991，18（6）：520-524．

［4］胡金良，徐汉卿．二倍体和四倍体小白菜的胚胎学研究［J］．南京农业学报，1996，19（4）：15-19．

［5］梁毅，谭素英，黄贞光，等．四倍体西瓜低稔性胚胎发育研究［J］．果树科学，1998，15（3）：243-251．

［6］黄群策，孙敬三，白素兰．同源四倍体水稻的生殖特性研究［J］．中国农业科学，1992，32（2）：14-17．

［7］JOHNSTON S A，NIJS T PM D，PELOQUIN S J，REH Jr.．The significance of genic balance to endosperm development in interspecific crosses［J］．Theoetical and Applied Genetics，1980，57（1）：5-9．

［8］БОРМОТОВ В Е．糖甜菜多倍体类型细胞遗传学的研究［J］．李山源，郭德栋译．甜菜糖业（甜菜分册），1984（增刊）：63-73．

［9］王鸣，杨鼎新．染色体与西瓜育种［M］．郑州：河南科技出版社，1981．

［10］张成合，张书玲，申书兴．"青露"菜薹三倍体的获得及其胚胎学观察［J］．园艺学报，2001，28（4）：317-322．

茄子同源三倍体的初步研究 II. 农艺性状的分析[*]

吴志娟　李树贤

（新疆石河子蔬菜研究所）

摘　要： 对 12 个不同 4x × 2x 组合进行了初步观察研究，杂种一代 3x 的始花节位大部分趋向中亲值，个别组合表现超显性遗传。10 个组合的平均单株结果数表现超显性遗传，分别较 2x 和 4x 亲本增加 29.40% 和 54.33%。但所有组合均存在一定比率的果实畸形僵化现象。平均单果质量 3x 普遍较 2x 和 4x 亲本降低。平均单株产量，有 2 个组合表现超显性，2 个组合表现负的超显性，12 个组合平均接近中亲值（-3.44%）。对 5 个组合平均单株产量进行遗传分析，其 2x、4x 亲本及 3x 的广义遗传力分别为 94.91% ± 3.86%、69.12% ± 18.38%、87.50% ± 8.89%。遗传变异系数 GC 分别为 32.27%、11.16% 和 21.52%。2x 和 4x 亲本对 3x 的相关遗传贡献率 R_h 分别为 92.58% 和 71.85%。遗传相关系数，也是 2x > 4x。对 3 个组合商品果实营养成分进行初步分析，总糖、蛋白质以及 Vc 含量，3x 均偏近 4x 亲本，3x 对于改良茄子果实营养品质具有一定的优势。所有组合的同源三倍体茄子果实都存在部分可育种子，10 个组合平均单果种子数 43.15 ± 30.7 粒，单果种子数的广义遗传力为 55.74% ± 13.23%，遗传变异系数为 23.92%。

关键词： 茄子；三倍体；农艺性状

Eggplant Preliminary Study of Autotriploid II. Analysis of Agronomic Characters

Wu Zhijuan　Li Shuxian

(Xinjiang Shihezi Vegetable Research Institute)

Abstract: Be directed against 12 different 4x×2x combinations were observed and studied. The Initial flower node of 3x in the hybrid generation tended to be in the middle parent value,the individual combinations showed super dominant inheritance. The single plant fruitage average number of 10 combinations showed super dominance inheritance,respectively compare 2x and 4x parents increased by 29.40% and 54.33%. However,there was a certain proportion of fruit Deformity Stiff phenomena in all combinations. Average fruit quality 3x is universal compare 2x and 4x parents reduce. The average yield per plant,there are 2 combinations of super dominant,the 2 combinations showed negative dominance,average of 12 combinations was close to the mid-parent (- 3.44%). Genetic analysis was

---

[*] 中国蔬菜，*China Vegetables*，2008（增刊）：38-42.

conducted on average yield per plant in 5 combinations,their 2x,4x parents and 3x of broad sense heritability respectively 94.91%±3.86%,69.12%±18.38%,87.50%±8.89%. The genetic variation coefficients were 32.27%,11.16% and 21.52%. 2x and 4x parents give 3x of the related genetic contribution rate were 92.58% and 7 1.85%. Genetic correlation coefficient is also 2x>4x. The for nutritional components analyzed of 3 combinations of commodities fruits were,the total sugar,protein and Vc content,3x were nearly 4x parents,3x for improving the nutritional quality of eggplant fruit has some advantages. All combinations of triploid eggplant fruits are All exist Partially fertile seeds,10 combinations average per fruit seed number 43.15 ± 30.7 particle,the broad heritability of seed number per fruit was 55.74% ± 13.23%,genetic variation coefficient is 23.92%.

Key words: Eggplant; Triploid; Agronomic characters

在茄子同源三倍体利用研究中，配制的 4x×2x 组合按常规杂交稔性很低，但能获得少量种子，这已另有报道[1]。本文是对其农艺性状表现的讨论。

1 材料与方法

试验于 1994—1998 年在新疆石河子蔬菜研究所进行。供试材料为本所 1993—1997 年配制的 12 个杂交组合及其亲本材料[1]。

田间栽培：3 月初温室育苗，5 月初露地定植，未设重复。栽培株数因组合保苗数不同而不同。栽培管理措施同常规。

调查项目：始花节位、单株结果数、平均单果质量、单果种子数以及单株产量。单株产量在 9 月下旬种果采收时一次性调查。

染色体计数和倍性鉴定：以幼叶、幼龄花药等为试材，卡诺氏液（乙醇：冰醋酸=3：1）固定，铁钒-苏木精染色，40%醋酸压片，普通光学显微镜观察。

2 结果与分析

2.1 主要农艺性状的一般表现

对 1993—1997 年配制的 12 个杂交组合及其亲本材料种植观察，其农艺表现见表1。

表 1 主要农艺性状表现

组合及亲本	株数（株）	第 1 雌花节位（节）	平均结果数（个/株）	平均畸僵果数（个/株）	平均单果质量（g）	单株产量(kg)	平均单果种子数（粒）
4x-1-1×长茄 1121	5	8.40	18.20	6	207.4	3.77	45.545
4x-1-1	10	8.00	9.30	2	317.7	3.59	317.00
长茄 1121	10	9.00	16.20	—	197.0	3.19	—
4x-1-2×辽茄 2 号	5	8.20	13.20	4	234.1	3.08	38.10
4x-1-2	10	8.00	7.00	1	400.6	2.80	305.00
辽茄 2 号	10	8.70	11.10	—	225.6	2.50	—
4x-1-3×灯笼红	5	7.80	10.20	4	320.6	3.27	42.10
4x-1-3	10	7.20	8.50	2	396.5	3.37	359.00
灯笼红	10	9.80	7.50	—	390.7	2.93	—

续表

组合及亲本	株数（株）	第1雌花节位（节）	平均结果数（个/株）	平均畸僵果数（个/株）	平均单果质量（g）	单株产量(kg)	平均单果种子数（粒）
4x-1-4×鲁茄1号	7	6.57	9.57	3	265.4	2.54	32.20
4x-1-4	10	7.50	7.00	1	368.6	2.58	355.00
鲁茄1号	10	6.20	8.50	—	241.2	2.05	—
4x-1-5×六叶茄	4	7.00	9.25	5	243.5	2.25	22.10
4x-1-5	10	7.80	7.00	1	342.9	2.40	331.00
六叶茄	10	6.20	6.40	—	367.2	2.35	—
4x-1-6×早-1	10	6.80	18.00	9	182.8	3.28	45.80
4x-1-6	10	7.00	10.30	3	313.0	3.85	432.00
早-1	10	5.20	15.50	—	170.3	2.64	—
4x-2-2×二芪茄	4	7.50	7.75	3	158.7	1.23	30.90
4x-2-2	10	8.00	8.50	2	352.9	3.00	292.00
二芪茄	10	7.80	3.00	—	333.3	1.00	—
4x-2-2×济南早长茄	9	8.10	12.56	5	160.8	2.02	580.50
济南早长茄	10	8.60	9.20	—	130.4	1.20	—
4x-2-3×辽茄4号	13	6.54	17.38	10	112.2	1.95	40.10
4x-2-3	10	7.20	9.00	2	272.2	2.45	397.00
辽茄4号	10	6.00	6.00	—	225.0	1.35	—
4x-2-4×三月茄	4	7.50	16.50	8	137.0	2.26	54.20
4x-2-4	10	6.70	9.20	2	350.0	3.22	402.00
三月茄	10	11.00	12.20	—	180.3	2.20	—
4x-2-4×杭茄1号	4	7.75	10.25	4	210.7	2.16	67.80
杭茄1号	10	9.20	13.00	—	115.4	1.50	—
4x-3-2×河采条茄	11	6.82	17.73	10	145.6	2.58	—
4x-3-2	10	7.00	10.50	3	334.8	3.85	—
河采条茄	10	5.20	15.50	—	17.03	2.64	—
平均 F₁(3x)		7.42±0.655	13.38±3.97	5.92±2.64	198.23±60.44	2.53±0.71	43.15±30.7
4x		7.43±0.521	8.67±1.19	1.92±0.67	346.0±35.21	3.11±0.50	345.2±44.34
2x		7.44±1.927	10.34±4.26	0	228.89±90.06	2.13±0.72	—

大部分组合始花节位趋向中亲值，个别组合（4x-2-2×二芪茄）表现超显性遗传，12个组合的3x平均值基本和4x亲本相同，较2x亲本降低4.13%。平均单株结果数除1个组合低于4x亲本高于2x亲本，1个组合高于4x亲本低于2x亲本外，10个组合都表现为超显性遗传，3x平均值较4x亲本增加54.33%，较2x亲本增加29.40%。值得重视的是，随着3x单株结果数的增加，其畸僵果也增加，12个杂交组合无一例外，都有程度不同的畸僵果现象，比率为30%～56%。3x的畸僵果现象与4x亲本的畸僵果基因有关，但其比率远高于4x亲本，平均单株畸僵果率高出4x亲本近1倍（99.77%）。平均单果质量7个组合低于最低亲本，5个组合略高于最低亲本值，12个组合3x平均较2x亲本低13.40%，较4x亲本低42.71%，表现出负的超显性遗传。3x的这种表现与其高的畸僵果率（平均44.25%）有关。平均单株产量有2个组合表现为超显性遗传，2个组合表现负的超显性遗传，4个组合略高于中亲值，4个组合低于中亲值。12个组合3x平均较2x亲本增产18.78%，较4x亲本减产

18.65%，较中亲值减少 3.44%。

2.2 单株产量的遗传分析

不同组合单株产量不同。选取平均畸僵果率相对较低，株数不少于 5 株的 5 个组合（4x-1-1×长茄 1121，4x-1-2×辽茄 2 号，4x-1-3×灯笼红，4x-1-4×鲁茄 1 号，4x-2-2×济南早长茄），每个组合取 5 株，7 株组合去掉 1 个最高值和 1 个最低值，9 株组合及所有组合的 4x 和 2x 亲本均取 1、3、5、7、9 号植株值，进行遗传分析（表 2）。

表 2　三倍体及其亲本的平均单株产量

组合		单株产量/kg					$\sum x_i$	$\bar{x}$	$\sum x^2$	$\sum xy$[①]
1	4x	2.87	3.25	3.60	3.98	4.25	17.95	3.59	65.6623	68.5965
	2x	2.57	2.85	3.26	3.48	3.79	15.95	3.19	51.8295	60.9433
	3x	3.22	3.51	3.79	4.07	4.26	18.85	3.77	71.7651	
2	4x	2.03	2.47	2.82	3.24	3.44	14.00	2.80	55.9189	44.8919
	2x	2.02	2.26	2.44	2.78	3.0	12.50	2.50	31.8700	39.7546
	3x	2.16	2.69	3.06	3.52	4.02	15.45	3.09	49.8161	
3	4x	2.71	3.12	3.37	3.68	3.97	16.85	3.37	42.3252	55.9667
	2x	2.24	2.63	2.97	3.22	3.59	14.65	2.93	44.0119	48.8309
	3x	2.68	3.06	3.25	3.50	3.86	16.35	3.27	54.2581	
4	4x	2.08	2.29	2.51	2.83	3.19	12.90	2.58	34.0056	33.7256
	2x	1.70	1.87	2.03	2.24	2.41	10.25	2.05	21.3335	26.6674
	3x	1.72	2.25	2.65	2.92	3.16	12.7	2.54	33.5554	
5	4x	2.37	2.67	3.02	3.34	3.60	15.00	3.00	45.9819	31.1979
	2x	0.94	1.06	1.20	1.35	1.45	6.00	1.20	7.3722	12.4953
	3x	1.48	1.71	2.02	2.20	2.66	10.10	2.02	21.2434	
合计	4x						76.70	3.068	243.9438	234.3786
	2x						59.36	2.374	156.4171	188.6915
	P						68.025	2.721	195.0710	211.5351
	3x						73.45	2.938	230.6381	

① 为 4x 和 2x 亲本分别与 3x 的乘积和。

对表 2 的资料以单一观察值单向分组资料进行方差、协方差及遗传分析（表 3）。

表 3　单株平均产量的主要遗传分析参数

株系	广义遗传力（h_B^2）（%）	相关遗传率（h_{xy}）（%）	遗传相关系数（r_g）	环境相关系数（r_e）	遗传变异率（CCV）（%）	相关遗传贡献率（R_h）
P_1(4x)	69.12±18.38	31.70	0.6229	0.9660	11.16	71.85
P_2(4x)	94.91±3.86	90.99	0.9986	0.9137	32.27	92.58
P	86.39±9.59	60.66	0.9656	0.9534	18.61	87.11
3x	87.50±8.89	—	—	—	21.52	—

注：表中相关遗传参数 h_{xy}、r_g、r_e、R_h 为 4x 与 2x 亲本及其平均值分别与三倍体杂种的分析值。

4x 母本系及 2x 父本系与其配制的三倍体组合单株产量的协方差差异显著性，前者 $F=3.55>F_{0.05}$ 为显著水平；后者 $F=13.48>F_{0.01}$，为极显著水平。这与 4x 系间差异较小（$F=3.24>F_{0.05}$），2x 系间差异较大（$F=19.64>F_{0.01}$）密切相关。双亲平均值与 3x 的相关性差异极显著，$F=7.75>F_{0.01}$。不同 3x 组合之间的差异性极显著，$F=8.00>F_{0.01}$。亲本对三倍体产量的遗传影响，相关遗传率（h_{xy}）、相关遗传系数

（r_g）、相关遗传贡献率（R_h）均是 2x＞4x。以上结果说明，以 4x 作母本，2x 作父本配制三倍体杂交种，其优势的强弱与双亲尤其是 2x 父本的关系更为密切。

2.3 果实营养成分分析

1995 年曾对 3 个组合采收期的商品果实进行了有关营养成分的分析（表 4）。

表 4 三倍体果实主要营养成分

组合及亲本	株号	干物质（%）	总糖（%）	蛋白质（%）	VC（mg/kg）
4x-1-3×灯笼红	1	6.28	2.78	1.028	48.1
	2	6.45	2.86	1.124	57.2
	3	6.04	2.67	0.963	50.7
	4	6.20	2.56	0.966	43.5
	5	5.89	2.48	0.892	52.5
	X̄	6.17	2.67	0.995	50.4
P₁(4x-1-3)		6.40	2.72	1.016	54.5
P₂(灯笼红)		6.06	2.57	0.773	32.5
4x-1-1×长茄 1121	1	5.85	2.42	1.133	48.6
	2	6.02	2.58	1.102	50.2
	3	6.25	2.47	1.077	42.8
	X̄	6.04	2.49	1.104	47.2
P₁(4x-1-1)		6.08	2.53	1.102	50.4
P₂(长茄 1121)		5.62	2.32	0.725	38.3
4x-1-2×长茄 2 号		6.29	2.61	1.079	48.0
P₁(4x-1-2)		6.19	2.67	1.061	47.5
P₂(辽茄 2 号)		5.89	2.46	0.758	36.8
综合平均	3x	6.17	2.59	1.059	48.5
	4x	6.22	2.64	1.060	50.8
	2x	5.86	2.45	0.752	35.9

3x 干物质的含量较 4x 亲本系及 2x 亲本系减少或增加的幅度均很小，无显著差异。总糖含量 3 个组合较 4x 亲本系均略有降低，平均降幅为 1.89%。蛋白质含量 3 个组合和 4x 亲本系的差异很小（分别为 −2.07%、0.18%、1.70%），平均值基本相同；较 2x 亲本系表现为大幅度增加（分别为 28.71%、52.28%、42.35%），平均增幅 40.82%。V_C 含量，2 个组合较 4x 亲本系分别降低 7.52%、6.35%，1 个组合增加 1.05%，平均降低了 4.53%；较 2x 亲本系分别增加 55.08%、23.24%、30.43%，平均增幅 35.10%。可以初步认为三倍体对于改良茄子果实的营养品质具有一定的优势。

2.4 三倍体果实结籽性

同源三倍体茄子的果实不表现彻底的不稔性，普遍具有一定数量的可育种子。

10 个组合平均单果种子数为 22.1～67.8 粒，变异系数 47.86%～95.52%。总平均单果种子数为 43.15 粒，不同组合及不同果实间的变异系数为 71.15%。以单一观察值单向分组资料进行方差分析，组合间差异显著，$F=2.26＞F_{0.05}$。广义遗传力 $h_B^2=55.74\%\pm13.23\%$，遗传变异系数 GCV=23.92%。三倍体的广义遗传力及遗传变异系数均不是很高，其可育种子的存在为普遍现象，通过遗传改良的可能性较小。

3 讨论

本试验中，茄子三倍体植株结果能力普遍增强，但平均单果质量降低，秋季一次性采收的单株产量12 个组合平均值优势不显著，但也有 2 个组合表现出一定程度的超显性杂种优势。对此，还有待进一步研究验证。

4x×2x 配制组合，其三倍体杂种优势的有无和大小，在本研究中受 4x 母本系和 2x 父本系的共同控制，但 2x 系的遗传贡献率明显高于 4x 系。这种 2x 亲本对 3x 产量的主导作用在西瓜上也有相同的表现[2]。值得讨论的是本项研究所采用的 4x 系虽然来自不同的 2x 亲本，但都是圆果类型，且经相互轮回选择其差异已不十分显著，以这种差异较小（为显著水平）的圆果形 4x 系与差异极显著（果形、果实大小、成熟期早晚等）的 2x 系配制三倍体组合，其杂种优势与二倍体密切相关似有必然性。

本试验中三倍体单果质量普遍降低，这在很大程度上与 3x 果实的畸形僵化有关（12 个杂交组合平均单株畸僵果率与其平均单果质量占中亲值的百分数之间的相关系数 $r=0.586$）。3x 果实的畸形僵化来源于四倍体的遗传。四倍体果实的畸形僵化与植株高的坐果率由互斥的两对连锁基因控制（属 Aa 和 Bb 的 Ab/aB 类型），其中果实 100%畸形僵化的 aabb 类型和无畸僵果的 AABB 类型为染色体结构变异而发生了基因交换的结果[3]。本项研究中所采用的 4x 系由于选择世代的局限以及 4x 系内植株个体之间的差异，隐性畸僵果基因（a 和 b）还未完全排除，12 个组合的 10 个 4x 株系单株平均还存在 14%～29%的畸僵果，由这种 4x 系与具有正常结果习性的 2x 系杂交配制的三倍体，出现高的畸僵果率是必然的（在本试验中，组合"4x-l-6×早-1"最多的 1 株结果数为 44 个，几乎全是畸形僵果）。如果 4x 亲本系结果性状正常，三倍体果实畸形僵化的问题很可能将不复存在，其经济产量也有可能进一步提高。

本试验对 3 个三倍体杂种果实主要营养成分的分析，其总糖和 V_C 含量趋向不完全显性遗传，蛋白质含量趋向显性遗传，其中 V_C 较 4x 系略有降低，较 2x 系大幅度增高。三倍体经济器官品质的改善在许多植物中都存在[4]。在茄子品质育种中，三倍体的利用有一定的意义。

本试验初步观察的 12 个组合，其果实无一例外都有少量的正常可育种子，10 个组合平均为每果（43.15±30.7）粒。同源三倍体产生可育种子，在许多植物中都存在。三倍体能产生少量可育配子，其频率为 $(1/2)^{(n-1)}$。茄子 x=12，三倍体 2n=3x=36，理论上可能产生染色体数 12～24 的 13 种配子，其中染色体数 12 和 24 的两种配子为可育配子，理论概率为 0.0488%。可育配子受精融合即产生可育种子，但不论是可育配子还是可育种子并不都表现为理论值。茄子三倍体产生可育种子的数量约为四倍体开放授粉种子数（345.2 粒）的 12.50%，约为二倍体（3 个原始亲本平均 3249.33 粒）的 1.33%，远高于理论值。三倍体这种较高的种子结实力在甜菜等作物中也有存在[5]。

三倍体产生少量可育种子是遗传造成的。少量种子对于果实品质并无大碍，如柑橘的商品无籽标准为每果平均少于 5 粒种子[6]。从选育无籽茄子品种出发，可以考虑规定一个允许每果种子数作为商品无籽果实的标准。

参考文献

[1] 李树贤，吴志娟，李明珠. 茄子同源三倍体的初步研究 I. 4x×2x 配制三倍体组合的种子结实力 [J]. 中国蔬菜，2008（增刊）：34-37.

[2] 李文信，李天艳. 无籽西瓜新组合选配研究 [J]. 广西农业科学，1998（2）：66-69.

[3] 李树贤，杨志刚，吴志娟，等. 同源四倍体茄子育种的选择 I. 畸形僵果性状及植株结实力的选择 [J]. 西北农业学报，2003，12（1）：48-52.

[4] 李树贤. 植物染色体与遗传育种 [M]. 北京：科学技术出版社，2008.

[5] Бормотов В Е. 糖甜菜多倍体类型细胞遗传学的研究 [J]. 李山源，郭德栋，译. 甜菜糖业（甜菜分册），1984（增刊）：63-73.

[6] 邓秀新. 世界柑桔品种改良的进展 [J]. 园艺学报，2005，32（6）：1140-1146.

秋水仙素诱导茄子的非倍性效应[*]

李树贤　吴志娟

（新疆石河子蔬菜研究所）

摘　要： 秋水仙素能够诱导染色体加倍产生倍性效应，同时还能诱发非倍性遗传变异。非倍性变异，可以由受体二倍体直接产生；也可以经由多倍体、特别是不同倍性嵌合体减数分裂异常，发生了染色体结构变异或基因突变的 x 配子融合，或能育的非整倍性配子互补融合产生。关于茄子的广泛非倍性变异的具体起源，还有待进一步研究。

关键词： 茄子；秋水仙素；非倍性变异

Colchicine Induced Non Ploidy Effect of Eggplant

Li Shuxian, Wu Zhijuan

(Xinjiang Shihezi Vegetable Research Institute)

Abstract: Colchicine can inducement chromosome doubling produce ploidy effect, at the same time also can induction non ploidy genetic variation. Non ploidy variation can be produced directly from the receptor diploid; Also can through polyploid, especially different ploidy chimeras meiotic abnormalities. Happened chromosome structure variation or gene mutations fusion of x gamete, or through aneuploid gamete complementary fusion occurs. About eggplant extensive of the non ploidy variation of specific origin. It remains to be further research.

Key words: Eggplant; Colchicine; Nonploidy variation

　　秋水仙素能够影响细胞有丝分裂中纺锤体的正常活动而导致染色体加倍，产生倍性效应。同时还能产生非倍性遗传变异。越来越多的事实证明，非倍性效应作为倍性育种的一个方面，具有很大的潜力。对此，笔者在"植物同源多倍体育种的几个问题"一文中曾作过简要介绍，本文对秋水仙素诱导茄子的非倍性效应作如下报告。

1　秋水仙素所引发的倍性变异

　　1997 年，笔者等以条茄品种"新茄 3 号"为试材，以 1% 秋水仙素羊毛脂制剂，于幼苗子叶平展期滴苗（生长点），进行染色体加倍诱导。获得了几个不同类型的倍性体，其中有一株为八倍体（2n=8x=96），独杆，叶片肥厚皱缩，结了一个小果，但无籽，没有保留下来（图版 XXX，5、图版 XXXI，17）。鉴定为四倍体（2n=4x=48）的有两种类型，一种植株发育正常，株高 50cm 左右，基本上为 3 分枝，坐果及果

---

*2012 年 6 月完成初稿，本文集作为资料发表。

实颜色也正常，果形指数较小（图版 XXX，2）；另一种植株较矮，株高 30cm 左右，坐果及果实颜色正常，果形指数较大（图版 XXX，3）；这两种类型其后代均未发生倍性分离，都是四倍体。还有一种类型，株型基本正常，基本上为 3 分枝，坐果也正常，果形近似卵圆形，果实颜色为杂色，C_0 代鉴定为四倍体（2n=4x=48），但后代倍性及表型性状都发生了分离（图版 XXX，4）。

2 非倍性变异的产生

秋水仙素诱导的非倍性效应，可以产生在诱变当代，也可以在后代中分离产生。诱变当代产生非倍性变异，笔者在对黄瓜、甜瓜、西瓜及西红柿等作物；其他人在别的物种的诱变中，都曾发现过。由于诱变以获得四倍体为目标，所发生的非倍性变异往往被忽视。

本文秋水仙素诱导茄子的非倍性变异，主要来自 C_0 代鉴定为四倍体、实为 2x+3x+4x+非整倍体的倍性嵌合体（图版 XXX，4）的分离。非倍性（二倍体）变异，包括株型、果型、果实颜色等不同类型。株型变异又包括不同的植株高度（35～80cm），弱分枝型和多分枝型；果型有短棒形、短锥形、长锥形、细长条形等；果色有枣红色、玫瑰红色、桃红色、紫红色、紫黑色等（见图版）；另外，叶形、第一花着生节位、结果性能等也多有变异。

3 讨论

秋水仙素的非倍性效应，由受体二倍体直接产生，其变异主要来自染色体的结构变异和基因突变。陈锦华等通过 G 带核型分析，探讨秋水仙素诱导辣椒根尖细胞染色体的结构变异，认为秋水仙素有较强的染色体断裂效应，能诱导染色体结构变异。王卓伟等认为秋水仙素通过对部分染色体臂长、臂比、着丝粒位置产生差异，而诱导染色体变异。

利用秋水仙素诱发二倍体染色体结构变异和基因突变，具有诱变效应强，遗传传递力高，基因纯合快等优点，作为倍性育种的一个方面有广阔前景。

二倍体非倍性效应，也可以经由多倍体、特别是不同倍性嵌合体性母细胞减数分裂异常而产生。在同源多倍体中，性母细胞减数分裂的偶线期和粗线期，染色体联会配对时常发生交叉。不仅同源染色体间可以联会配对发生交叉，非同源染色体间也常发生交叉。交叉常常与染色体重排和易位相联系。减数分裂后期 I，由于染色体分配的紊乱，结果产生了含不同染色体数的配子。二倍体非倍性变异体，即发生了染色体结构变异或基因突变的单倍性（x）配子融合或能育的非整倍性配子互补融合（如 x-1 与 x+1 融合，x-2 与 x+2 融合等）的结果。

同源四倍体性母细胞减数分裂终变期和中期 I，4 条同源染色体呈现 4 价环状构型，属一种正常现象；本观察发现二倍体花粉母细胞减数分裂中期 I，有 4 条染色体呈现 4 价环状构型，而且很规整（图版 XXXI，13），说明有 2 对非同源染色体发生了部分节段的交换和易位，而具有了部分同源性。非倍性遗传变异的发生，很可能与这种染色体结构变异有关，具体情况有待进一步研究。

李树贤　吴志娟：秋水仙素诱导茄子的非倍性效应　图版XXX
Li Shuxian, Wu Zhijuan: Colchicine induced non ploidy effect of eggplant　Plate XXX

See explanation at the end of text

264

李树贤　吴志娟：秋水仙素诱导茄子的非倍性效应　　图版 XXXI
Li Shuxian, Wu Zhijuan: Colchicine induced non ploidy effect of eggplant　　Plate XXXI

图版说明

1. 新茄 3 号；2. 新茄 3 号 4x-Ⅰ；3. 新茄 3 号 4x-Ⅱ；4. 新茄 3 号倍性嵌合体；5. 新茄 3 号 8x；6～8，非倍性变异 1-3；9～12，非倍性变异 4～7；13. 2n=2x=24；14. 2n=3x=36；15. 2n=4x=48；16. 2n=8x=96